高等学校电气工程及其自动化专业应用型本科系列规划教材

发电厂电气部分

主　编　刘胜芬　何瑜涛
副主编　刘　伟　郑雪娜
主　审　潘银松

重庆大学出版社

内容提要

本书为“电气工程及其自动化专业应用型本科系列规划教材”之一。本书以发电厂电气部分为主，主要讲述发电厂变电所电气主系统的构成及相关工作原理、技术性能和相关理论。全书共10章，主要内容包括绪论、开关电器的电弧及灭弧原理、低压开关电器、高压开关电器、互感器、电气主接线与自用电、电气设备选择及短路电流限制、配电装置、接地装置、发电厂和变电所的控制与信号。

本书主要作为高等院校电气工程及其自动化专业及相关专业的本科教材，还可作为电力行业技术人员的参考用书。

图书在版编目(CIP)数据

发电厂电气部分 / 刘胜芬，何瑜涛主编. --重庆：重庆大学出版社，2019.8(2022.1 重印)

高等学校电气工程及其自动化专业应用型本科系列规划教材

ISBN 978-7-5689-1616 5

Ⅰ.①发… Ⅱ.①刘…②何… Ⅲ.①发电厂—电气设备—高等学校—教材②电厂电气系统—高等学校—教材 Ⅳ.①TM62

中国版本图书馆 CIP 数据核字(2019)第120892号

发电厂电气部分

主　编　刘胜芬　何瑜涛

副主编　刘　伟　郑雪娜

主　审　潘银松

策划编辑：范　琪

责任编辑：文　鹏　邓桂华　　版式设计：范　琪

责任校对：张红梅　　责任印制：张　策

*

重庆大学出版社出版发行

出版人：饶帮华

社址：重庆市沙坪坝区大学城西路21号

邮编：401331

电话：(023) 88617190　88617185(中小学)

传真：(023) 88617186　88617166

网址：http://www.cqup.com.cn

邮箱：fxk@cqup.com.cn (营销中心)

全国新华书店经销

重庆华林天美印务有限公司印刷

*

开本：787mm×1092mm　1/16　印张：14.75　字数：361千

2019年8月第1版　2022年1月第3次印刷

印数：2 501—4 500

ISBN 978-7-5689-1616-5　定价：46.00元

前言

近年来,大量应用型本科院校迅猛发展,但应用型本科院校的教材建设相对薄弱。本书针对应用型本科院校的发展特点,按照高等学校发电厂电气部分课程教学基本要求,结合编者多年一线教学经验,跟踪电力技术发展的新形势和教学改革不断深入的需要而编写。本书具有“重基础,突出典型应用”的特点,从应用的角度出发,深入浅出,图文并茂,案例丰富,内容实用性强,符合应用型本科对人才培养的要求。

本书以发电厂电气部分为主,主要讲述发电厂变电所电气主系统的构成及相关工作原理、技术性能和相关理论。全书共10章,主要内容包括绪论、开关电器的电弧及灭弧原理、低压开关电器、高压开关电器、互感器、电气主接线与自用电、电气设备选择及短路电流限制、配电装置、接地装置、发电厂和变电所的控制与信号。书后附录有常用系数及设备参数表,每章均有思考题。本书在编写过程中坚持培养目标的要求,注重实用,力求结合“应用型”要求,突出教材特点。

本书由刘胜芬、何瑜涛主编,刘胜芬负责全书的构思编写和统稿工作,何瑜涛负责本书所有英文文献查阅及翻译工作。其中,第1,4,6,7章由刘胜芬编写,第2,3章由何瑜涛编写,第5章由刘伟编写,第8章由郑雪娜编写,第9章由贾渭娟编写,第10章由李佑光编写,附录由朱钢编写。重庆大学副教授潘银松担任主审,他对本书的编写进行了具体的指导,对书稿逐字逐句地进行了审查并提出许多宝贵的意见,在此表示衷心的感谢。

编者在本书编写过程中，参阅了书后所列的参考文献，以及国内有关发电厂和高等院校编写的说明书、图纸和运行规程等技术资料。在此，表示衷心的感谢和诚挚敬意。

由于编者水平有限，书中难免有错误和不足之处，热诚希望读者和同仁批评指正、提出宝贵意见。

编　者

2019 年 1 月

目录

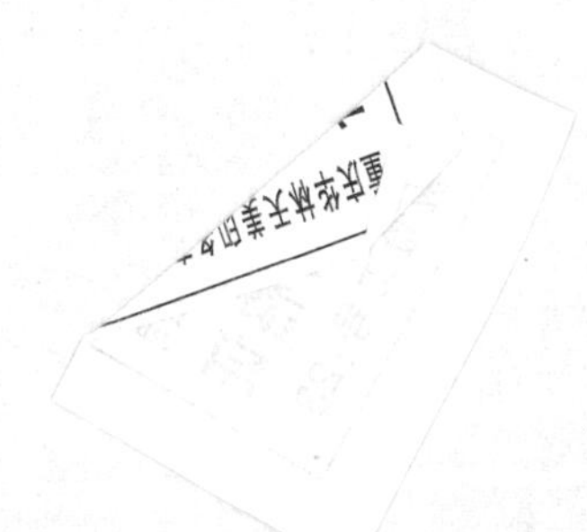

第 1 章 绪论

电力工业在社会主义现代化建设中占有十分重要的地位。电能与其他能源相比具有显著的优越性,它可以方便地与其他能源互相转换,可以有效地远距离输送,并在使用时易于操作和控制。在现代化生产和人民生活中,电能得到日益广泛的应用。世界上已把电力工业发展情况作为衡量一个国家现代化水平的标志之一。

通过本书的学习,应掌握发电厂和变电所电气部分中的各种电气设备和一、二次系统的接线及装置的基本知识,并通过相应的实践教学环节,培养有关的基本技能。

本章主要从电力系统开始,对发电厂和变电所的电气部分进行概括介绍,为本书以后各章内容的学习做好准备。

1.1 发电厂和变电所的类型

1.1.1 电力系统及电力网

电能不能大量储存,其生产、输送、分配和消费必须在同一时刻完成,各个环节必须连成一个整体。由发电机、变压器、升压站(升压变电站)、输电线路、降压站(降压变电站)及电能用户所组成的整体称为电力系统,其中,由各级电压的输配电线路和升、降压变电站组成的部分称为电力网。

为了提高供电的可靠性和经济性,目前广泛地将许多发电厂用电力网连接起来,并联在同一电力系统中工作。如图 1.1 所示为电力系统与电力网示意图。

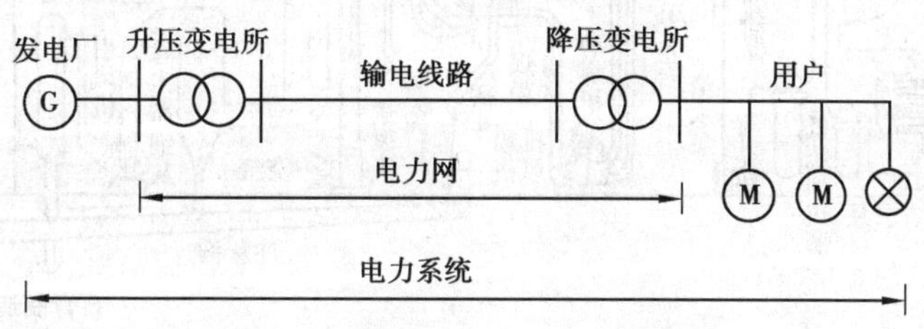

图 1.1 电力系统与电力网示意图

电力系统运行必须保证以下几个方面：

①安全可靠、连续地对电力用户供电。

②电能的质量。电压、频率、波形的偏差均不超过允许值。

③电力系统运行的经济性。在电能生产和输送过程中，应尽量消耗少、效率高、成本低。

1.1.2 发电厂的类型

发电厂是电力系统的中心环节，是将各种天然的一次能源转换成电能的工厂。根据一次能源的不同，发电厂可以分为火力发电厂、水力发电厂、核能发电厂和其他类型发电厂；根据规模和供电范围不同，发电厂可以分为区域性发电厂、地方发电厂和自备专用发电厂等。

(1)火力发电厂

火力发电厂是将燃料(如煤、石油、天然气、油页岩等)的化学能转换成电能的工厂。其工作原理是利用燃料的化学能使锅炉产生蒸汽，蒸汽进入汽轮机做功，推动汽轮机转子转动，将热能转变为机械能，汽轮机转动带动发电机转子旋转，在发电机内将机械能转换成电能。能量的转换过程是燃料的化学能→热能→机械能→电能。通常将锅炉、汽轮机和发电机称为火力发电厂的三大主机，其中汽轮机又称为原动机。除了用汽轮机作原动机外，还有的发电厂直接使用柴油机、燃气轮机作为原动机。目前，我国火力发电厂主要以煤为燃料，分为凝汽式火力发电厂(通常称火电厂)和供热式火力发电厂(通常称热电厂)。

1)凝汽式火力发电厂

凝汽式火力发电厂只向用户提供电能。如图 1.2 所示为凝汽式火力发电厂的生产过

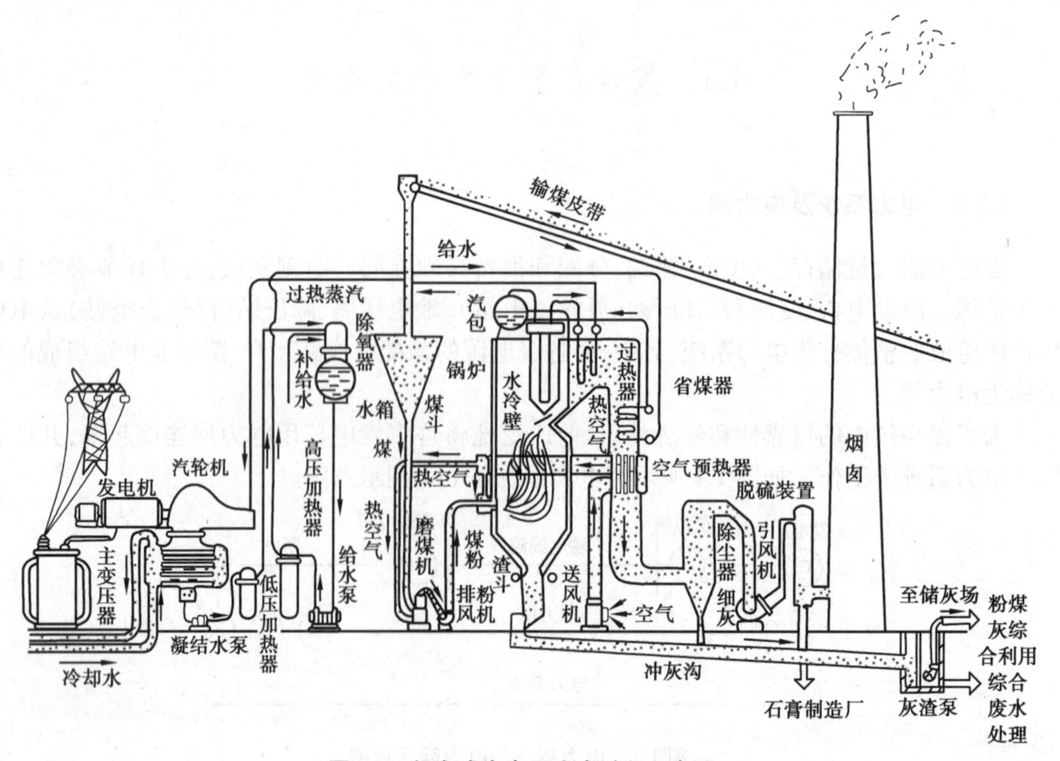

图 1.2 凝汽式火电厂生产过程示意图

程示意图。从图中可以看出,在汽轮机中做过功的蒸汽进入汽轮机末端的凝结器,在凝结器中被冷却水还原为水,然后再送回锅炉。大量的热量被冷却水带走,使得热效率只有30%~40%。一般情况下,大容量的凝汽式火力发电厂建在煤矿基地及其附近,通常被称为坑口电站。

2)供热式火力发电厂

供热式火力电厂与凝汽式火力发电厂不同,它既生产电能,又向用户供给热能。热电厂中把在汽轮机中做过功的一部分蒸汽从汽轮机中段抽出供给热能用户,或将抽出的蒸汽经热交换器把水加热后,将热水供给用户。这样减少了进入凝结器的排气量,也就减少了被冷却水带走的热量,提高了热效率。现代热电厂的热效率高达60%~70%。考虑压力和温度参数的要求,热电厂必须建在热力用户附近。

(2)水力发电厂

水力发电厂简称水电厂。水电厂就是把水的位能和动能转变成电能的工厂。发电机的原动机是水轮机。它是利用水的能量推动水轮机转动,再带动发电机发电。能量的转换过程是水能→机械能→电能。按照取水方式,水电厂分为堤坝式水电厂、引水式水电厂和抽水蓄能电厂。

1)堤坝式水电厂

堤坝式水电厂是指在河流的适当位置上修建拦河水坝,形成水库,抬高上游水位,利用坝的上下游水位形成的较大落差,引水发电。它可以分为坝后式和河床式两种。坝后式水电厂的厂房建筑在大坝后面,不承受水的压力,全部水头由坝体承受。由压力水管将水库的水引入厂房,转动水轮发电机组发电。这种发电方式适合于高、中水头的水电厂,如刘家峡、丹江口水电厂。河床式水电厂的厂房和大坝连成一体,厂房是大坝的一个组成部分,要承受水的压力,因厂房修建在河床中,故名河床式。这种发电方式适合于中、低水头的水电厂,如葛洲坝水电厂。如图1.3所示为河床式水电厂布置示意图。

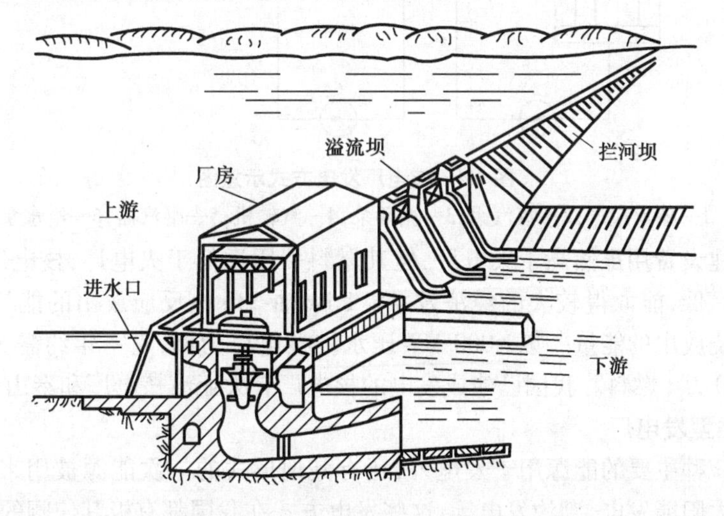

图1.3 河床式水电厂布置示意图

2)引水式水电厂

水电厂建在水流湍急的河道上,或河床坡度较陡的地方,由引水管道引入厂房。这种水电厂一般不需修坝或只修堤堰。

3)抽水蓄能电厂

这种水电厂由高落差的上下两个水库和具备水轮机—发电机或电动机—水泵两种工作方式的可逆机组组成。抽水蓄能电厂一般作为调峰电厂运行。当电力系统处于高负荷、电力不足时,机组按水轮机—发电机方式运行,使上水库储蓄的水用于发电,发电后的水流入下水库,以满足系统调峰的需要;当电力系统处于低负荷时,系统尚有富裕的电力,此时机组按电动机—水泵方式运行,将下水库的水抽到上水库中储存起来,留待下次发电使用。此外,抽水蓄能电厂还可以做系统的备用容量、调频、调相等用途。

(3)核能发电厂

核能发电厂简称核电厂,是指利用核能发电的电厂。这是一种大有发展前途的新能源,一般建在自然资源匮乏的缺电地区。核电机组与普通火力发电机组不同的是以核反应堆和蒸汽发生器替代了锅炉设备,而汽轮机和发电机部分则基本相同。如图1.4所示为核电厂发电方式示意图。原子核反应堆是核电厂的核心部分,它是一个可以被控制的核裂变装置,以铀-235或铀-238(或铀-239)为燃料。前者是用减速后的低中子(热中子)撞击原子核产生裂变,称为热中子反应堆;后者利用裂变产生的高速高能中子引起原子核裂变,称为快中子反应堆(增殖堆)。目前世界上普遍采用的是热中子反应堆。核裂变时产生的是快速、高能中子,为了使其变为慢中子以便控制核反应的速度,常利用轻水(压水)、重水等作为慢化剂和冷却剂。核反应堆分为压水堆、重水堆、石墨堆等类型。

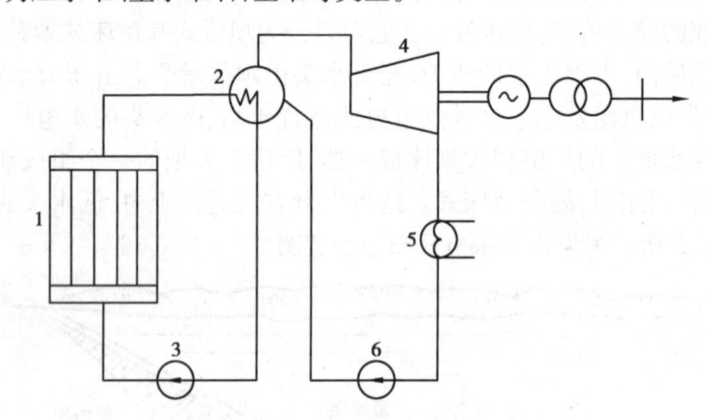

图1.4 核电厂发电方式示意图

1—核反应堆;2—蒸汽锅;3—循环泵;4—汽轮机;5—凝汽器;6—给水泵

核电厂的建设费用虽然高于火电厂,但其燃料费用远低于火电厂,核电厂的综合发电成本普遍比火电厂低,能取得较大的经济效益。1 kg铀-235核反应放出的能量约等于2 700 t标准煤完全燃烧放出的能量。以1 000 MW压水堆核电厂为例,它一年约需1 t铀,而普通火电厂一年需300万t燃料。我国已建成发电的核电厂有大亚湾核电厂和秦山核电厂。

(4)其他类型发电厂

除了以上3种主要的能源用于发电外,还有其他形式的一次能源被用来发电,如风力发电、地热发电、太阳能发电、潮汐发电等,这些发电方式在我国都有极其广阔的发展前景。

1.1.3 变电所的类型

电力系统由发电厂、变电所、线路和用户组成。变电所是联系发电厂和用户的中间环

节,起着变换和分配电能的作用。根据变电所在电力系统中的地位和作用,可以分成以下4类:

(1)枢纽变电所

枢纽变电所位于电力系统的枢纽点,汇集多个电源,连接电力系统高压和中压的几个部分,电压等级一般为330~500 kV。这种变电所一旦停电,将造成大范围停电,引起系统解列,甚至整个系统瘫痪。枢纽变电所对电力系统运行的稳定和可靠性起着重要作用。

(2)中间变电所

中间变电所的电压等级一般为220~330 kV,汇集2~3个电源和若干线路,高压侧起交换功率的作用,或使长距离输电线路分段,同时降压对一个区域供电。这样的变电所在系统中主要起中间环节的作用,称为中间变电所。全所停电后,将引起区域电网的解列。

(3)地区变电所

地区变电所的电压等级一般为110~220 kV,主要向一个地区的用户供电,是一个地区或一个中小城市的主要变电所。一旦停电,将造成该地区或城市供电的紊乱,甚至中断供电。

(4)终端变电所

终端变电所位于配电线路的末端,接近负荷处,电压等级一般为35~110 kV,经降压后直接向用户供电。

1.2 发电厂、变电所电气设备概述

1.2.1 电气一次设备

在发电厂和变电所中,为了满足用户对电力的需求和保证电力系统运行的安全稳定和经济性,安装有各种电气设备。通常把直接生产、输送、分配和使用电能的设备称为一次设备。它们包括:

①生产和转换电能的设备。如将机械能转换成电能的发电机,变换电压、传输电能的变压器等。

②接通或断开电路的开关设备。如高压断路器、隔离开关、熔断器、重合器等。

③载流导体。如母线、电缆等,用于按照一定的要求把各种电气设备连接起来,组成传输和分配电能的电路。

④限制短路电流或过电压的设备。如限制短路电流的电抗器和限制过电压的避雷器、避雷针、避雷线等。

⑤互感器。互感器分为电压互感器和电流互感器,分别将一次侧的高电压或大电流变为二次侧的低电压或小电流,以供给二次回路的测量仪表和继电器。

⑥绝缘子。绝缘子用来支撑和固定载流导体,并使载流导体与地绝缘,或使装置中不同电位的载流导体间绝缘。

⑦接地装置。埋入地下的金属接地体(或连成接地网)。

通常一次设备用规定的图形符号和文字符号表示,见表1.1。

表 1.1 常用一次设备的名称及图形、文字符号

名　称	图形符合	文字符号	名　称	图形符合	文字符号
交流发电机		G	三绕组自耦变压器		T
双绕组变压器		T	电动机		M
三绕组变压器		T	断路器		QF
隔离开关		QS	电容器		C
熔断器		FU	调相机		G
普通电抗器		L	消弧线圈		L
分裂电抗器		L	双绕组、三绕组电压互感器		TV
负荷开关		Q	具有两个铁芯和两个二次绕组、一个铁芯两个二次绕组的电流互感器		TA
接触器的主动合、主动断触头		K	避雷器		F
母线、导线和电缆		W	火花间隙		F
电缆终端头		—	接地		E

1.2.2 二次设备概述

(1)二次设备

用于对电气一次设备和系统的运行状况进行测量、控制、保护和监察的辅助设备,称为二次设备。它们包括:

①测量表计。如电压表、电流表、功率表、电能表、频率表等,用于测量一次电路中的电气参数。

②控制和信号装置。如控制开关、按钮、信号灯、光字牌等。

③绝缘监察装置,主要用来监察交、直流电网的绝缘状况。

④继电保护及自动装置。如各种继电器和自动装置等,用于监视一次系统的运行状况,迅速反映不正常情况并进行调节,或作用于断路器跳闸,切除故障。

⑤直流电源设备。如直流发电机、蓄电池组、硅整流装置等,为保护、控制和事故照明等提供直流电源。

(2)二次电路图

二次设备按一定顺序连接而成的电路,称为二次电路或二次回路。虽然二次电路不是电气部分的主体,但它对安全生产起着重要的作用,工作人员必须熟悉二次电路的工作原理和有关图纸。

二次电路图用于详细表示二次电路、设备等的基本组成部分和连接关系。它的用途是详细理解电路、设备及其组成部分的作用原理;为测试和寻找故障提供信息,并作为编制安装接线图的依据。

在电路图中,各种元件、器件和设备均采用国家统一规定的图形符号表示,同时画出它们之间所有的连接。图形符号旁应标注项目代号,需要时还可以注明主要参数。为了能看懂二次电路图,必须了解其组成元件的图形和文字符号。本书各图中用标注文字符号代替项目代号。常用二次设备的新旧图形和文字符号对照见表1.2、表1.3。

表1.2 常用二次设备的新旧图形和文字符号对照

序号	名称	图形符合		序号	名称	图形符合	
		新	旧			新	旧
1	一般继电器及接触器线圈			5	电容器		
2	热继电器驱动器件			6	电流互感器		
3	指示灯			7	仪表电流线圈		
4	机械型位置指示器			8	仪表电压线圈		

续表

序号	名称	图形符合		序号	名称	图形符合	
		新	旧			新	旧
9	电阻			20	限位开关的动合(常开)触点		
10	电铃			21	限位开关的动断(常闭)触点		
11	蜂鸣器			22	机械保持的动合(常开)触点		
12	切换片			23	机械保持的动断(常闭)触点		
13	连接片			24	热继电器的动断(常闭)触点		
14	动合(常开)触点			25	动合按钮		
15	动断(常闭)触点			26	动断按钮		
16	延时闭合的动合(常开)触点			27	接触器的动合(常开)触点		
17	延时断开的动合(常开)触点			28	接触器的动断(常闭)触点		
18	延时闭合的动断(常闭)触点			29	非电量继电器的动合(常开)触点		
19	延时断开的动断(常闭)触点			30	非电量继电器的动断(常闭)触点		

表 1.3　常用二次设备的新旧文字符号对照

序号	名　称	新符号	旧符合	序号	名　称	新符号	旧符号
1	装置	A	—	6	手动准同步装置	ASM	—
2	自动重合闸装置	APR	ZCH	7	硅整流装置	AUF	—
3	电源自动投入装置	AAT	BZT	8	电容器(组)	C	—
4	中央信号装置	ACS	—	9	发热器件、热元件、发光器件	E	—
5	自动准同步装置	ASA	ZZQ	10	熔断器	FU	RD

续表

序号	名 称	新符号	旧符合	序号	名 称	新符号	旧符号
11	蓄电池	GB	—	40	绝缘监察继电器	KVI	—
12	声、光指示器	H	—	41	电源监视继电器	KVS	JJ
13	声响指示器	HA	—	42	压力监视继电器	KVP	—
14	警铃	HAB	DL	43	闭锁继电器	KCB	BSJ
15	蜂鸣器、电喇叭	HAU	FM	44	气体继电器	KG	WSJ
16	光指示器	HL	—	45	温度继电器	KT	WJ
17	跳闸信号灯	HLT	—	46	热继电器	KR	RJ
18	合闸信号灯	HLC	—	47	接触器	KM	C
19	绿灯	HG	LD	48	电流表	PA	—
20	红灯	HR	HD	49	电压表	PV	—
21	白灯	HW	BD	50	有功功率表	PPA	—
22	光字牌	HP	GP	51	无功功率表	PPR	—
23	继电器	K	J	52	有功电能表	PJ	—
24	电流继电器	KA	LJ	53	无功电能表	PRJ	—
25	电压继电器	KV	YJ	54	频率表	PF	—
26	时间继电器	KT	SJ	55	电力电路开关器件	Q	—
27	信号继电器	KS	XJ	56	刀开关	QK	DK
28	中间继电器	KC	ZJ	57	自动开关	QA	ZK
29	防跳继电器	KCF	TRJ	58	电阻器、变阻器	R	R
30	出口继电器	KCO	BCJ	59	控制回路开关	S	—
31	跳闸位置继电器	KCT	TWJ	60	控制开关	SA	KK
32	合闸位置继电器	KCC	HWJ	61	按钮开关	SB	ANA
33	事故信号继电器	KCA	SXJ	62	测量转换开关	SM	CK
34	预告信号继电器	KCR	YXJ	63	手动准同步开关	SSM1	1STK
35	同步监察继电器	KY	TJJ	64	解除手动准同步开关	SSM1	1STK
36	重合闸继电器	KRC	ZCH	65	自动准同步开关	SSA1	DTK
37	重合闸后加速继电器	KCP	JSJ	66	电流互感器	TA	LH
38	闪光继电器	KH	—	67	电压互感器	TV	YH
39	脉冲继电器	KP	XMJ	68	连接片、切换片	XB	LP

续表

<table>
<tr><th>序号</th><th colspan="2">名 称</th><th>新符号</th><th>旧符合</th><th>序号</th><th colspan="2">名 称</th><th>新符号</th><th>旧符号</th></tr>
<tr><td>69</td><td colspan="2">端子排</td><td>XT</td><td>—</td><td rowspan="2">73</td><td rowspan="2">交流系统设备端相序</td><td>第三相</td><td>W</td><td>C</td></tr>
<tr><td>70</td><td colspan="2">合闸线圈</td><td>YC</td><td>HQ</td><td>中性线</td><td>N</td><td>—</td></tr>
<tr><td>71</td><td colspan="2">跳闸线圈</td><td>YT</td><td>TQ</td><td>74</td><td colspan="2">保护线</td><td>PE</td><td>—</td></tr>
<tr><td rowspan="3">72</td><td rowspan="3">交流系统电源相序</td><td>第一相</td><td>L1</td><td>A</td><td>75</td><td colspan="2">接地线</td><td>E</td><td>—</td></tr>
<tr><td>第二相</td><td>L2</td><td>B</td><td rowspan="3">76</td><td rowspan="3">直流系统电源</td><td>正</td><td>+</td><td>—</td></tr>
<tr><td>第三相</td><td>L3</td><td>C</td><td>负</td><td>-</td><td>—</td></tr>
<tr><td rowspan="2">73</td><td rowspan="2">交流系统设备端相序</td><td>第一相</td><td>U</td><td>A</td><td>中间线</td><td>M</td><td>—</td></tr>
<tr><td>第二相</td><td>V</td><td>B</td><td colspan="5"></td></tr>
</table>

1.3 电气设备的主要额定参数

电气设备的种类很多,其作用、结构和工作原理各不相同,使用的条件和要求也不一样,但额定电压、额定电流、额定容量都是最主要的额定参数。

(1)额定电压

额定电压是国家根据经济发展的需要、技术经济的合理性、制造能力和产品系列性等各种因素所规定的电气设备的标准电压等级。电气设备在额定电压(铭牌上所规定的标称电压)下运行时,能保证最佳的技术性能与经济性。

我国交流电力网和电气设备的额定电压见表1.4。

表1.4 我国交流电力网和电气设备的额定电压(kV)

<table>
<tr><th rowspan="3">用电设备额定电压与电力网额定电压</th><th rowspan="3">发电机额定电压</th><th colspan="3">变压器额定电压</th></tr>
<tr><th colspan="2">原边绕组</th><th rowspan="2">副边绕组</th></tr>
<tr><th>接电力网</th><th>接发电机</th></tr>
<tr><td>0.22</td><td>0.23</td><td>0.22</td><td>0.23</td><td>0.23</td></tr>
<tr><td>0.38</td><td>0.40</td><td>0.38</td><td>0.40</td><td>0.40</td></tr>
<tr><td>3</td><td>3.15</td><td>3</td><td>3.15</td><td>3.15及3.3</td></tr>
<tr><td>6</td><td>6.3</td><td>6</td><td>6.3</td><td>6.3及6.6</td></tr>
<tr><td>10</td><td>10.5</td><td>10</td><td>10.5</td><td>10.5及11</td></tr>
<tr><td>35</td><td>—</td><td>35</td><td>—</td><td>38.5</td></tr>
<tr><td>60</td><td>—</td><td>60</td><td>—</td><td>66</td></tr>
<tr><td>110</td><td>—</td><td>110</td><td>—</td><td>121</td></tr>
</table>

续表

用电设备额定电压与电力网额定电压	发电机额定电压	变压器额定电压		
		原边绕组		副边绕组
		接电力网	接发电机	
220	—	220	—	242
330	—	330	—	363
500	—	500	—	550
750	—	750	—	825

对表1.4进行分析,可以发现以下规律:

①用电设备(即负荷)的额定电压与电网的额定电压是相等的。

②发电机的额定电压比其所在电力网的电压高5%。

③变压器的一次绕组是接受电能的,可看成用电设备,其额定电压与用电设备的额定电压相等,而直接与发电机相连接的升压变压器的一次侧电压应与发电机电压相配合。

④变压器的二次绕组相当于一个供电电源,它的空载额定电压要比其所在电网的额定电压高10%。但在3 kV、6 kV、10 kV电压时,相应的配电线路距离不长,二次绕组的额定电压仅高出电网电压5%。

(2)额定电流

电气设备的额定电流(铭牌中的规定值)是指在规定的周围环境温度和绝缘材料允许温度下允许通过的最大电流值。当设备周围的环境温度不超过介质的规定温度时,按照设备的额定电流工作,其各部分的发热温度不会超过规定值,电气设备有正常的使用寿命。

(3)额定容量

发电机、变压器和电动机额定容量的规定条件与额定电流相同。变压器的额定容量都是指视在功率(kV·A)值,表明容量最大一绕组的容量;发电机的额定容量可以用视在功率(kV·A)值表示,但一般是用有功功率(kW)值表示,这是为便于与拖动发电机的原动机(汽轮机、水轮机等)的功率相比较;电动机的额定容量通常用有功功率(kW)值表示,以便于与它拖动的机械的额定容量相比较。

思考题

1.1 什么是电力系统和电力网?建立电力系统有什么优越性?电能有哪些优点?

1.2 发电厂和变电所的类型有哪些?分别说明发电厂的生产过程和变电所的作用。

1.3 发电厂中有哪些电气设备?它们的作用是什么?在电路图中用什么图形符号表示?

1.4 电气一次设备和二次设备的作用及范围是什么?

1.5 试述电气设备额定电压和额定电流的定义。电力网、发电机和变压器的额定电压是如何规定的?

第2章 开关电器的电弧及灭弧原理

开关电器是用来接通或断开电路的电气设备。在开关电器触头接通或分离时,触头间可能出现电弧。电弧是一种气体放电现象,即使开关电器的触头已经分开,触头间只要有电弧存在,电路就没有完全断开,电流仍然存在。此外,电弧温度极高,有可能烧坏触头及触头附近的其他部件。如果电弧长期不能熄灭,会引起电器被烧毁甚至爆炸,危及电力系统的安全运行,造成生命财产的极大损失,在切断电路时必须尽快使电弧熄灭。本章以电弧的熄灭为重点,主要讲述电弧形成和熄灭的物理过程、电弧的特征以及常见的基本灭弧方法。

2.1 电弧的产生和物理特性

2.1.1 弧光放电及其特点

电弧或弧光放电是气体放电的一种形式。在正常状态下,气体具有良好的电气绝缘性能。当在气体间隙的两端加上足够大的电场时,就可以引起电流通过气体,这种现象称为放电。放电现象与气体的种类及其压力、电极的材料和几何形状、两极间的距离以及加在间隙两端的电压等因素有关。

弧光放电是气体自持放电的一种形式,它可以从不同的放电形式转变而成。其途径和条件有以下3种:

①如果电场比较均匀,间隙外加电压达到一定数值后间隙将被击穿,此时的电压称为间隙击穿电压。当电源功率足够大时,击穿电压将直接发展为弧光放电。

②在电场比较均匀、气体压力较低时,气体间隙击穿后,先出现辉光放电,随着电流的增大而逐渐转变为弧光放电。

③在电极间距离和电极曲率半径之比很大的极不均匀电场中,当气体压力较高且回路电阻较大时,先在电极表面电场集中的区域出现电晕放电。只有电极间电压增大到一定数值后才发展为弧光放电。

在辉光、电晕、弧光这3种自持性放电形式中,弧光放电的主要特点是电流密度大(伴随着高温和强光)、阴极压降低,而辉光放电和电晕放电则相反。例如,弧光放电的电流密度为几百至几万安培每平方厘米,阴极压降仅十几伏;而辉光放电的电流密度为几十毫安每平方厘米,阴极压降为 200~300 V。电弧是一种能量集中、温度很高、亮度很大的气体自持性放电现象。

2.1.2　电弧的组成部分

电弧可分为阴极区、弧柱区和阳极区 3 个区域。电弧的两个电极(阴极和阳极)也可认为是电弧的组成部分,如图 2.1 所示。

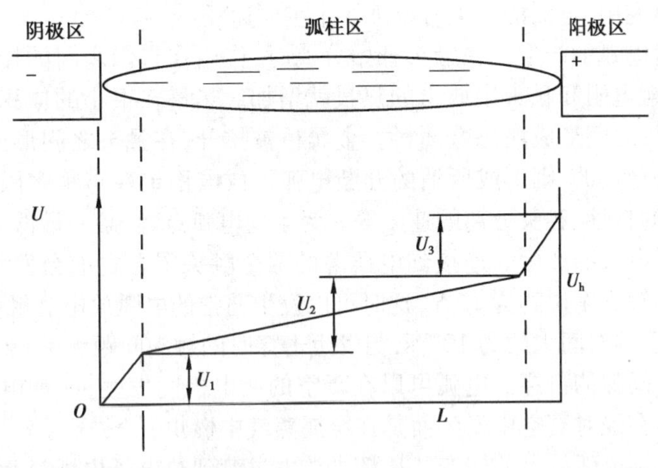

图 2.1　电弧的组成

①阴极区。产生阴极电压降的阴极区域称为阴极压降区。这一区域的长度很小,约为 10^{-4} cm。电极间电弧形成后,游离产生的电子和正离子分别奔向阳极和阴极,在阴极附近积聚大量正离子,即积聚大量正的空间电荷。正电荷周围的电场对阴极一侧的电场起加强作用。在阴极压降区内电场很强,电位急剧跃变,形成阴极电压降。阴极电压降的数值与电弧电流的大小关系不大,而与阴极材料和气体介质有关,一般为 10~20 V。

②弧柱区。弧柱区的特点与阴极压降区不同。弧柱上的电压与电流的大小、弧隙的长短,特别是介质及其状态(如介质的导热系数、介质压力、介质流动方式及流速等)有关。在电弧稳定燃烧的条件下,如果电弧周围介质情况不变,当电弧电流增大时,弧柱内部热游离加强,带电粒子的密度剧增,弧柱的电阻下降,则弧柱电压降下降。当弧长不变时,弧柱电压随电弧电流的增加而减小。若弧长增加,弧柱电压也增加,弧柱电压降与弧长成正比。

③阳极区。产生阳极电压降的阳极区域称为阳极压降区。这一区域的长度为阴极区的几倍,但电压降比阴极区小。因为电子奔向阳极,所以在阳极附近积聚了大量带负电的电子。负的空间电荷使阳极一侧的电场加强,形成阳极压降区。阳极电压降与电弧电流大小有关,当电流很大时,阳极电压降很小。

电弧的阴极区域对电弧的发生和物理过程具有重要的意义,形成电弧放电的大部分电子是在阴极区产生或由阴极本身发射的。电弧放电时,实际上并不是整个阴极全部参加放电过程,阴极表面的放电只集中在一个很小的区域上。这个小区域称为阴极斑点,它是一个非常集中、面积很小的光亮区域,其电流密度很大,是电弧放电中强大电子流的来源。阳极表面也存在阳极斑点,它接收从弧柱过来的电子。弧柱是由高温、游离了的气体形成充满了带电粒子的等离子体。弧柱的特征和物理过程对电弧起着重要的作用。开关电弧中主要研究的就是弧柱的特性。

电弧可分为短弧和长弧两种。电弧电压主要由阴极和阳极压降构成的电弧称为短弧。短弧长度较短,在短弧中近阴极区域的过程起主要作用。电弧电压主要由弧柱压降构成的电弧称为长弧。长弧长度较长,在长弧中弧柱的过程起主要作用。在高压开关中的电弧一般均属于长弧。

2.1.3 电弧产生的条件

在开关电弧研究中,电弧的产生有以下5个主要途径:

①电路开断时电弧的产生。在触头开始分离时,作用在它们之间的接触压力将减少,接触面积也缩小,接触电阻和触头中放出的热量就增加。热量在很小的体积中,金属被加热到高温而熔化,在触头之间形成液态金属桥。金属桥被拉开,在触头之间形成过渡的或稳定的电弧。如果放电是稳定的,则形成所谓的开断电弧。放电稳定性与很多因素有关,如开断前的电流、触头电路的特性、触头分离的速度等。为了使电弧点燃,某一最低电流值是必需的。

②触头闭合时电弧的产生。连接到电压源的两个触头闭合之前会发生电击穿。击穿电压的最低值对于银触头来说约为15 V,这时可以发生通常的电弧放电。触头上电压并不是立即稳定的,电弧建立的时间大约为10^{-8} s,与发生击穿时的触头间距无关。

③真空和气体间隙的击穿。电弧可以在真空的两电极间发生,这种电弧称为真空电弧。电弧实际上并不是在绝对真空中发生而是在金属蒸气中燃炽。

④从辉光放电到电弧放电的转变。从辉光放电过渡到热电子电弧过程,是随着电流的增加以及发生辉光放电转变到阴极电位降逐渐增高的非正常状态,同时,在阴极上放出的能量也在增加。如果这时阴极温度达到热电子发射开始起显著作用的数值,则放电的击穿电压开始下降。电流继续增加,阴极温度跟着升高及热电子流的作用就增大,电压下降到电弧放电所具有的数值。

⑤从火花放电到电弧放电的转变。当两电极之间的间隙被击穿形成火花放电时,在间隙形成导电通道,开始输入能量,电流逐渐上升。电流上升速度一般取决于外部电路的参数,两电极间的电容经常有某些储藏的能量被迅速输入通道中。通道强烈地被加热和扩展,并且,扩展的速度在初始阶段可以近似地看作冲击波的传播。火花放电可以引起具有大的压力跃变的冲击波。

2.1.4 电弧的形成

电弧的产生主要是触头间产生大量自由电子的结果。在中性的气体中不存在自由电子,气体原子内的电子受到原子核的正电荷的吸引,只能在围绕原子核的一定能级的轨道上转动,没有外界能量的作用,它不能从原子内部跑出去,气体是不导电的。要使气体变为导电状态,就必须有外界的能量使大量的电子从围绕原子核运动的轨道上脱离出来并成为自由电子。这种从气体中性粒子(原子或分子)中分离出自由电子的现象称为游离。

(1)阴极在强电场作用下发射电子

开关电器的触头开始分离时,触头间隙很小,触头间会形成很高的电场强度。当电场强度超过一定值后,阴极触头表面的电子就会在强电场作用下被拉出,成为存在于触头间隙中的自由电子。这种现象称为强电场发射。

(2)阴极在高温下发生热电子发射

开关电器的触头是由金属材料制成的,在常温下,金属内部就存在大量的自由电子。当触头开始分离时,动静触头间的接触压力不断下降,接触面积不断减少,使接触电阻迅速增大,在电流的作用下接触处的温度急剧升高,在阴极上出现强烈的炽热点,从而有电子从阴极表面向四周发射。这种现象称为热电子发射。发射电子的多少与阴极材料及表面温度有关。

(3)弧柱区产生碰撞游离

从阴极表面发射出来的电子,在电场力的作用下向阳极做加速运动。在运动过程中,质点就会在电场作用下获得能量,并不断地与其他质点(正离子、原子、分子等)发生碰撞,相互间就会发生能量的交换。当带电质点的运动速度足够高时,它的动能就可能超过原子或分子的游离能,当它和中性质点相碰撞时,就可能使束缚在原子内部的电子释放出来,形成新的自由电子和正离子。这种现象称为碰撞游离。

游离出来的正离子向阴极运动,速度很慢,而从阴极表面发射出来和碰撞游离出来的自由电子一起以极高的速度向阳极运动。当它们与其他中性质点碰撞时,又会再次发生碰撞游离。碰撞游离连续进行的结果会使触头间充满自由电子和正离子,具有很大的电导。在外加电压作用下,带电粒子做定向运动形成电流,使介质被击穿而形成电弧。

(4)弧柱区产生热游离

电弧形成后,弧隙的温度极高,处于高温下的中性质点产生强烈的热运动。当那些具有足够动能的中性质点互相碰撞时,又可游离出自由电子和正离子。这种现象称为热游离。热游离会产生大量的带电粒子,电弧形成后维持电弧稳定燃烧的电压不需要很高,热游离足以维持电弧的燃烧。

2.1.5　电弧中的去游离

电弧中介质因游离而产生大量带电粒子的同时,还存在带电粒子消失的相反过程,这个过程称为去游离。如果带电粒子消失的速度比产生的速度快,电弧电流将减小而使电弧熄灭。带电粒子的消失是复合和扩散两种物理现象造成的。

(1)复合

两种带异性电荷的质点互相接触而形成中性质点的过程称为复合。复合可以在电极的表面上发生,称为表面复合;也可在间隙的空间中发生,称为空间复合。

电弧弧柱中存在大量的自由电子和正离子,它们的复合(称直接复合)似乎是最直接和有利的。但实验表明,自由电子和正离子直接复合的可能性很小,这是因为电子运动速度很快,几乎是正离子速度的1 000倍,而交换能量需要有一定的作用时间。空间复合一般是在正负离子间进行的(称为间接空间复合),即在适当的条件下,电子先附着在中性质点上形成带负电荷的粒子(负离子),再与正离子复合。由于负离子的体积和质量都较大,运动速度较慢,因此复合就容易实现。复合过程伴随着能量的释放,释放出的能量以热和光的形式散向周围空间。

复合使弧柱中带电质点减少,游离过程降低。复合的速度与离子的浓度、温度、压力、电场强度等因素有关,其中,主要的影响因素是温度。温度下降时,复合的速度迅速增加,去游离作用强烈。

(2)扩散

扩散是弧柱内带电粒子逸出弧柱以外进入周围介质的一种现象。扩散是带电粒子不规则的热运动以及电弧内带电粒子的密度远大于电弧外,电弧中的温度远高于周围介质的温度造成的。它可使弧柱中带电粒子减少,游离程度降低。

扩散的速度与离子浓度、正离子运动速度、弧柱直径、温度及压力等有关,其中,弧柱直径的影响较大,弧柱直径越小、扩散越强烈。

2.1.6 电弧的物理特性

(1)电弧的伏安特性

当其他条件不变时,电弧电压与电弧电流的关系曲线,称为电弧的伏安特性。

电弧的伏安特性说明了电弧电压和电流的关系,是电弧的重要特性之一。电弧电压和电流之间的函数关系,决定于电弧间隙的物理过程。弧柱的物理状态不是静止的,在其中始终进行着游离和去游离过程。如果游离和去游离过程相平衡,则弧柱处于动平衡状态而不是时间的函数。弧柱处于动平衡的工作状态称为静态或稳态。稳态电弧(直流稳定电弧)的伏安特性称为静特性。当电弧工作状态改变时,弧柱动平衡被破坏,发生过渡状态。但如果电弧中电的过程改变得慢,热的过程来得及跟上,则电压与电流的关系仍和静态一样。如果电的过程改变得快,以至于热的过程跟不上其改变的过程而出现热迟滞现象,这时的伏安特性称为动特性。处于不稳定状态的直流电弧和交流电弧,其伏安特性为动特性。

在 系列稳定状态下,直流电弧决定了相应的电弧和电压的数值,就可以得到电弧的静特性,电弧的静特性曲线一般是下降的,其原因是当电流增加时,电弧通道的截面增加,温度也升高,电弧电阻很快下降。

(2)交流电弧的物理特性

由于交流电弧的电流变化速度很快,不可能建立稳定平衡状态,因此,电弧的特性应是动态特性,并且交流电流每半个周期经过一次零值。电流过零时,电弧自动熄灭。如果电弧是稳定燃烧的,则电弧电流过零熄灭后,在另半周又会重新燃烧。

在交流电弧中,温度随电流而变化,电弧的温度也是变化的。气体的热惯性很大,甚至在工频电流情况下,也会引起温度的变化滞后于电流的变化,这种现象称为电弧的热惯性,如图2.2(a)所示。由电流的波形及伏安特性,得到电弧电压随时间的变化波形呈鞍形,如图2.2(b)

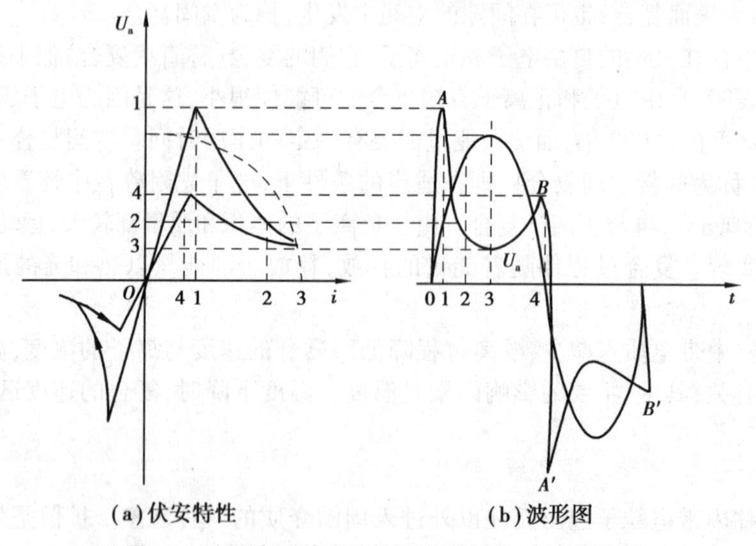

图2.2 交流电弧伏安特性和电弧电流、电压波形图

所示。其中,A 点为电弧产生时的电压,称为燃弧电压;B 点为电弧熄灭时的电压,称为熄弧电压。

2.2　直流电弧的熄灭

2.2.1　熄灭直流电弧的方法

直流电弧的等值电路如图 2.3 所示。当电弧稳定燃烧时,电流大小不变,电感上的电压降为零,电源加在弧隙上的电压 $U—IR$ 恰好等于电弧稳定燃烧所需要的电弧电压 U_h。当电源加在弧隙上的电压 $U—IR$ 小于电弧稳定燃烧所需要的电弧电压时,电弧将熄灭。可见,为使直流电弧熄灭,可从两个方面着手:一是降低加在弧隙上的电压;二是提高电弧电压。为了避免电弧熄灭时产生过电压,一般不采用强烈的方法熄灭直流电弧,常见的方法有以下 4 种:

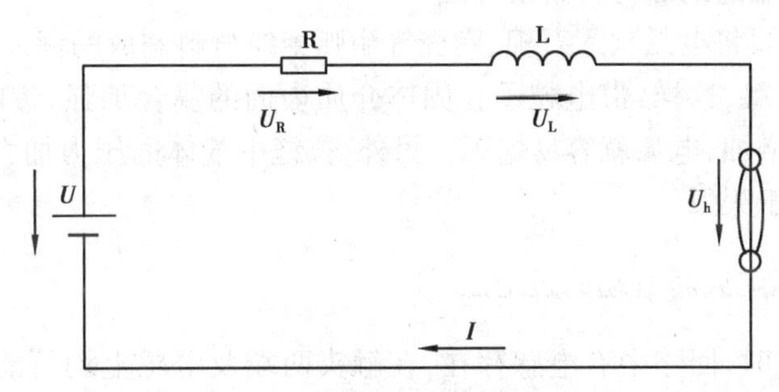

图 2.3　直流电弧的等值电路

(1)增大回路电阻

当电源电压 U 一定时,回路电阻 R 增大,作用于弧隙上的电压减小,电弧就容易熄灭。

(2)将长电弧分割为多个短电弧

要使短电弧稳定燃烧,外加电压必须大于阴极和阳极电压降之和。可利用许多平行排列的金属片把长电弧分割成一系列串联的短电弧,如图 2.4 所示。每一个短电弧都有一个阴极和阳极电压降,总的电弧电压便大为增加。如果选择金属片的数目,使加到开关触头间的电压小于所有短电弧电极电压降的总和时,电弧即迅速熄灭。

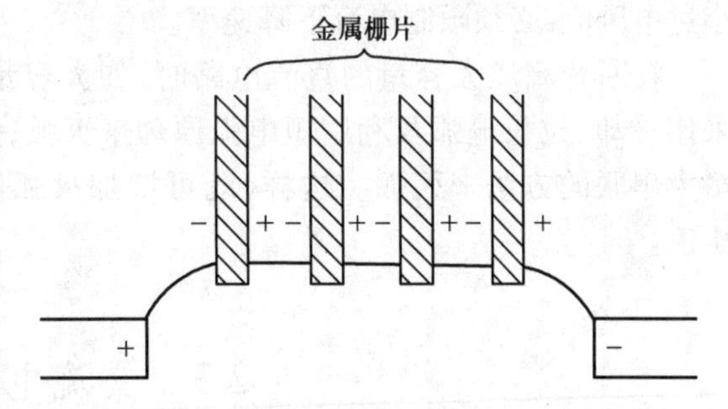

图 2.4　将长电弧分成几个短电弧

(3)增大电弧长度

弧柱电压降与电弧长度成正比,电弧长度增加,电弧电压降也增加,当电弧长度增加到电弧电压大于外加电压时,电弧即熄灭。增加电弧长度的方法有以下两种:

①不断增大触头间的距离。开关触头开始分离后,随着触头间的距离不断增大,电弧长度随之增加。当触头间的距离足够大时,电弧将熄灭。

②利用磁场横吹电弧。利用导电回路自身的磁场或外加磁场,使电弧电流在磁场中受动

力而横向拉长电弧，如图 2.5(a)所示。电路中电流 I 沿图示箭头方向流动，电弧受电动力 F 后，向上移动被拉长。

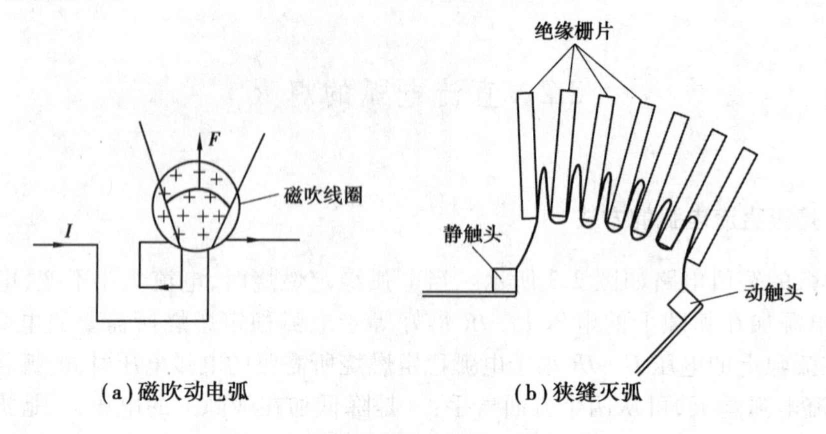

(a)磁吹动电弧　(b)狭缝灭弧

图 2.5　磁吹动电弧和狭缝灭弧原理图

(4)使电弧与耐弧的绝缘材料紧密接触

如图 2.5(b)所示，将电弧吹入石棉、陶瓷等耐弧绝缘材料制成的栅片狭缝中，使电弧与温度较低的固体介质接触，这样，带电粒子在固体介质表面的复合加强，带电粒子减少，弧柱导电性变差，弧柱电压增加，电弧就容易熄灭。另外，狭缝中气体的压力加大和固体介质对电弧的冷却作用，都有利于灭弧。

2.2.2　直流电弧熄灭时引起的过电压

在开断直流电路时，回路中有电感存在，在触头两端及电感上均可能产生过电压。过电压不仅危及线路中电器的绝缘，而且造成触头间重新被击穿，电弧复燃。过电压值与回路的电感及电流下降的速率有关。回路电感越大、电流下降速率$\frac{\mathrm{d}i}{\mathrm{d}t}$越大，过电压值越高。为了减小过电压值，必须限制电流下降速率。

在断开高压大容量的直流电路时，如大容量同步发电机励磁回路的灭磁开关，一方面采用冷却、拉长电弧及利用短电弧原理来灭弧；另一方面还随着开关的断开，同时采用逐渐增大串联的方法来灭弧。这样，既可增加灭弧能力，又可限制电流的下降速率，降低过电压值。

2.3　交流电弧的熄灭

2.3.1　交流电弧熄灭因素

交流电弧燃烧过程中电流每半周要过零值一次，此时电弧暂时熄灭。如果在电流过零时采取有效措施，使弧隙介质的绝缘能力达到不会被弧隙外加电压击穿的程度，则电弧就不会重燃而最终熄灭。

在电流过零前后，弧隙中发生的现象是很复杂的：一是弧隙去游离和它的介质强度(即弧隙的绝缘能力,或称弧隙的耐压强度)的增大;二是加于弧隙的电压(称恢复电压)的增大。

弧隙介质绝缘能力或介质强度(以能耐受的电压 U_j 表示)恢复到正常情况需要有一个过程,这个过程称为介质强度的恢复过程。加在弧隙上的电压,由电弧熄灭时的熄弧电压逐渐恢复到电源电压,也要有一个过程,这个过程称为弧隙电压的恢复过程。电弧熄灭后,弧隙上的电压称为恢复电压 U_{hf}。

电弧电流过零时,是熄灭电弧的有利时机,但电弧是否能熄灭,取决于上述两个方面竞争的结果。

2.3.2　弧隙介质强度的恢复

弧隙介质强度的恢复是一个比较复杂的过程。在电弧电流过零之前,弧隙中的空间充满了电子和正离子。当电弧电流过零熄灭后,电极极性发生变化,弧隙中的电子迅速奔向新阳极,比电质量大 1 000 多倍的正离子,相对电子而言则基本未动,在新阴极附近形成正空间电荷。

如图 2.6 所示为电弧电流过零后电荷沿短弧隙的分布情况。由图可知,电压主要降落在阴极附近的薄层空间。根据实验,此薄层空间的耐压为 150~250 V 的介质强度。这种在阴极附近电介质强度出现突然升高的现象称为近阴极效应。近阴极效应在弧隙中立即出现的介质强度,称为起始介质强度。起始介质强度出现后,介质强度的增长速率要取决于弧隙的冷却条件。如图 2.7 所示为不同冷却条件下弧隙温度与介质强度的变化曲线。

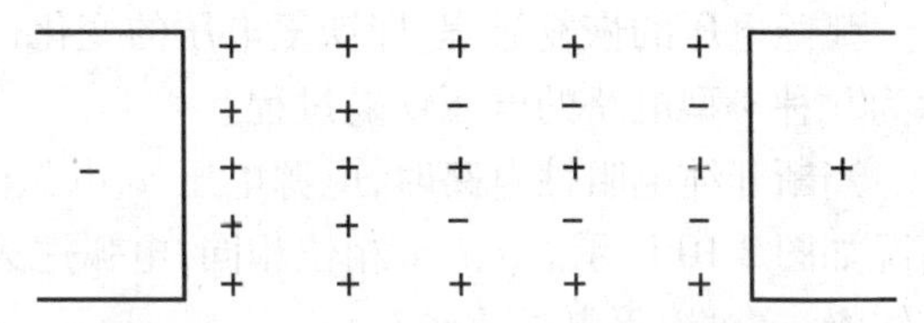

图 2.6　电流过零后电荷沿短弧隙的分布

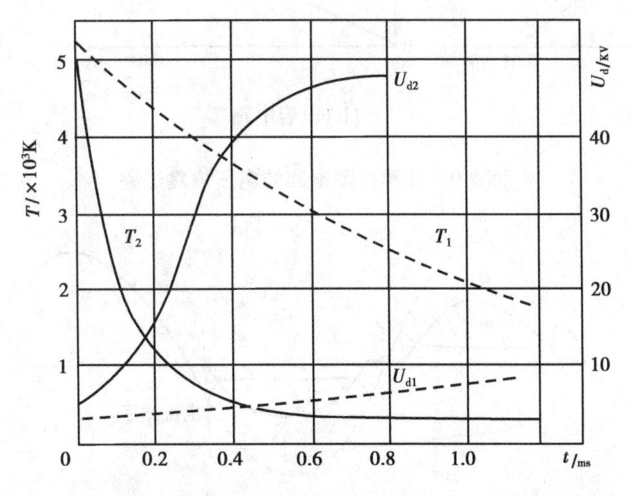

图 2.7　不同冷却条件下弧隙温度与介质强度的变化曲线

近阴极效应在低压短电弧的熄灭过程中有很重要的作用。但在高压长电弧中,近阴极介强度与加在电弧上的高电压相比是很小的,因此,近阴极效应在高电压长电弧的熄灭过程中不起多大作用。在长电弧中,起决定作用的是弧柱中的去游离过程。在高压断路器中产生的电弧一般都是长电弧,普遍利用气体或液体吹动电弧来加强弧柱的冷却,以加快介质强度的恢复。

起始介质强度出现后，弧柱区介质强度的恢复过程与断路器的灭弧装置结构、介质特性、电弧电流、冷却条件及触头分开速度等因素有关。

目前，电力系统中常用的灭弧介质有油（变压器油）、压缩空气、真空、SF_6等，其介质强度恢复过程曲线如图 2.8 所示。

另外，提高触头的分断速度，可迅速拉长电弧，使其散热和扩散的表面积迅速增加，去游离加强，介质强度恢复速度提高。

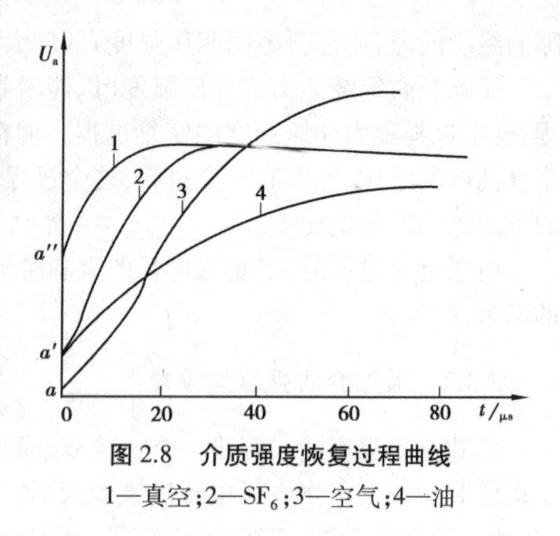

图 2.8　介质强度恢复过程曲线

1—真空；2—SF_6；3—空气；4—油

2.3.3　弧隙电压的恢复

弧隙电压的恢复过程，即恢复电压的变化过程，与电路参数、负荷性质有关。如图 2.9 所示为几种典型电路的电压恢复过程。

当断开纯电阻性电路时，电源电压 u、电弧电流 i_h、电路电流 i_h（$i=i_h$）和弧隙电压 u_h 变化情况如图 2.10 所示。u、i、u_h 相位相同，电弧熄灭后，熄弧电压即按电源电压变化，电压恢复比较缓慢，这对熄灭电弧比较有利。

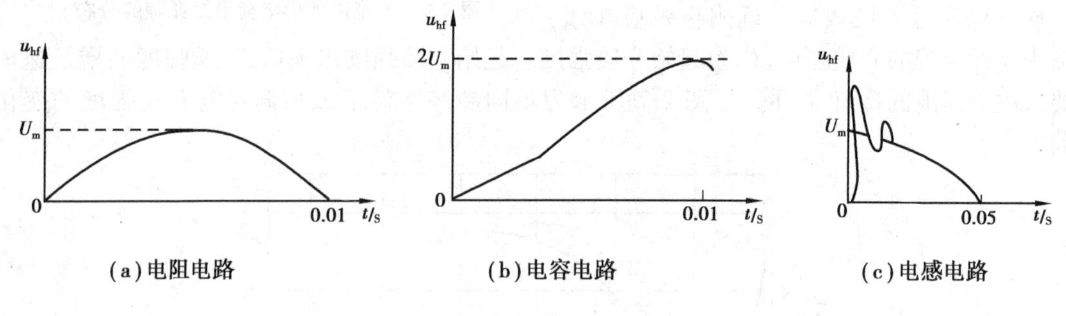

图 2.9　几种典型电路的电压恢复过程

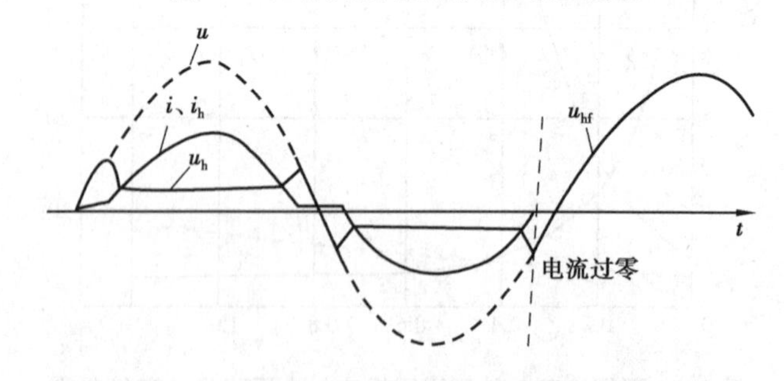

图 2.10　断开纯电阻性交流电路时的电压电流波形

当断开短路回路的感性电流时，如图 2.11 所示，电弧电压与电源电压相位差接近 90°。当电流过零电弧熄灭时，电源电压几乎是幅值。弧隙电压由熄弧电压过渡到电源电压比较快，而且电路有电容和电感存在，还可能由于震荡而使电压恢复得更快，如图 2.11 中恢复电压 u_{hf}所示，这对熄灭电弧不利。为了降低电压恢复速率，可在电路中串联电阻，一般采取在断路器每相触头并联电阻的方法。这样,阻尼震荡的形成,使弧隙电压的恢复过程为非周期性的。

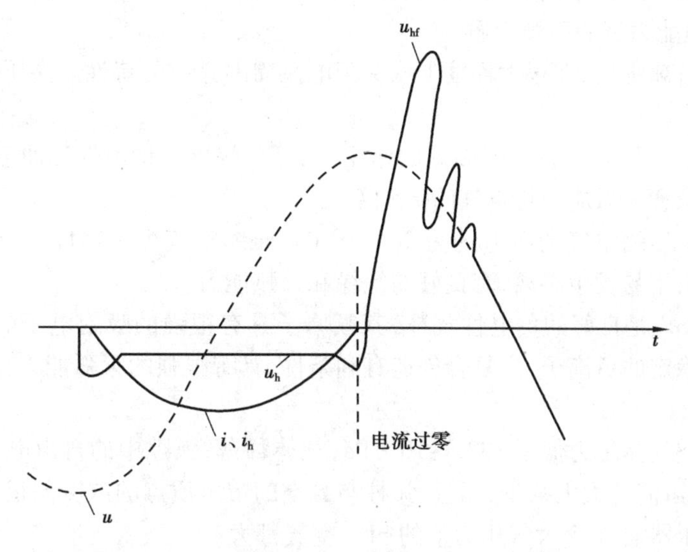

图 2.11　断开纯电感性交流电路时的电压电流波形

2.3.4　交流电弧的熄灭条件

为了使电流过零值后电弧熄灭不发生重燃,必须使介质强度的恢复速度始终大于弧隙电压的恢复速度。如图 2.12(a)所示,电弧熄灭;否则,如图 2.12(b)所示,在曲线交点 1 处电弧则重燃。

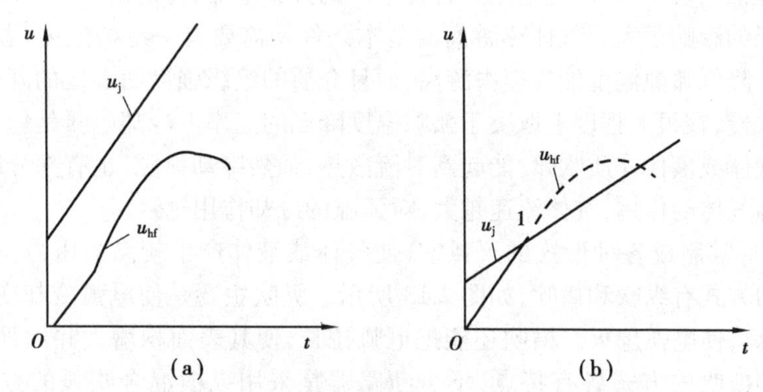

图 2.12　交流电弧在电流过零值后的重燃和熄灭

交流电弧熄灭的条件为

$$u_j(t) > u_{hf}(t)$$

2.4　熄灭交流电弧的基本方法

交流电弧能否熄灭,取决于电流过零电弧熄灭后,弧隙介质强度恢复过程和弧隙电压恢复过程的结果。加强弧隙的去游离使介质强度恢复速度加大,或减少弧隙上的电压恢复速率，都可以促使电弧熄灭。

现代开关电器中广泛采用的灭弧方法有以下几种：

(1)采用灭弧能力强的灭弧介质

电弧中的去游离强度，在很大程度上取决于电弧周围介质的特性。高压断路器中广泛采用以下几种灭弧介质：

①变压器油。变压器油在电弧高温的作用下，可分解出大量氢气和油蒸气(H_2占70%~80%)，氢气的绝缘和灭弧能力是空气的7.5倍。

②压缩空气。压缩空气的压力约为20×10^5 Pa，压缩空气分子密度大，质点的自由行程小，能量不易积累，不易发生游离，有良好的绝缘和灭弧能力。

③SF_6气体。SF_6是良好的负电性气体，其氟原子具有很强的吸附电子的能力，能迅速捕捉自由电子形成稳定的负离子，为复合创造有利条件，具有很强的灭弧能力，其灭弧能力比空气强100倍。

④真空。真空气体压力低于133.3×10^{-4} Pa，气体稀薄，弧隙中的自由电子和中性质点都很少，碰撞游离的可能性大大减少，而且，弧柱与真空的带电质点的浓度差很大，有利于扩散。其绝缘能力比变压器油、1个大气压力下的SF_6、空气都大。

(2)采用特殊金属材料作灭弧触头

电弧中的去游离强度，在很大程度上与触头材料有关。常用的触头材料有铜、钨合金和银、钨合金等，在电弧高温下不容易熔化和蒸发，有较高的抗电弧、抗熔焊能力，可以减少热电子发射和金属蒸汽，抑制游离作用。

(3)吹弧

利用气体或油吹动电弧，广泛应用于各种电压的开关电器，特别是在高压断路器中。

温度对灭弧的影响很大。气体热游离的基本条件是需要有一定的温度，温度越低，热游离越不易发生。降低弧隙温度能加速去游离，而且介质的绝缘强度随温度的降低而增加。介质强度恢复的快慢，在很大程度上取决于弧隙温度降低的速率。冷却电弧是熄灭电弧的重要方法之一。用气体或液体介质吹弧，能起到对流散热、强烈冷却弧隙，也有部分取代原弧隙中游离气体或高温气体的作用，气体流速越大，对弧隙的冷却作用越强。

在断路器中，常制成各种形式的灭弧室，使气体或液体产生较高的压力，有力地吹向电弧。吹动电弧的方式有纵吹和横吹，如图2.13所示。纵吹主要是使电弧冷却变细，加大介质压强，加强去游离，使电弧熄灭。横吹还能把电弧拉长，使其表面积增大并加强冷却，灭弧效果较好。纵吹和横吹的方式各有特点，不少断路器是采用纵横混合吹弧的方式，灭弧效果更好。

(4)采用多断口熄弧

高压断路器常采用每相有两个或多个串联断口的灭弧方式，如图2.14所示为双断口断路器。采用双断口断路器是把电弧分割成两个小弧段，在相等的触头行程下，双断口断路器比单断口断路器的电弧拉长，从而增大弧隙电阻，电弧被拉长的速度也增加，加速了弧隙电阻的增大，同时也增大了介质强度的恢复速率。由于加在每个断口上的电压降低，弧隙的恢复电压降低，因此灭弧性能更好。

110 kV以上电压等级的断路器，根据电压等级不同，把几个相同形式的灭弧室(每个灭弧室是一个断口)串联起来，这种结构称为组合式或积木式结构。

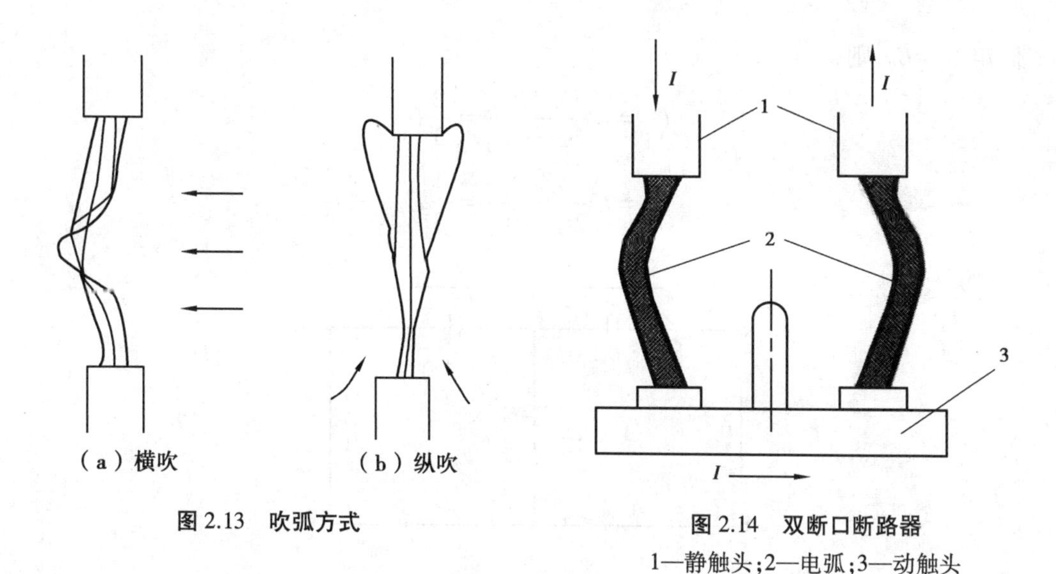

图 2.13　吹弧方式

图 2.14　双断口断路器

1—静触头;2—电弧;3—动触头

采用多断口的结构后,每一个断口在开断时电压分布不均匀。以两个断口的断路器为例加以说明。如图 2.15 所示为单相断路器在开断接地故障时的电路图。U 为电源电压,U_1 和 U_2 分别为两个断口的电压。电弧熄灭后,每个断口可用一等值电容 C_d 代替。中间的导电部分与断路器底座及大地间,也可以看成一个对地等值电容 C_0。对两断口间的电压分布情况,可按如图 2.16 所示电路进行计算。

$$U_1 = U\frac{C_d + C_0}{2C_d + C_0}$$

$$U_2 = U\frac{C_d}{2C_d + C_0}$$

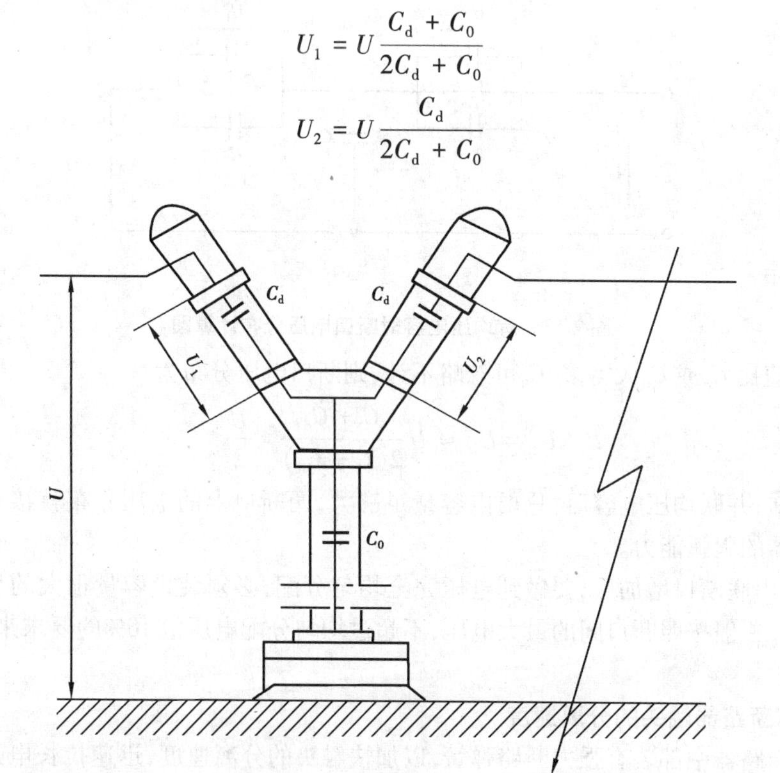

图 2.15　单相断路器在开断接地故障时的电路图

假定 $C_d = C_0$，则

$$U_1 = U\frac{C_0 + C_0}{2C_0 + C_0} = \frac{2}{3}U$$

$$U_2 = U\frac{C_0}{2C_0 + C_0} = \frac{1}{3}U$$

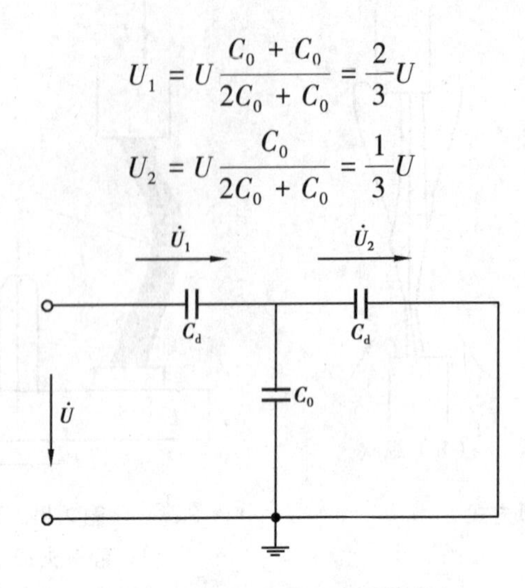

图 2.16　端口电压分布计算图

可见，两个断口上的电压相差很大。第一个灭弧室的工作条件显然比第二个灭弧室要严重得多。为了使两个灭弧室的工作条件相接近，通常采用断口并联电容的方法。一般在每个灭弧室的外边并联一个比 C_d 或 C_0 大得多的电容，称为均压电容，其容量一般为 1 000～2 000 pF。接有均压电容 C 后的等值电路，如图 2.17 所示。

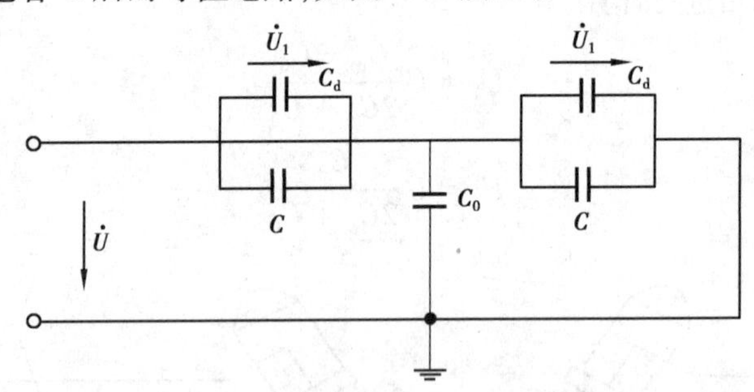

图 2.17　有均压电容时断口电压分布计算图

由于 C 值比 C_d 或 C_0 大得多，C_0 可忽略不计，则断口电压分布为

$$U_1 = U_2 \approx U\frac{C + C_d}{2(C + C_d)} = \frac{U}{2}$$

由此可知，并联均压电容后，只要电容量足够大，两断口上的电压分布就接近相等，从而提高了断路器的灭弧能力。

实际上，串联断口增加后，要做到电压完全均匀分配，必须装设容量很大的均压电容，这样很不经济。一般按照断口间的最大电压，不超过均匀分配电压值 10% 的要求来选择均压电容的电容量。

(5) 提高断路器触头的分离速度

在高压断路器中都装有强力断路弹簧，以加快触头的分离速度，迅速拉长电弧，使弧隙电场强度骤降，同时使电弧的表面积增大，有利于电弧的冷却及带电质点的扩散和复合，削弱游离而加强去游离，从而加速电弧的熄灭。

(6) **金属栅片灭弧装置**

金属栅片灭弧装置的构造原理如图 2.18(a)所示。灭弧室内装有很多由钢板冲成的金属灭弧栅片,栅片为铁磁性材料。当触头间发生电弧后,由电弧电流产生的磁场与铁磁物质间产生的相互作用力,把电弧吸引到栅片内,将长弧分割成一串短弧。当电弧过零时,每个短弧的阴极附近立即出现 150~250 V 的介质强度。如果作用于触头间的电压小于各个间隙介质强度的总和时,电弧必将熄灭。

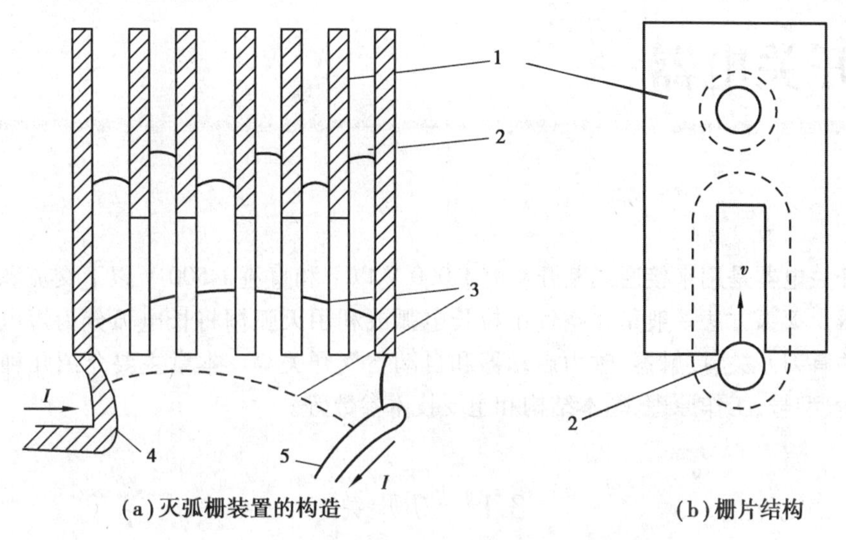

(a) 灭弧栅装置的构造　　(b) 栅片结构

图 2.18　金属栅片灭弧装置的构造原理图

1—灭弧栅片;2—电弧;3—电弧移动位置;4—静触头;5—动触头

思考题

2.1　开关电器中的电弧有什么危害?

2.2　什么是弧隙介质强度恢复过程?什么是弧隙恢复过程?它们与哪些因素有关?

2.3　电弧稳定燃烧的电压条件是什么?

2.4　直流电弧熄灭条件与交流电弧熄灭的条件有什么不同?

2.5　熄灭交流电弧的基本方法有哪些?

2.6　断路器中为什么要加装并联电容?

第3章 低压开关电器

低压开关电器是用来接通或断开交流 1 000 V 以下和直流 1 500 V 以下交流和直流电路的开关电器。灭弧方法一般是在空气中拉长电弧或利用灭弧栅将长电弧分为短电弧。常用的低压开关有刀开关、接触器、磁力启动器和自动空气开关等。本章主要介绍几种低压开关的主要用途、型号、工作原理、基本结构和主要技术参数等。

3.1 刀开关

(1)刀开关的主要用途

刀开关是手动电器中结构最简单的一种低压开关,额定电流在 1 500 A 以下,只能手动操作,主要用于不经常操作的交、直流低压电路中。为了能在短路或过负荷时自动切断电路,刀开关必须与熔断器配合使用。

(2)刀开关的型号

大电流刀开关有 HD11、HD12、HD13、HD14 四个系列的单投刀开关和 HS11、HS12、HS13 三个系列的双投刀形转换开关。

HD 系列刀开关和 HS 系列双投刀形转换开关的型号含义如下：

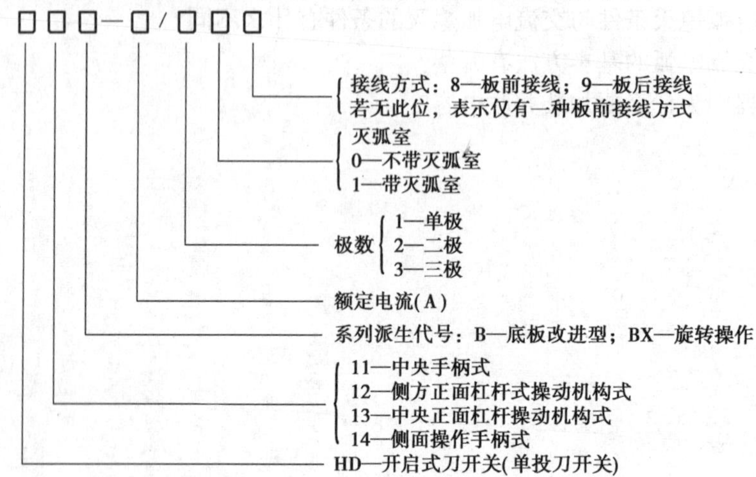

(3)刀开关的结构和工作原理

对于各型刀开关来说,额定电流为100~400 A时采用单刀片,额定电流为600~1 500 A时采用双刀片。如图3.1(a)所示为HD13-600/31型刀开关的外形结构,其额定电流为600 A,刀采用中央杠杆操作,带有灭弧罩,可以切断额定电流及以下的负荷电流。每极有两个矩形截面的接触支座,称为静触头。刀刃为两个接触条,称为动触头。在静触头两侧装有弹簧卡子,用来安装灭弧罩。灭弧罩由绝缘纸板和钢栅片拼接而成,如图3.1(b)所示。开断电路时,刀片与静触头之间产生的电弧在电磁力作用下拉入灭弧罩内,被分成若干短电弧后迅速熄灭。没有灭弧罩的刀开关靠触头开距的增大和电磁力拉长电弧来灭弧,一般只用来隔离电源,不能切断较大的负荷电流。

(a)外形结构

(b)灭弧罩

图3.1　HD13-600/31型刀开关

熔断器式刀开关同时具有刀开关和熔断器的功能,可用来代替刀开关和熔断器的组合。HR3系列熔断器式刀开关的结构如图3.2所示,它由RTO型熔断器、静触头、灭弧装置、安全挡板、底座和操动机构组成。熔断器的触头同时作为刀开关的刀片。

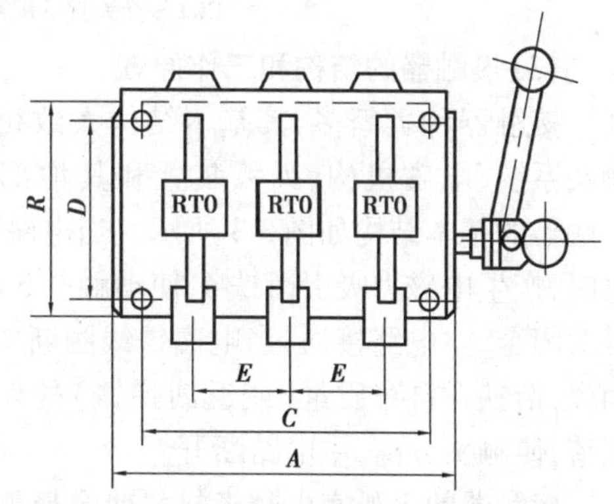

图3.2　HR3系列熔断器式刀开关的结构

(4)刀开关的主要技术参数

表征刀开关性能的主要技术参数如下:

①额定电压。额定电压是指在规定条件下,刀开关在长期工作中能承受的最高电压。

②额定电流。额定电流是指在规定条件下,刀开关在合闸位置允许长期通过的最大工作电流。目前生产的大电流刀开关的额定电流一般为100、200、400、600、1 000、1 500 A六级。小电流刀开关的额定电流一般为10、15、20、30、60 A五级。

③通断能力。通断能力是指在规定条件下,在额定电压下能可靠接通和分断的最大电流。

④动稳定电流。当发生短路事故时,如果刀开关能通以某一最大短路电流,并不因其所产生的巨大电动力的作用而发生变性、损坏或者触刀自动弹出等现象,则这一短路电流(峰值)就是刀开关的动稳定电流。通常刀开关的动稳定电流为其额定电流的数十倍到数百倍。

⑤热稳定电流。当发生短路事故时,如果刀开关能在一定时间(通常为 1 s)内通以某一最大短路电流,并不会因温度急剧升高而发生熔焊现象,则这一短路电流称为刀开关的热稳定电流。

⑥机械寿命。刀开关在需要修理或更换机械零件前所能承受的无载操作次数称为机械寿命。

⑦电气寿命。在规定的正常工作条件下,刀开关在不需要修理或更换机械零件的情况下的带负荷操作次数称为电气寿命。

3.2 接触器

(1)接触器的用途

接触器是指用来远距离接通或断开负荷电流的低压开关。除了用于频繁控制电动机外,接触器还可用于控制小型发电机、电热装置、电焊机和电容器组等设备。接触器不能切断短路电流和过负荷电流,常与熔断器和热继电器等配合使用。接触器分为交流接触器和直流接触器两类。

(2)接触器的型号

接触器的型号含义如下:

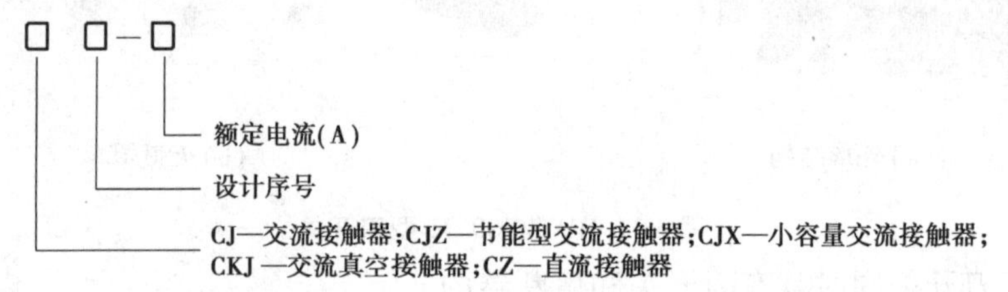

(3)接触器的结构和工作原理

接触器种类繁多,其基本结构大致相同,主要由触头系统、电磁机构、灭弧装置和其他部分等组成。接触器的基本结构如图 3.3 所示。当电磁铁线圈 8 通电时,产生电磁力吸引衔铁 4,使动触头 3 动作,动、静触头闭合,主电路接通;当电磁铁线圈断电后,电磁力消失,衔铁在自身质量(或返回弹簧)的作用下,向下跌落,使触头分离,主电路断开。

接触器的灭弧室由陶土材料或金属栅片制成,根据狭缝灭弧原理使电弧熄灭。为了自动控制的需要,接触器除了接通和断开主电路用的主触头外,还有接在控制回路中的辅助触点 10。

如图 3.4(a)所示为 CJ10-40 交流接触器的外形图,如图 3.4(b)所示为 CJ12-40 交流接触器的外形图。

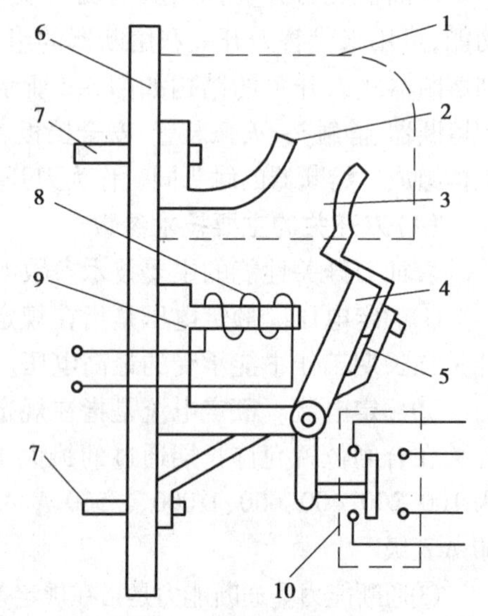

图 3.3 接触器的基本结构

1—灭弧罩;2—静触头;3—动触头;4—衔铁;5—连接导线;6—底座;7—接线端子;8—电磁铁线圈;9—铁芯;10—辅助触点

如图 3.5 所示为 CJ20 系列交流接触器的结构图,该系列为正装直动式双断点结构。触头材料为银氧

(a) CJ10-40交流接触器的外形

(b) CJ12-40交流接触器的外形

图 3.4　交流接触器的外形图

化镉，动触头 4 为船形结构，有较高的强度和较大的容量；静触头选用型材并配有铁质引弧角，便于电弧向外运动；磁系统为 E 形或 U 形铁芯，缓冲装置采用硅橡胶材料。

(4) 用交流接触器控制异步电动机

用交流接触器控制异步电动机的电路如图 3.6 所示，主电路由刀开关 Q、熔断器 FU 和交流接触器 KM 的主触头组成；控制电路由交流接触器 KM 的线圈和辅助触点、能自动复归的启动按钮 S1、停止按钮 S2 组成，接于主电路的 U、V 相上。在启动电动机前先合上刀开关 Q，然后按下启动按钮 S1，接通控制回路，接触器 KM 的线圈通电使主触头闭合，接通主电路，电动机开始转动。与此同时，和启动按钮并联的接触器 KM 的动合辅助触头也闭合，当启动按钮断开后，接触器 KM 仍保持在闭合状态。辅助触头的这种作用称为"自保持"。停机时，可按下停止按钮 S2，使控制回路断电，接触器 KM 的线圈失磁，主触头和辅助触点都断开，电动机断电停转。

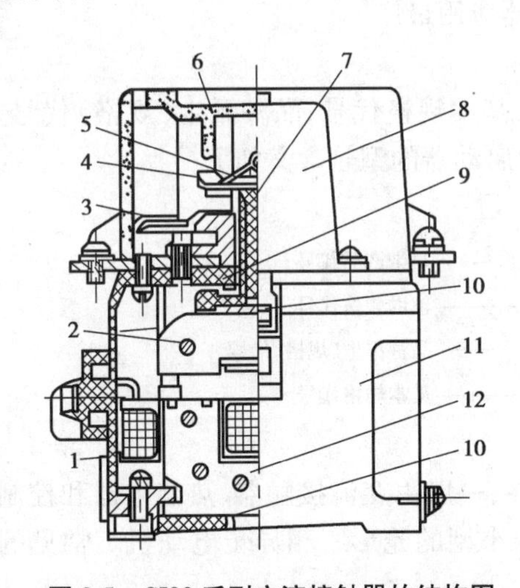

图 3.5　CJ20 系列交流接触器的结构图

1—电磁铁线圈；2—衔铁；3—静触头；4—动触头；
5—片状弹簧；6—灭弧罩；7—触头支持件；
8—辅助触头；9—底板；10—缓冲件；11—底座；12—磁轭

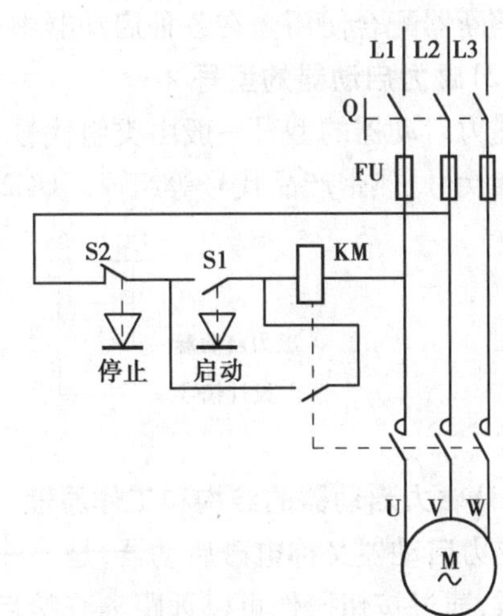

图 3.6　用交流接触器控制异步电动机的电路图

(5) 接触器的主要技术参数

①额定电压。额定电压是指在规定条件下，保证接触器主触头正常工作的电压值。通常

最大的工作电压即为额定电压。

②额定电流。额定电流是由电器主触头的工作条件(额定工作电压、使用类别、额定工作制和操作频率)所决定的电流值。

③约定发热电流。约定发热电流是指在规定条件下试验时,电流在8 h工作制下,各部分温升不超过极限值时所承载的最大电流。对于老产品来说,只有额定电流;对于新产品(如JC20系列)来说,则有约定发热电流和额定工作电流之分。

④动作值。动作值是指接触器的接通电压和释放电压。接触器电磁线圈发热稳定时,若电压为85%额定电压,其衔铁应能完全可靠地吸合,无任何中途停滞现象;反之,如果在工作中电网电压过低或突然消失,衔铁也应完全可靠地释放,不停顿地返回原始位置。

⑤闭合与分断能力。接触器的闭合与分断能力,是指其主触头在工作情况下所能可靠地闭合和断开的电流值。在此电流下,闭合能力是指开关闭合时,不会造成触头熔焊的能力;断开能力是指开关断开时,不产生飞弧和过分磨损而能可靠灭弧的能力。

⑥电气寿命和机械寿命。电气寿命和机械寿命是指在正常操作条件下,不需要修理和换零件的操作次数。机械寿命一般在数百万次以上,电气寿命应不小于机械寿命的1/20。

3.3 磁力启动器

(1)磁力启动器的用途

磁力启动器主要用来远距离控制三相异步电动机的启动、停止和正反向运转,并可兼作电动机的低电压和过负荷保护。除少数手动启动器外,大部分启动器不能断开短路电流,必须与熔断器配合使用。在各种启动器中,磁力启动器应用最广。

(2)磁力启动器的型号

磁力启动器的型号一般由类组代号、设计序号、基本规格代号、品种派生(规格)代号、辅助规格代号、热带产品代号等组成。QC25系列磁力启动器的型号含义如下:

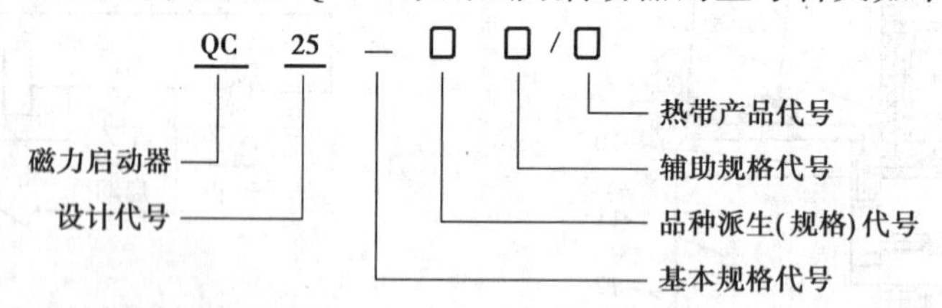

(3)磁力启动器的结构和工作原理

磁力启动器又称电磁启动器,是一种直接启动器,一般由交流接触器、热继电器和控制按钮组成,通过按钮操作可以远距离直接启动、停止中小型的笼形三相异步电动机。常见的磁力启动器外形如图3.7所示。

1)热继电器

热继电器具有结构简单、体积小、价格低和保护性能好等优点。热继电器是一种利用电流的热效应来切断电路的保护电器,常与接触器配合使用保护电动机长期过负荷的一种自动控制电器,主要用于电动机的过载保护、断相及电流不平衡的保护及其他电气设备发热状态的控制。

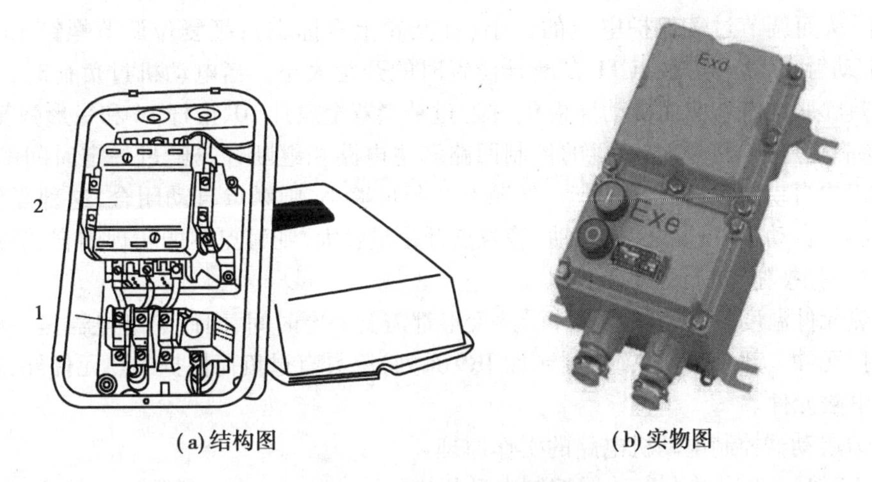

(a) 结构图　　(b) 实物图

图 3.7　常见的磁力启动器外形

1—热继电器;2—接触器

热继电器中应用较多的是 JR 系列的双金属片式热继电器。双金属片由两层线膨胀系数相差较大的合金材料结合而成,主动层的线膨胀系数大,被动层的线膨胀系数小。基本工作原理是利用膨胀系数不同的双金属片在受热后发生弯曲的特性将控制电路断开。

JR 系列双金属片式热继电器的结构示意图如图 3.8 所示。如图 3.8(a)所示为 JR1 系列双金属片式热继电器,其热元件 1 串联接入电动机主电路,触点 6 串联接入电动机控制电路,双金属片 2 与热元件靠近并经扣板 3 及绝缘拉板 5 与触点 6 相关联,但不接入任何电路。当电动机运行正常时,热元件温度不高,双金属片不会使热继电器动作;当电动机过负荷时,热元件温度较高,双金属片因过热膨胀向上弯曲而脱离扣板,扣板在弹簧 4 的作用下逆时针转动,并经绝缘拉板带动触点 6 断开。该系列热继电器动作后只能手动复位(向左推绝缘拉板 5)。

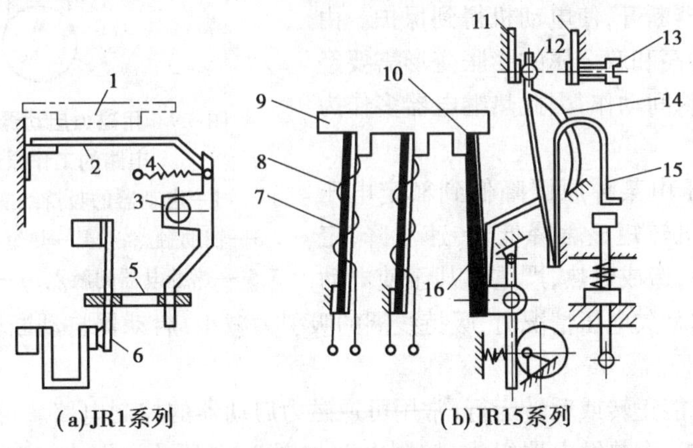

(a) JR1系列　　(b) JR15系列

图 3.8　JR 系列双金属片式热继电器的结构示意图

1,8—热元件;2—双金属片;3—扣板;4—弹簧;5—绝缘拉板;6—触点;7—主双金属片;9—导板;10—补偿双金属片;11—静触点;12—动触点;13—复位调节螺钉;14,15—弓形弹簧;16—推杆

JR15 系列热继电器的机构如图 3.8(b)所示。该系列热继电器为两相式结构,其主双金属片 7 与热元件 8 采用联合体加热法一起接入主电路;温度补偿双金属片 10 的作用是保证在不同介质温度时热继电器的刻度电流值基本不变;转动下部偏心结构的凸轮,可改变推杆

16的位置,从而调节过载保护电流的大小(在凸轮上有标志);把复位调节螺钉13调出、调进,可调节动触点12和静触点11在断开位置时的开距大小。当电动机过负荷时,主双金属片7因过热膨胀向右弯曲而推动导板9,并通过补偿双金属片10、推杆16和弓形弹簧14将动触点12与静触点11断开,电动机的控制回路和主电路相继断开。经过一定时间的冷却,热继电器的机构自动向左返回,如果动、静触点开距足够小,则触点自动闭合,这种复位方式称为热继电器的自动复位;反之,如果动、静触点开距足够大,则触点不能实现闭合,需用手按动右下角的"再扣按钮"进行人工复位。

由于热元件温度升高和双金属片受热变形都需要一定时间,因此热继电器是一种延时的过负荷保护元件。部分系列热继电器(如JR9系列)除具有过负荷保护的热元件外,还具有短路保护的电磁元件。

2)磁力启动器控制电动机电路的工作原理

如图3.9所示为用磁力启动器控制电动机电路的工作原理图。启动器K的控制回路接在U、W相上,热继电器KR的触点5和5′平时是闭合的。当启动电动机时,首先接通刀开关Q,然后按下启动按钮S1,使启动器的吸持线圈1电路接通,吸持线圈吸引衔铁,使启动器的主触点接通,电动机转动。同时,启动器的辅助触点闭合,实现自保持。要使电动机停止转动,可按下停止按钮S2,吸持线圈断电,启动器主触头断开。当电动机过负荷时,双金属片由于受到热元件4或4′的间接加热而膨胀变形,使触点5或5′断开吸持线圈的电路,磁力启动器断开,使电动机得到保护。由于热元件的温度升高和双金属的膨胀变形需要经过一段时间,不能瞬间动作,因此热继电器多作为过负荷保护。

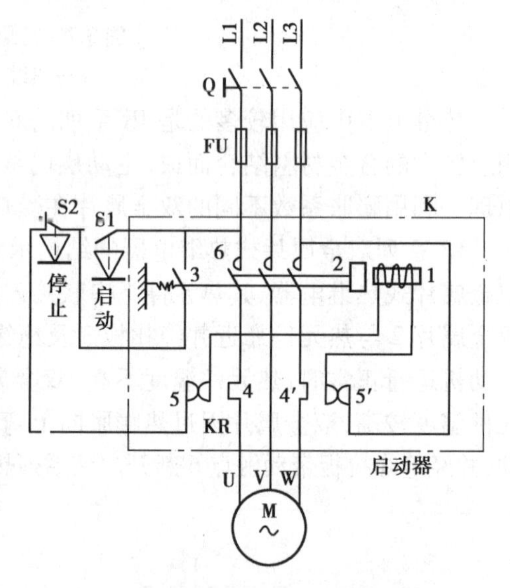

图3.9 用磁力启动器控制电动机电路的工作原理图

1—启动器的吸持线圈;2—衔铁;3—辅助触点;4,4′—热继电器的热元件;5,5′—热继电器的触点;6—启动器的主触点

当主电路电压由某种原因降低到额定电压85%以下时,电动机转矩显著降低,转速下降,定子和转子电流增大,造成过热,严重时甚至使电动机损坏。当出现这种欠电压情况时,吸持线圈的吸引力减小,启动器自动断开主电路,达到欠电压保护的目的。

为了使电动机能正转或反转运行,常用可逆磁力启动器的控制电路。可逆磁力启动器由两台交流接触器和一个热继电器组成,控制电路如图3.10所示。图中,KM1为正转接触器,KM2为反转接触器;S3为正转启动按钮,S4为反转启动按钮,这些按钮为复合按钮,有动合和动断两对触点;S2为停止按钮;KR为热继电器。

正转控制时,接通电源开关Q,按下正转启动按钮S3,使正转接触器KM1线圈通电,相应的主触头和辅助触点闭合。主触头KM1闭合后,接入电动机定子绕组的电源相序为U-V-W,电动机正转运行。此时,辅助触点KM1闭合,实现自保持作用。

若反转启动电动机,可按下反转启动按钮S4,使反转接触器KM2的线圈回路接通,反转接触器 KM2 动作，电动机定子绕组接入的电源相序改为 U-W-V，电动机反转启动，此时辅助触点 KM2 闭合，也实现自保持作用。

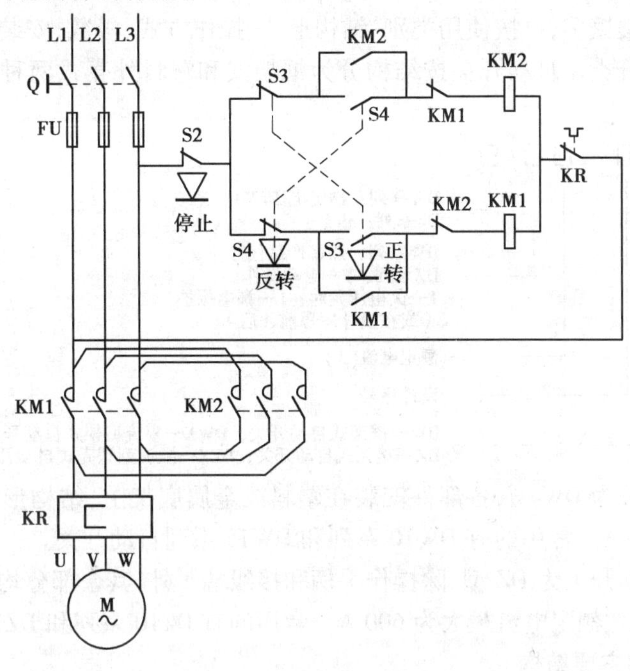

图 3.10　用可逆磁力启动器控制电动机电路的工作原理图

当需要将正转运行的电动机改为反转运行时，可按下反转按钮 S4，这时串联在接触器 KM1 线圈电路中的 S4 动断触点断开，使接触器 KM1 线圈断电，电动机脱离电源，KM1 断后，串接在 KM2 线圈电路中的动断辅助触点 KM1 闭合，接通反转接触器 KM2 的线圈回路，KM2 动作，使接入电动机定子绕组的电源相序改接，电动机即反转。无论电动机正转还是反转，只要按下停止按钮 S2，便可使 KM1 或 KM2 的线圈断电，使电动机停止运行。

在正转接触器 KM1 线圈回路中，串入反转接触器 KM2 的动断触点及反转启动按钮 S4 的动断触点；在反转接触器 KM2 的线圈回路中，串入正转接触器 KM1 的动断触点及正转启动按钮 S3 的动断触点。这种连接方法称为闭锁，它保证线圈 KM1 和 KM2 不会同时接通，避免两个接触器同时闭合时造成电源短路事故。

电动机的过负荷保护由热继电器实现，短路保护由熔断器 FU 实现，欠电压保护可由启动器的接触器本身实现。

3.4　自动空气开关

(1) 自动空气开关的用途

自动空气开关又称低压断路器（简称自动开关），是低压开关中性能最完善的开关，它不仅可以接通和断开正常电路的负荷电流及过负荷电流，还可以断开短路电流，常用在低压大功率电路中作为主要控制器器，如低压配电中变电站的总开关、大负荷电路和大功率电动机的控制等。当电路内发生过负荷、短路、电压降低或失电压时，自动开关都能自动地切断电路,但它不适用于频繁操作的电路。

(2)自动开关的型号

自动开关的种类繁多,可按使用类别、结构形式、操作方式、极数、安装方式、灭弧介质、用途等多种方式进行分类。自动开关按结构分为框架式和塑料外壳式两种类型。其型号含义如下：

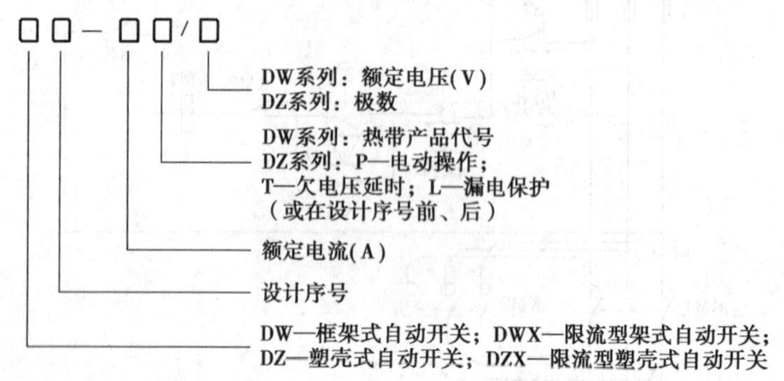

框架式自动开关为DW型,各部件安装在塑料或金属底架上,结构形式为敞开式。额定电流最大可为4 000 A。常用的有DW10系列和DW15系列自动开关。

塑料外壳式自动开关为DZ型,除操作手柄和接线端子外,其余部分均安装在封闭的塑料外壳内,使用很安全。额定电流最大为600 A。常用的有DZ10系列和DZ15系列自动开关。

(3)自动开关的主要结构

自动开关的主要结构由触头系统、灭弧装置、自由脱扣机构、脱扣器等部分组成。

1)触头系统

触头系统是自动开关的执行元件,一般包括主触头和灭弧触头。正常工作时工作电流主要通过主触头,要求接触电阻小和散热表面大。为此,在接触处多焊有银片,并施加足够的触头压力。

灭弧触头专用于保护主触头以免被电弧烧坏。接通电路时,灭弧触头首先接通,然后主触头接通;断开电路时,主触头先断开,灭弧触头后断开。当接通和断开电流时,电弧都发生在灭弧触头上,不会发生在主触头上。灭弧触头具有可更换的碳或黄铜的灭弧端。

额定电流较大的自动开关,如1 000 A以上,除主触头、灭弧触头外,还有副触头,它可以代替灭弧触头工作。当自动开关分闸时,首先是工作触头断开,其次是副触头断开,最后是灭弧触头断开,自动合闸时顺序则相反。

如图3.11所示为自动开关的触头系统。主动触头5做成圆柱形,以便与主静触头6形成线接触。在开关合闸过程中,弹簧4受到压力,把动触头和静触头紧紧压在一起,保证接触良好。

2)灭弧装置

自动开关灭弧装置的主要作用是熄灭触头在切断电路时所产生的电弧。自动开关采用的灭弧方式有以下4种：

①将电弧拉长,使电源电压不足以维持电弧燃烧,从而使电弧熄灭。

②有足够的冷却表面,使电弧能与整个冷却表面接触迅速冷却。

③将电弧分成多段使长弧分割成短弧,每段短弧有一定的电压降,这样电弧上总的电压降增加,而电源电压不足以维持电弧燃烧,使电弧熄灭。

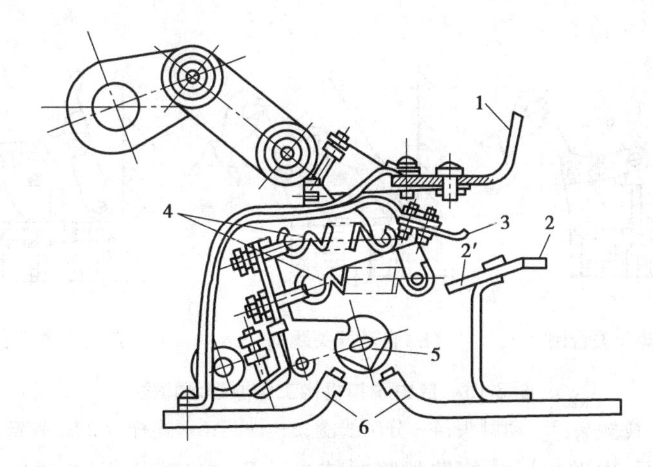

图3.11 自动开关的触头系统

1—灭弧动触头;2—灭弧静触头;3,2′—副触头;4—弹簧;5—主动触头;6—主静触头

④限制电弧火花喷出的距离。

如图3.12所示为自动开关灭弧装置。为了提高自动开关的断流能力,迅速熄灭电弧,自动开关均在触头的上部装有灭弧装置(灭弧罩)。灭弧罩内有许多互相绝缘的镀铜钢片所组成的灭弧栅,栅片交错布置,且栅片上有不同形状的凹槽,构成"迷宫式"形状,灭弧罩的外壳用绝缘耐热材料制成,如石棉板、陶土等,以防止相间飞弧造成短路。灭弧栅由横向金属片组成,以限制电弧火花喷出的距离。

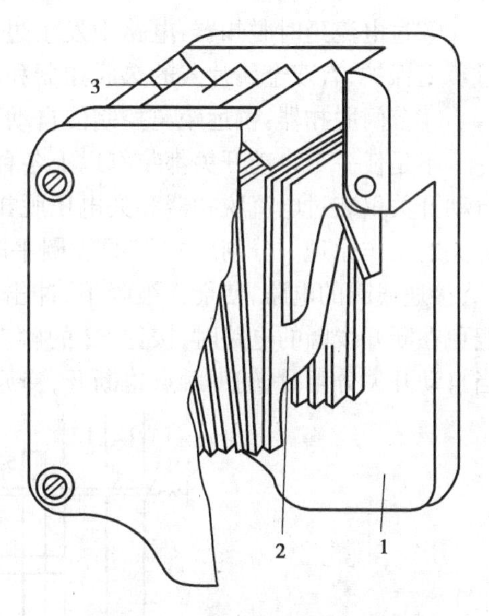

图3.12 自动开关灭弧装置

1—灭弧室;2—灭弧栅;3—灭焰栅

3)自由脱扣机构

自由脱扣机构类似于高压断路器,在合闸操作时,如果线路上恰好存在短路故障,则要求自动开关仍能自动断开,否则将会导致事故扩大。自动开关都设有自由脱扣机构。

自由脱扣机构工作原理示意图如图3.13所示,它由四连杆机构组成。如图3.13(a)所示为自动开关处在合闸位置,这时铰链9稍低于铰链7和8的连线,即处于死点位置之下,且连杆6的下方受止钉10的限制不能下折,这相当于图3.13(a)中锁键被锁扣扣住,尽管分闸弹簧力图使主触头断开,但自动开关不能跳闸而维持在闭合状态。当进行分闸操作时,分闸线圈4的铁芯5上的顶杆冲撞铰链9,使之移至死点位置之上,连杆6向上曲折,此时无论手柄1的位置如何,自动开关都将在分闸弹簧作用下自动断开,如图3.13(b)所示。当再次手动合闸时,必须将手柄1沿顺时针方向转动到对应于自动开关断路位置,使铰链9重新处于死点位置之下,而后方可进行合闸操作,如图3.13(c)所示。

4)脱扣器

脱扣器是自动开关的感测元件,也是自动开关的保护装置,当接到操作人员的指令或继电保护信号后,可通过传递元件使自动开关跳闸而切断电路。常用的脱扣器有过电流脱扣器、失电压(欠电压)脱扣器、过电流延时脱扣器和分闸脱扣器等。

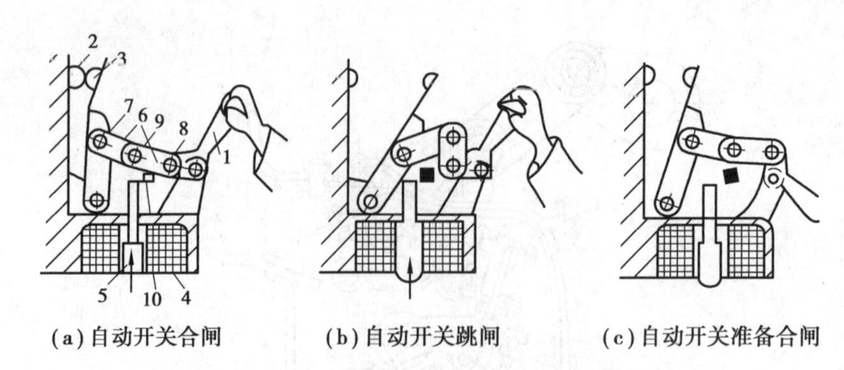

(a)自动开关合闸　(b)自动开关跳闸　(c)自动开关准备合闸

图 3.13　自由脱扣机构工作原理示意图

1—手柄;2—静触头;3—动触头;4—分闸线圈;5—铁芯;6—连杆;7～9—铰链;10—止钉

①过电流脱扣器:电路中发生短路故障时使自动开关自动分闸,为过电流保护。

②失电压(欠电压)脱扣器:电路电压降低到一定值时使自动开关自动分闸,为欠电压保护。

③过电流延时脱扣器:电路中发生过负荷时通过一定的时间后使自动开关自动分闸,为过负荷保护,有双金属片式的热脱扣器和电子式脱扣器。

④分闸脱扣器:供远距离控制使自动开关分闸。

不是任一个自动开关都装有以上各种脱扣器,而是根据电路和控制的需要装设。如三级自动开关仅装过电流脱扣器和失电压脱扣器。如图 3.14 所示为具有分闸脱扣器的三极自动开关的工作原理。分闸脱扣器的线圈平时无电流通过。当需要远距离分闸时,可按下按钮 S2,接通线圈的电路,使衔铁被吸下,冲击杆向上使搭钩释放钩杆,于是自动开关分闸。为了避免在断开线圈的电路时,按钮 S2 的触点被烧损,在它的电路中串接自动开关的辅助触点,当自动开关分闸时,辅助触点也断开,释放 S2 时不再切断电流。

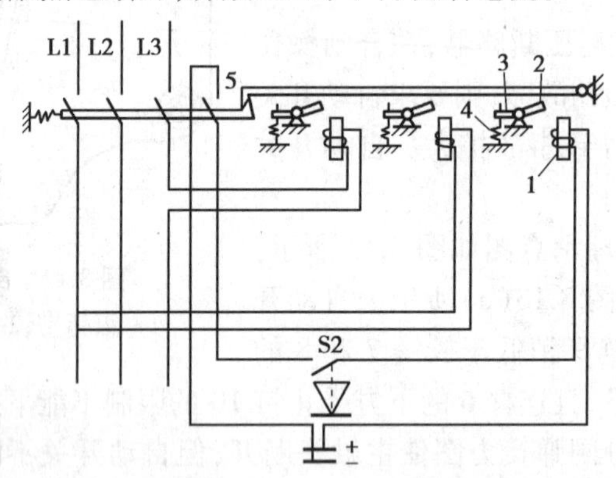

图 3.14　具有分闸脱扣器的三极自动开关的工作原理图

1—分闸脱扣器线圈;2—衔铁; 3—冲击杆;4—弹簧; 5—辅助触点

(4)自动开关的工作原理

如图 3.15 所示为三极自动开关的工作原理图。自动开关的主触头 1 靠搭钩 4 和钩杆 3 维持在闭合状态。过电流脱扣器线圈 5 串联在主电路中。正常工作时,通过线圈 5 的电流较小,电磁铁吸力小于弹簧 7 的拉力。当主电路中发生短路故障时,线圈 5 中通过的电流增大,电磁铁吸下过电流脱扣器衔铁 6,衔铁的另一端克服弹簧 7 的拉力并顶撞搭钩 4,释放钩杆 3,

主触头1在分闸弹簧12的作用下自动断开,将电路切断。过电流脱扣器实际上是一种最简单的瞬时动作的过电流继电器,起短路保护作用。

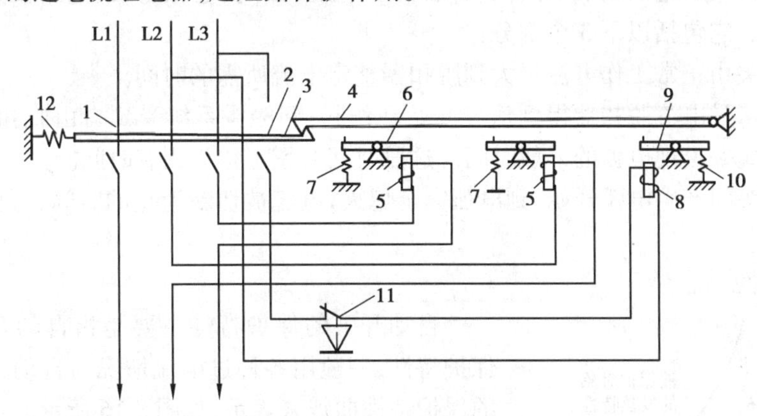

图3.15 三极自动开关的工作原理图

1—主触头;2—辅助触点;3—钩杆;4—搭钩;5—过电流脱扣器线圈;6—过电流脱扣器衔铁;7—弹簧;8—失电压脱扣器衔铁线圈;9—失电压脱扣器衔铁;10—弹簧;11—分闸按钮;12—分闸弹簧

过电流脱扣器的动作电流和弹簧7的弹力有关,弹力越大,动作电流也越大,通过调节弹簧的弹性力,便可整定过电流脱扣器的动作电流。

自动开关还装有失电压(欠电压)脱扣器,脱扣器衔铁线圈8经分闸按钮11和辅助触点接在线电压上,当线路电压降低到某一规定值(一般为50% ~60%额定电压)时,弹簧10拉力大于电磁铁对衔铁的吸力,衔铁撞击搭钩4,使钩杆释放,主触头自动开断,这样便可保护电动机不致因长期电压过低而烧坏。

当需要远距离操动自动开关分闸时,可按下分闸按钮11,失电压脱扣器电磁铁线圈的电路被切断,使自动开关分闸。

(5)自动开关的主要技术参数

1)额定电压

额定电压是指自动开关在规定条件下长期运行所能承受的工作电压,一般指线电压。

2)额定电流

额定电流分为自动开关额定电流和自动开关壳架等级额定电流。前者是指在规定条件下,自动开关可长期通过的电流,又称为脱扣器额定电流;后者是指自动开关的框架或塑料外壳中能装的最大脱扣器的额定电流。

3)短路通断能力

短路通断能力是指在规定条件下,自动开关能够接通和断开的短路电流值。

①额定短路接通能力。它是指自动开关在额定频率和额定功率因数等规定条件下,能够接通短路电流的能力,用最大极限峰值电流表示。

②额定短路开断能力。它是指自动开关在额定频率和额定功率因数等规定条件下,能够开断的最大短路电流值。它分为额定极限短路开断能力和额定运行短路开断能力两种,一般用短路电流周期分量的有效值表示。

③额定短时耐受电流。它是指自动开关在规定试验条件下,在指定的短时间内所能承受的电流值。

4) 动作时间

动作时间是指从电网出现短路的瞬间开始到触头分离、电弧熄灭、电路被完全开断所需要的全部时间。它包括以下 3 个部分:

①自动开关由正常工作电流增大到脱扣器整定电流所需的时间。

②动开关从过电流脱扣器得到信号开始动作起,到触头系统受到自由脱扣机构的作用,弧触头开始分离并出现电弧的一般时间。这段时间习惯上称为固有时间。

③从弧触头间产生电弧开始,到电弧完全熄灭,电流被切断为止的时间,习惯上称为燃弧时间。

5) 保护特性

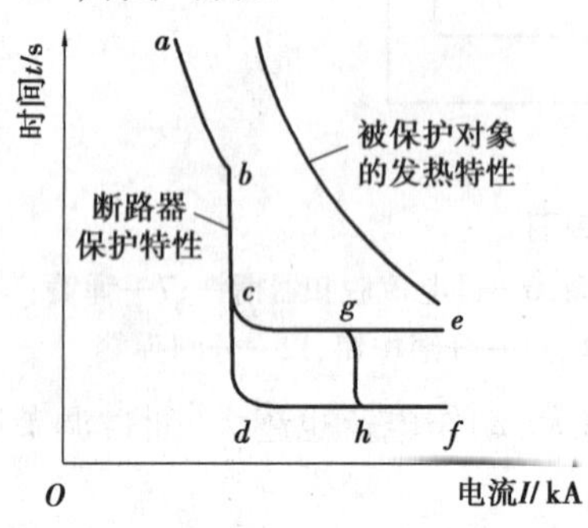

图 3.16 自动开关的保护特性曲线

ab 段—过负荷段;*ce* 段—短延时特性;*df* 段—瞬动特性;*abdf*、*abce*—两段保护特性;*abcghf*—三段保护特性

自动开关的保护特性主要是指自动开关对电流的保护特性,一般用各种过电流情况与自动开关动作时间的保护特性曲线来表示,如图 3.16 所示。

图 3.16 中出现的转折点,将三条特性曲线分别分成了两段或三段,这就是通常的两段保护特性和三段保护特性。其中,曲线上的 *ab* 段为过负荷长延时部分,具有过负荷电流越大,动作时间越短的反时限特性;*ce* 段为短路短延时部分,它属于定时限动作,即当过电流达到一定值时,经过一定时间的延时后再动作;*df* 段为瞬时动作部分,即当故障电流达到规定值时,脱扣器立即动作,切断故障电路。

6) 使用寿命

自动开关的使用寿命包括电气寿命和机械寿命,它是指在规定的正常负荷条件下动作而不必更换零部件的操作次数。配电用自动开关操作次数和动作次数较少,其电气寿命和机械寿命要求不高,一般电气寿命为 0.2 万~1.2 万次,机械寿命为 0.2 万~2 万次。

随着电子技术的发展,自动开关正在向智能化方向发展,例如,用电子脱扣器取代原机电式保护器件,使开关本身具有测量、显示、保护、通信等功能。

思考题

3.1 常用的低压开关有哪几种?它们的作用是什么?

3.2 常用的低压开关在结构上各有哪些不同?

3.3 试画出用接触器控制电动机的电路图。

3.4 试述热继电器的工作原理。

3.5 试画出用磁力启动器控制电动机的电路图,并说明其工作原理。

3.6 为什么说自动开关是一种性能较稳定的低压开关?表现在哪些方面?简述其工作原理。

第4章 高压开关电器

4.1 概　述

高压开关电器按其功能与作用,分为高压断路器、高压隔离开关、高压负荷开关及熔断器等。

(1)高压断路器

高压断路器在电路中的符号为QF,按其灭弧介质和绝缘方式可分为4种,即油断路器、六氟化硫(SF_6)断路器、空气断路器和真空断路器。

(2)高压隔离开关

隔离开关在电路中的符号为QS,具有明显可见的断口,其额定电流只表示开关处于闭合位置时可以长期通过的电流,而不能切断负荷电流,但必须具备与断路器相同的动热稳固性,仅用于设备检修时的隔离电源和切断与接通电压互感器和避雷器。

隔离开关按其使用环境可分为户内式和户外式两类。国产户内式隔离开关型号以GN表示,户外式隔离开关以GW表示。

(3)高压负荷开关

高压负荷开关在电路中的符号为FK。负荷开关是一种性能介于隔离开关和断路器之间的简易电器开关。负荷开关与隔离开关的主要不同之处是负荷开关有灭弧栅,专门用来接通或断开正常运行的负荷电流,不允许开断短路电流。将负荷开关与高压熔断器串联组合使用时,可由熔断器切断过载及短路电流,由负荷开关接通与断开负荷电流,用于35 kV及以下功率较小和对保护性能要求不高的场所。按使用环境可分为户内式和户外式,以FN和FW表示其型号。

(4)熔断器

高压熔断器在流过短路电流或较长时间过电流时熔断,以保护电气设备,主要产品有限流式熔断器和跌落式熔断器两类。

1)限流式熔断器

限流式熔断器保护电气设备时,短路电流未达到其最大值之前就被熔断,大大减轻了电气设备所受危害的程度,降低了对设备动热稳固性的要求。以 RN 和 RW 表示其型号。

2)跌落式熔断器

跌落式熔断器切断电路时,不会截流,过电压较低,可用于户外 315 kV · A 及以下容量变压器的高压侧电流开关。工矿企业及农电系统中应用十分广泛。

4.2 高压断路器

高压断路器是电力系统中重要的控制和保护设备,设有灭弧装置和高速传动机构,能关合和开断各种状态下高压电路中的电流。高压断路器在电网中主要起两个方面的作用:一是控制作用,即在正常时根据电网的运行需要,接通或断开电路的工作电流;二是保护作用,当系统中发生故障时,高压断路器与继电保护装置及自动装置配合,迅速、自动地切除故障电流,将故障部分从电网中断开,保证电网无故障部分的安全运行,以减少停电范围,防止事故扩大。

4.2.1 高压断路器概述

(1)高压断路器的基本要求

电力系统的运行状态、负荷性质是多种多样的,作为起控制和保护作用的高压断路器,必须满足以下基本要求:

①工作可靠。断路器应能在规定的运行条件下长期可靠地工作,并能正确地执行分、合闸命令,完成接通或断开电路的任务。

②具有足够的开断能力。断路器在断开短路电流时,触头间会产生很大的电弧,此时断路器应具有足够强的灭弧能力,安全可靠地断开电路,还要有足够的热稳定性。

③具有尽可能短的开断时间。分断时间要短,灭弧速度要快,这样,当电网发生短路故障时可以缩短切除故障的时间,以减轻短路电流对电气设备和电力系统的危害,有利于系统的稳定。

④有自动重合闸功能。输电线路的故障多数是暂时性的,采用自动重合闸可以提高供电的可靠性和电力系统的稳定性。当发生短路故障时,继电保护动作使断路器跳闸,切除故障电流,经无电流间隔时间后自动重合闸,恢复供电。当然,如果故障仍然存在,断路器则再次跳闸,切断故障电流。

⑤有足够的机械强度和良好的稳定性能。正常运行时,断路器应能承受自身质量、风载和各种操作力的作用。当系统发生短路故障、断路器通过短路电流时,应有足够的动稳定性和热稳定性,以保证断路器的安全运行。

⑥结构简单,价格低廉。在满足安全、可靠要求的前提下,应考虑经济性,要求断路器结构简单、体积小、质量轻、价格合理。

(2)高压断路器的类型

高压断路器按安装地点不同可分为屋内式和屋外式两种,按使用的灭弧介质不同可分为以下几种：

①油断路器（包括多油断路器和少油断路器）：用变压器油作为灭弧介质。多油断路器的油除灭弧外，还作为对地绝缘使用；少油断路器的油仅作为灭弧介质和分闸后触头间的绝缘使用。油断路器价格低廉、技术成熟，但维护工作量较大。随着无油化、免（少）维护以及无人值守变电站的推广，油断路器已被其他类型断路器所代替。

②真空断路器：采用高度真空作为灭弧介质和绝缘介质的断路器，具有可频繁操作、维护工作量少、体积小、环保等优点。

③空气断路器：以压缩空气作为灭弧介质和绝缘介质，具有灭弧能力强、动作迅速等优点，但结构复杂，运行费用高，目前使用很少。

④六氟化硫（SF_6）断路器：采用绝缘性能和灭弧能力强的 SF_6 气体作为灭弧介质和绝缘介质的断路器，具有开断能力强、动作快、维护工作量小、运行稳定、安全可靠等优点，在110 kV及以上系统中广泛使用。

（3）高压断路器的主要技术参数

①额定电压：是指在规定的使用和性能条件下能连续运行的最高电压，并以此确定高压断路器的有关试验条件。按照标准，额定电压分为以下几档：3.6、7.2、12、24、31.5、40.5、63、72.5、126、252、363、550、800、1 100 kV。

②额定电流：表征断路器通过长期电流能力的参数，是指在规定的正常使用和性能条件下能够连续承载的电流数值。

③开断电流：表征断路器开断能力的参数，是指在规定条件下，断路器能保证正常开断的最大短路电流，以触头分离瞬间电流交流分量有效值和直流分量百分数表示。

④额定动稳定电流：又称极限通过电流，表征断路器通过短时电流能力的参数，反映断路器承受短路电流电动力效应的能力，是指在规定的使用和性能条件下，断路器在闭合位置所能耐受的额定短时耐受电流第一个大半波的峰值电流。当断路器通过动稳定电流时，不能因电动力作用而损坏。

⑤额定关合电流：表征断路器关合电流能力的参数，是指在额定电压以及规定使用和性能条件下，断路器能保证正常关合的最大短路峰值电流。当断路器接通电路时，电路中可能预伏有短路故障，此时断路器将关合很大的短路电流。这样，一方面短路电流的电动力减弱了合闸的操作力；另一方面触头尚未接触前发生击穿而产生电弧，可能使触头熔焊，从而使断路器造成损伤。

⑥额定热稳定电流：又称额定短时耐受电流。热稳定电流也是表征断路器通过短时电流能力的参数，但它是反映断路器承受短路电流热效应的能力，是在规定的使用和性能条件下，在确定的短时间内，断路器在闭合位置所能承载的规定电流有效值。

⑦合闸时间与分闸时间：表征断路器操作性能的参数。各种不同类型的断路器的分、合闸时间不同，但都要求动作迅速。合闸时间是指断路器接到合闸指令瞬间起到所有极的触头均接触瞬间的时间间隔。分闸时间是指断路器接到分闸指令瞬间起到所有极的触头均分离瞬间的时间间隔。

（4）高压断路器的型号

我国的断路器型号根据国家技术标准的规定，一般由文字符号和数字按以下方式组成。

1 2 3-4 5/6-7

1——产品名称:S—少油断路器;D—多油断路器; L—六氟化硫(SF_6)断路器;Z—真空断路器;K—压缩空气断路器;Q—自产气断路器;C—磁吹断路器。

2——安装地点: N—屋内型;W—屋外型。

3——设计序号。

4——额定电压(kV)。

5——补充特性:C—手车式;G—改进型;W—防污型;Q—防振型。

6——额定电流(A)。

7——额定开断电流(kA)。

例如,ZN28-12/1 250-25,表示户内式真空断路器,设计序号为28,最高工作电压为12 kV,额定电流为1 250 A,额定开断电流为25 kA。

(5)高压断路器的基本结构

高压断路器的基本结构如图4.1所示。它的核心部件是开断元件,包括动触头、静触头、导电部件和灭弧室等。动触头和静触头处于灭弧室内。动、静触头用来开断和关合电路,是断路器的执行元件。开断元件是带电的,放置在绝缘支柱上,使处在高电位状态下的触头和导电部分保证与接地的零电位部分绝缘。动触头的运动(开断动作与关合动作)由操动机构提供动力。操动机构与动触头的连接由传动机构和绝缘拉杆来实现。操动机构工作使断路器完成合闸、分闸操作。

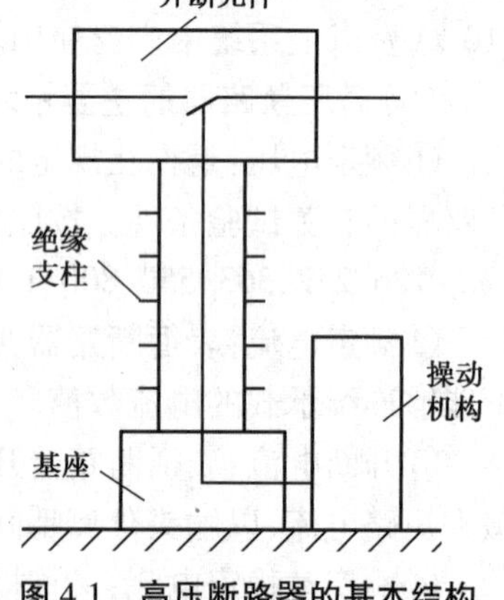

图4.1　高压断路器的基本结构

4.2.2　真空断路器

在真空容器中进行电流开断和关合的开关电器称为真空断路器,它是利用真空度为6.6×10^{-2}Pa以上的高真空作为绝缘和灭弧介质的。所谓真空是相对而言的,是指绝对压力低于1个大气压的气体稀薄的空间。真空度就是气体的绝对压力与大气压的差值。气体的绝对压力值越低,真空度就越高。真空间隙气体稀薄,气体分子的自由行程大,发生碰撞游离的机会少,击穿电压高,绝缘强度高,电弧容易熄灭。真空间隙在较小的距离间隙(2~3 mm)情况下,有比变压器油、1个大气压下的SF_6气体和空气高得多的绝缘强度,这就是真空断路器的触头开距一般不大的原因。

(1)真空电弧

真空电弧的形成及熄灭与一般的气体中的电弧放电现象有很大差别。真空间隙气体稀薄,分子的自由行程大,发生碰撞的概率小,因此,碰撞游离不是真空间隙击穿产生电弧的主要因素。真空中的电弧是在触头电极蒸发出来的金属蒸气中形成的。同时,开断电流的大小不同,电弧表现的特点也不同。真空电弧一般分为小电流真空电弧和大电流真空电弧。

1)小电流真空电弧

触头在真空中开断时,产生电流和能量十分集聚的阴极斑点。从阴极斑点上大量地蒸发金属蒸气,其中的金属原子和带电质点的密度都很高,电弧就在其中燃烧。同时,弧柱内的金属蒸气和带电质点不断地向外扩散，电极也不断地蒸发新的质点来补充。在电流过零时，电弧的能量减小，电极的温度下降，蒸发作用减少，弧柱内的质点密度降低。最后，在过零时阴极斑消失，电弧熄灭。有时，蒸发作用不能维持弧柱的扩散速度，电弧突然熄灭，发生截流现象。

2）大电流真空电弧

在触头断开大的电流时，电弧的能量增大，阳极也严重发热，形成很强的集聚型的弧柱。同时，电动力的作用明显。因此，对于大电流真空电弧，触头间的磁场分布对电弧的稳定性和熄弧性能有决定性的影响。如果电流太大，超过了极限开断电流，就会造成开断失败。此时，触头发热严重，电流过零以后仍然蒸发，介质恢复困难，不能断开电流。

（2）真空断路器的结构和工作原理

真空断路器的生产厂家较多，型号也较繁杂。真空断路器按结构一般分为悬臂式和落地式两种类型，主要由框架部分、真空灭弧室部分（真空泡）和操动机构部分组成。

1）ZN28-12 型户内型悬臂式真空断路器

如图 4.2 所示，ZN28-12 型户内型悬臂式真空断路器本体与操动机构一起安装在箱形固定柜和手车柜中。采用中间封接式纵磁场真空灭弧室，每个灭弧室由一只落地绝缘子和一只悬挂绝缘子固定，真空灭弧室旁有一棒形绝缘子支撑。真空灭弧室上下铝合金支架既是输出接线的基座，又兼起散热作用。在灭弧室上支架的上端面，安装有黄铜制作的导向板，使导电杆在分闸过程中对中良好。触头弹簧装设在绝缘拉杆的尾部。操动机构、传动主轴和绝缘转轴等部位均设置滚珠轴承，用于提高效率。

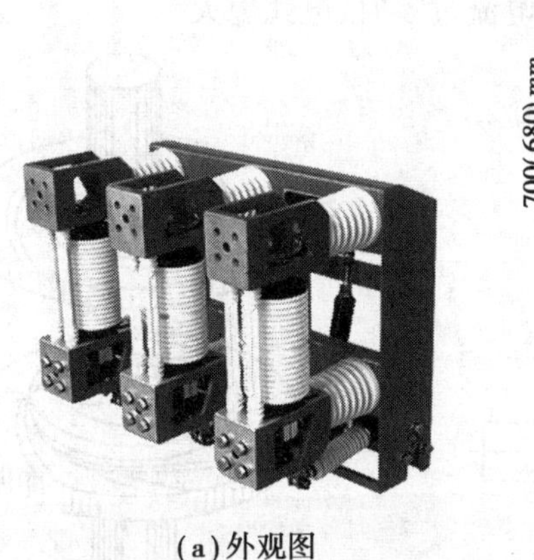

（a）外观图

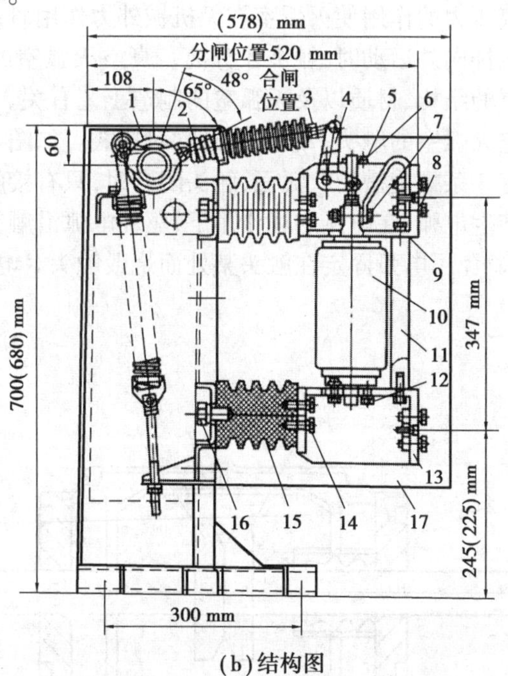

（b）结构图

图 4.2　ZN28-12 型户内型悬臂式真空断路器

1—主轴；2—触头弹簧；3—接触行程调整螺栓；4—拐臂；5—导向板；6—导向杆；7—导电夹紧固定螺栓；8—动力架；9—螺栓；10—真空灭弧室；11—绝缘支撑杆；12—真空灭弧室固定螺栓；13—静支架；14—螺栓；15—绝缘子；16—绝缘子固定螺栓；17—绝缘隔板

2)ZW32-12 型户外型落地式真空断路器

如图 4.3 所示,ZW32-12 型户外型落地式真空断路器可分为箱式(仿多油断路器结构)和支柱式(仿少油断路器结构),由真空灭弧室、上下绝缘罩、箱体、操动机构等组合而成。断路器为直立安装,三相真空灭弧室分别封闭在 3 组绝缘罩内,绝缘罩(采用聚氨酯密封材料,内部采用发泡灌封材料)固定在箱体上,箱体内安装弹簧操动机构,同时具备电动和手动操作,可配置智能开关控制器。设有三段式过电流保护、零序保护、重合闸、低电压、过电压保护等多种功能,支持多种通信协议,允许选用多种通信方式构成通信网,既可对开关进行本地手动或遥控操作,又可通过通信网实现远方控制。

图 4.3　ZW32-12 型户外型支柱式真空断路器外观图

真空灭弧室是真空断路器中重要的部件,由外壳、触头、屏蔽罩 3 大部分组成。其结构示意图如图 4.4 所示。外壳是由绝缘筒、两端的金属盖板和波纹管所组成的真空密封容器。灭弧室内有一对触头,动、静触头分别焊在动、静导电杆上,动导电杆在中部与波纹管的一个断口焊在一起,波纹管的另一端口与动端盖的中孔焊接,动导电杆从中孔穿出外壳。波纹管可以在轴向上自由伸缩,这种结构既能实现在灭弧室外带动动触头做分合运动,又能保证真空外壳的密封性。

大气压力的作用使灭弧室在无机械外力作用时,其动、静触头始终保持闭合状态,当外力使动导电杆向外运动时,触头才分离。真空灭弧室的性能主要取决于触头的材料和结构,并与屏蔽罩的结构、材质以及灭弧室的制造工艺有关。

真空灭弧室的触头一般采用磁吹对接式。如图 4.5 所示,其触头的中间是一个接触面的四周开有 3 条螺旋槽的吹弧面,触头闭合时,只有接触面相互接触。当开断电流时,最初在接触面上产生电弧,在电弧磁场作用下,驱动电弧沿触头四周切线方向运动,即在触头外缘上不断旋转,避免了电弧固定在触头某处而烧毁触头。电流过零时,电弧熄灭。

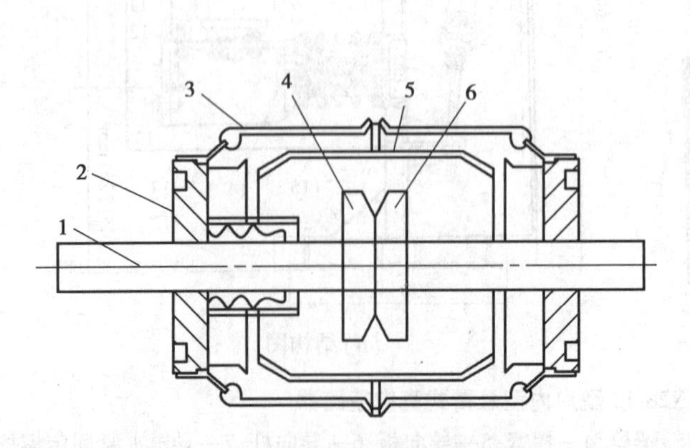

图 4.4　真空灭弧室结构示意图

1—动触杆;2—波纹管;3—外壳;4—动触头;5—屏蔽罩;6—静触头

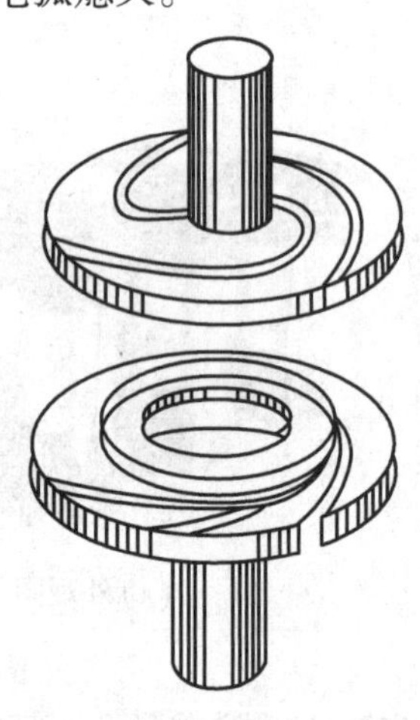

图 4.5　内螺槽触头

(3)真空断路器的优缺点

1)真空断路器的优点

①寿命长,适用于频繁操作。其额定电流开断次数可达10 000次以上,满容量开断次数可达30次以上。

②触头开距与行程小,不仅减小了灭弧室体积,还减少了操动机构的合闸功,且分合闸速度快,操作噪声及机械振动均小。

③燃弧时间短,一般不超过20 ms,燃弧时间基本上不受分断电流大小和负载性质的影响。

④无油化,防火防爆,既不受外界污染,也不污染外界。

⑤体积小,质量轻。

⑥检修间隔时间长,维护方便。

2)真空断路器的缺点

①真空灭弧室的真空度保持和有效的指示有待改进。真空度可因某些意外而降低,并且尚无准确的检测方法。

②易产生过电压。

(4)新型真空断路器简介

①标准型真空断路器:短路开断电流一般为25~50 kA,作一般用途。

②特大容量真空断路器:短路开断电流高达63~80 kA及以上,用于发电机保护。

③低过电压真空断路器:用于开断感性负荷,不用加过电压吸收装置,采用新开发的触头材料,将过电压限制至常规值的1/10。

④频繁操作断路器:操作次数5万~6万次,用于投切电容的无重击穿真空断路器。

⑤超频繁型真空断路器:操作次数10万~15万次。

⑥经济型真空断路器:开断电流16~25 kA,用于一般场合。

⑦多功能真空断路器:实现三工位(合—分—隔离)或四工位(合—分—隔离—接地)等功能。

⑧同步真空断路器:又称选相真空断路器或受控真空断路器,在电压或电流最有利时刻关合或开断,可降低电网瞬态过电压负荷,改善电网供电质量,提高断路器电寿命及性能,简化电网设计。

⑨智能化真空断路器:将微机(微处理器)加入机械系统,使开关系统有了"大脑",再加入"传感器"采集信息,用光纤传导信息,使开关系统有了"知觉",大脑根据"知觉"作出判断,使系统"智能"化。

4.2.3　SF_6 断路器

(1)SF_6 特性

1)物理性质

SF_6 为无色、无味、无毒、不可燃且透明的惰性气体,比空气密度大5倍。SF_6 的热导率随温度不同而变化,它在2 000~3 000 K时热导率极高,而在5 000 K时热导率极低。正是这种特性,对熄灭电弧起主要作用。

2)化学性质

①SF_6在常温下是极为稳定的惰性气体,在通常条件下与电气设备中常用的金属和绝缘材料是不起化学作用的,不侵蚀与之接触的物质。

②有水分混入时,在电弧高温下会生成有严重腐蚀性的氢氟酸,会对设备内部某些材料造成损害及运行故障(玻璃、瓷、绝缘纸及类似材料易受损害)。

③SF_6气体在电晕、电弧或高温下分解发生化学反应,会产生对人体有剧毒的微量物质,对人的呼吸系统有伤害,应予以充分重视。

④采用合适的材料和结构,可以排除潮气和防止腐蚀。在设备运行中可以采用吸附剂(如氧化铝、碱石灰、分子筛或它们的混合物)清除设备内的潮气和SF_6气体的分解物。

3)绝缘性能

①SF_6气体具有良好的绝缘性能,原因是SF_6分子直径很大,电子在SF_6气体中的平均自由行程很短,它经常与中性分子发生弹性碰撞,并将积累的动能消耗掉,发生碰撞游离概率小。

②SF_6为强电负性气体,即SF_6气体及由它分解出的氟原子在1 000 K以下对电子有很大的亲和力,能吸附电子生成负离子,负离子易与正离子复合形成中性粒子,使绝缘强度大大提高。

③在均匀电场及相同压力下,SF_6的绝缘性能为空气的2~3倍,采用SF_6作为绝缘介质可大大减小绝缘间隙的尺寸和缩小电气设备的体积。

④影响SF_6气体绝缘性能下降的因素包括电极间电场不均匀、水分含量超过规定值、SF_6气体中含有导电微粒及灰尘等。

4)灭弧性能

SF_6气体具有很强的灭弧能力(在静止的SF_6气体中,其开断能力比空气大100倍),其原因如下:

①散热能力强。SF_6气体的散热主要靠对流和传导实现。

②SF_6气体中电弧的弧柱细小,含热量少,弧柱冷却快,弧隙介电强度恢复率快,灭弧能力强。同时,弧柱中热游离充分,电导率高,在相同的电流下,弧压降较小,燃弧时能量较少,对灭弧有利。

③SF_6气体电负性能强。SF_6气体分子及由它分解出的氟原子,在温度不太高的情况下对电子有很大的亲和力,能吸附电子生成负离子,负离子易与正离子复合形成中性粒子。吸附和复合的综合作用使弧隙带电质点迅速减少,产生电场游离与热游离的概率也降低,在电弧电流过零前后促使介质强度迅速恢复。

总之,SF_6气体有优越的特性,是目前所知的较理想的绝缘和灭弧介质,在电力系统中得到了广泛的应用。

(2)SF_6断路器的优缺点

1)优点

①灭弧室单断口耐压高。

②开断能力大,通流能力强。SF_6气体热导率高,对触头和导体冷却效果好。在SF_6体中的触头,不会氧化,接触电阻稳定,额定电流可达8 000 A以上。

③电寿命长,检修间隔周期长。SF_6气体中触头烧损极为轻微,SF_6气体分解后还可还

原。在电弧作用下的分解物不含有碳等影响绝缘能力的物质,也基本无腐蚀性,寿命长。

④开断性能优异。SF_6 断路器除能开断很大的短路电流外,还能开断空载长线路(或电容器组),不发生电弧重燃现象,过电压小。

⑤无火灾危险,无噪声公害。

⑥发展 SF_6 全封闭式组合电器,可大大减少变电所占地面积。

2)缺点

①在不均匀电场中,气体的击穿电压下降很快,对断路器零部件加工要求高。

②对断路器密封性能要求高,对水分和气体的检测与控制要求很严。

③SF_6 容易液化,-40 ℃时,工作压力不得大于 0.35 MPa;-30 ℃时,工作压力不得大于0.5 MPa。

④SF_6 气体处理和管理工艺复杂,要有完备的气体回收、分析测试设备,工艺要求高。要专门设置密封良好的阀门、检漏设备、气体回收装置、压力监视系统及净化系统。

(3)SF_6 断路器的结构

1)SF_6 断路器的本体结构

按照断路器总体布置的不同,SF_6 断路器按外形结构的不同,分为瓷柱式和落地罐式。

瓷柱式 SF_6 断路器的外形结构与少油断路器和压缩空气断路器相似,灭弧室布置成 I 型、T 型或 Y 型。110~220 kV 断路器为单断口,整体呈 I 型布置;330~500 kV 断路器一般为双断口,整体呈 T 型或 Y 型布置。瓷柱式 SF_6 断路器的灭弧室置于高强度的瓷套中,用空心瓷柱支撑并实现对地绝缘。穿过瓷柱的动触头与操动机构的传动杆相连。灭弧室内腔和瓷柱内腔相通,充有相同压力的 SF_6 气体。瓷柱式 SF_6 断路器结构简单,运动部件少,产品系列性能好,但其重心高,抗震能力差。

落地罐式 SF_6 断路器沿用了多油断路器的总体结构方案,将断路器装入一个外壳接地的金属罐中。落地罐式 SF_6 断路器每相由接地的金属罐、充气套管、电流互感器、操动机构和基座组成。断路器的灭弧室置于接地的金属罐中,高压带电部分由绝缘子支持,对箱体的绝缘主要依靠 SF_6 气体。绝缘操作杆穿过支持绝缘子,将动触头与机构传动轴相连接,在两根出线套管的下部可安装电流互感器。落地罐式 SF_6 断路器的重心低,抗震性能好,灭弧断口间电场较均匀,开断能力强,可以加装电流互感器,还能与隔离开关、接地开关、避雷器等融为一体,组成复合式开关设备。但落地罐式 SF_6 断路器罐体耗材量大,用气量大,成本较高。

2)并联电容器

断路器采用双断口结构时,每个断口的电压分布取决于断路器断口电容和对地电容的大小。断口的工作条件不同使加在每个断口的电压有一定偏差,影响断路器灭弧能力。为了改善断口的电压分布,双断口断路器通常在每个断口并联一个适当容量的电容器。并联电容器的主要作用是改善各个断口的电压分配,使开断过程中各断口的恢复电压基本相等、工作条件接近相同。此外,装设并联电容器还能降低弧隙恢复电压上升速度,提高断路近区故障开断能力。

如图 4.6 所示为 T 型布置断路器,图 4.7 所示为 I 型布置断路器。

图 4.6　T 型布置断路器

图 4.7　I 型布置断路器

如图 4.8、图 4.9 所示为落地罐式断路器外形图及结构图，其灭弧装置装在罐内，导电部分借助绝缘套管引出。

图 4.8　落地罐式 SF_6 断路器外形图

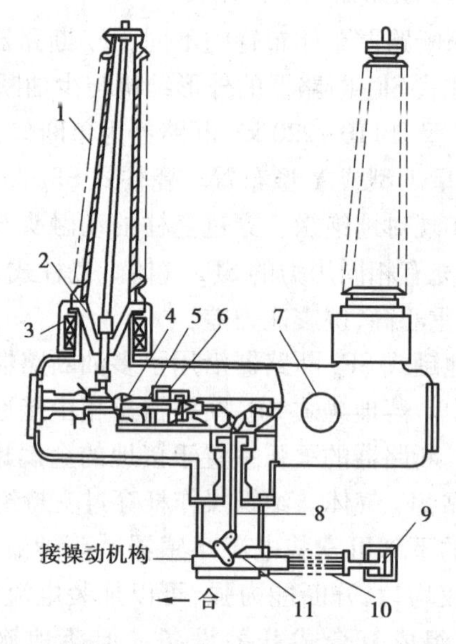

图 4.9　落地罐式 SF_6 断路器结构图

1—套管；2—支持绝缘子；3—电流互感器；4—静触头；5—动触头；6—喷口工作缸；7—检修窗；8—绝缘操作杆；9—油缓冲器；10—合闸弹簧；11—操作杆

(4) SF_6 断路器灭弧原理

SF_6 断路器的灭弧室一般由动触头、喷口和压气活塞连在一起，通过绝缘连杆由操动机构带动。静触头制成管形，动触头是插座式，动、静触头的端部镶有铜钨合金。喷口用耐高温、耐腐蚀的聚四氟乙烯制成。SF_6 断路器根据灭弧原理的不同分为双压式、单压式、旋弧式和自能式等。

1) 双压式灭弧室

双压式灭弧室内部具有两种不同的压力区，即低压区和高压区。低压区的压力一般为

0.3~0.5 MPa,主要用于内部绝缘;高压区的压力一般为1.6 MPa,仅作为吹弧用。在断路器分闸过程中,排气阀自动打开,从高压区排向低压区的 SF_6 气体途经喷口吹灭电弧。低压区的 SF_6 气体通过气泵再送入高压室,为下一次分闸作准备。双压式的 SF_6 断路器结构比较复杂,早期应用较多,目前已被淘汰。

2)单压式灭弧室

单压式灭弧室内 SF_6 气体只有一种压力,工作压力一般为0.6 MPa左右。在分闸过程中,动触杆带动压气缸,使 SF_6 气体自然形成一定的压力。当动触杆运动至喷口打开时,气缸内的高压力 SF_6 气体经喷口吹灭电弧,完成灭弧过程。

单压式灭弧室按开断过程动、静触头之间开距的变化分为定开距和变开距两种。定开距灭弧室的两个喷口保持在固定位置,动触头与压气缸一起运动。在开断电流的过程中,断口两侧的引弧触头间的距离不随动触头的运动发生变化。变开距灭弧室在开断电流的过程中,动、静触头之间开距随动触头的运动而发生变化。

定开距灭弧室和变开距灭弧室的比较如下:

①利用率。变开距灭弧室吹气时间较长,压气缸的气体利用率比较高。定开距灭弧室吹气时间较短,压气缸的气体利用率比较低。

②断口情况。变开距灭弧室断口间电场强度分布稍不均匀,喷口置于断口之间,经电弧多次灼伤之后,可能影响断口的绝缘性能,断口开距较大。定开距灭弧室断口间电场强度分布比较均匀,断口开距较小。

③开断电流能力。变开距灭弧室的电弧拉得比较长,弧柱电压高,电弧能量大,不利于提高开断能力。定开距灭弧室的电弧短而固定,弧柱电压比较低,电弧能量小,有利于提高开断能力,且性能稳定。

④喷口设计。变开距灭弧室的触头与喷口分开,有利于喷口最佳形状的设计,提高吹气效果。定开距灭弧室的气流经喷口内喷,其形状和尺寸均有一定限制,不利于提高吹气效果。

⑤行程和金属短接时间。变开距灭弧室可动部分行程较小,超行程与金属短接时间较短。定开距灭弧室可动部分行程较大,超行程与金属短接时间较长。金属短接时间是指断路器在合闸操作时从动、静触头刚接触到刚分离时的一段时间。金属短接时间长,当重合闸于永久故障时持续时间长,对电网稳定影响大;金属短接时间短,则不利于灭弧。

3)旋弧式灭弧室

旋弧式灭弧室在静触头附近设置磁吹线圈。开断电流时,线圈通过电弧电流,在动、静触头之间产生磁场,使电弧沿着触头中心高速旋转。由于电弧的质量较轻,因此在高速旋转时,使电弧逐渐拉长,最终熄灭。

旋弧式灭弧室主要有以下特点:灭弧能力强,大电流时容易开断,小电流时也不产生截流现象,不致引起操作过电压,开断电容电流时,触头间的绝缘较高,不致引起重燃现象;灭弧室结构简单,不需要大功率的操作机构;电弧局限在圆筒电极内腔上高速运动,电极烧损均匀,电寿命长。旋弧式灭弧室在10~35 kV电压等级的 SF_6 断路器设备上大量采用。

4)自能式灭弧室

随着断路器向小型化、高性能方向发展,利用自能灭弧原理的断路器得到广泛应用。自能灭弧是利用电弧自身能量将电弧熄灭。自能式灭弧室包括旋弧式和热膨胀式。旋弧式灭弧室主要用于中压系统,热膨胀式灭弧室主要用于高压系统。

热膨胀式灭弧室利用电弧自身能量使 SF_6 气体加热膨胀，产生较高的压力，形成气体吹弧。为了克服开断小电流时吹弧能力不足的问题，通常采用小型辅助压气活塞，辅以压气灭弧。传统的单压式断路器利用操动机构带动气缸与活塞相对运动来压气灭弧，所需要操作功大，操动机构不得不采用液压或气动机构，而液压或气动机构的漏油或漏气给用户带来很多问题。在单压式断路器中，操动机构是发生故障最多的组件。热膨胀式断路器的出现大大减少了操作功，减轻了操动机构的负担，简化了灭弧室的结构，提高了断路器的可靠性。

早期的自能式断路器采用压气+热膨胀增压技术，灭弧室采用热膨胀室和压气室分开的双气室结构，开断大电流时靠电弧能量自身使热膨胀室增压，在电流过零时反向吹弧。开断小电流时，带有泄压阀的辅助压气室起作用，只需产生较小的气压熄灭小电流电弧。其灭弧原理是：在大电流阶段电流堵塞喷口，被电弧加热的气体反流入压气缸中，使压气缸中压力增高，当电弧电流变小，弧区压力下降，喷口开放时，压气缸中的高压气体吹向电弧，使之熄灭。这种灭弧室结构相对简单，在一定程度上利用了电弧能量，操动机构要克服的反压力随开断电流大小而变。降低操作功最有效的途径就是减小压气活塞。

新型自能式断路器采用了多种复合灭弧技术，如热膨胀+压气+助推、热膨胀+减少压气行程、旋弧+热膨胀+助吹、热膨胀+辅助压气+双动等多种结构形式。热膨胀+辅助压气+双动灭弧室仍属于双室的自膨胀灭弧原理，但采用了上、下触头在开断时反向运动的结构，在几乎不增加操作功的基础上，使刚分速度显著增加，提高了大电流的开断能力。

自能式 SF_6 断路器优化了灭弧室结构，降低了操作功，从而使配用轻型的弹簧机构成为可能，替代了液压或气动机构，减小了操作噪声，避免了操动机构介质泄漏的问题，提高了操作可靠性，是断路器的发展方向。但是降低操作功会使断路器某些开断性能受到影响，从而限制其使用。自能式断路器主要依靠短路电弧自身的能量提高灭弧室内 SF_6 气体的压力以达到熄弧压力，这样势必会增加燃弧时间、加重喷口和触头的烧损程度、使介质强度的初始恢复速度降低，从而影响短路开断能力、电寿命次数、近区故障开断能力。同时，自能式 SF_6 断路器的灭弧室结构复杂，部件增多，而且在开断大小不同电流时均须可靠配合，这增大了制造难度，同时也可能对可靠性造成不利影响。

采用弹簧机构克服了液压机构的渗漏问题，但可能会发生更多的机械故障，如机械变形、损伤、卡滞及分合闸锁扣失灵等。配用弹簧操动机构的自能式 SF_6 断路器的出现，解决了运行部门长期以来液压机构的渗漏问题所带来的困扰。但是，自能式 SF_6 断路器仍处于发展过程中，缺乏运行经验，在其显现优势的同时，许多新出现的问题仍待解决。

4.2.4　高压断路器操动机构

断路器的全部功能最终都体现在触头的分、合闸动作上。触头的分、合闸动作是通过操动机构来实现的，操动机构是断路器的重要组成部分，断路器的工作可靠性在很大程度上依赖于操动机构的动作可靠性。断路器事故分析结果显示，操动机构原因导致断路器的事故占全部事故的50%以上，足以证明操动机构对断路器工作性能和可靠性起着重要的作用。

(1) 概述

通常把独立于断路器本体以外的部分称为操动机构。操动机构是一个独立的产品，一种型号的操动机构可以配用不同型号的断路器，而同一型号的断路器也可配装不同型号的操动机构。

根据所提供能源形式的不同,操动机构可分为以下6种:

①手动操动机构(CS型):用人力进行合闸的操动机构。

②磁操动机构(CD型):用电磁铁进行合闸的操动机构。

③弹簧操动机构(CT型):事先用人力或电动机时弹簧储能事先合闸的操动机构。

④液压操动机构(CY型):用高压油推动活塞实现合闸与分闸的操动机构。

⑤气动操动机构(CQ型):用压缩空气推动活塞实现合闸与分闸的操动机构。

⑥电动机操动机构(CJ型):用电动机合闸与分闸的操动机构。

(2)操动机构基本要求

操动机构是断路器的组成部分,它的动作性能必须满足断路器的工作性能和可靠性要求。对操动机构的基本要求如下:

①具有足够的操作功率。在操作合闸时,操动机构要输出足够的操作功率,除保证断路器获得一定的合闸速度外,还要克服分闸弹簧的反作用力并储能于分闸弹簧中,以实现快速分闸。若操作功率不够,则在断路器关合到短路电流时,有可能出现触头合不到位等情况,对断路器极为不利。

②具备维持合闸的装置。巨大的操作功率不能在合闸后继续长时间提供。为保证当操作功率消失后,在分闸弹簧的强劲作用下断路器仍能维持合闸状态,操动机构中必须有维持合闸的装置,且该装置不应消耗功率,可实现"无功维持"。

③具有可靠的分闸装置和足够的分闸速度。操动机构的分闸装置,其实就是解除合闸维持,释放分闸弹簧储能的装置。它除需满足远距离自动和手动操作外,还应能就地进行手动脱扣。为了设备和系统的安全,分闸装置务必工作可靠、灵敏快速,满足灭弧性能的要求,且在任何情况下都不允许误动或拒动。断路器分闸后,操动机构应自动恢复到准备合闸位置。

④具有自由脱扣装置。在断路器进行合闸的过程中接到分闸命令,操动机构应立即终止合闸过程,迅速进行分闸。这种合闸过程中的分闸称为自由脱扣。可见,自由脱扣装置是分闸装置的重要补充,两者常结合在一起。无论对自动操动机构,还是对手动操动机构,该装置都是不可缺少的。

⑤具有"防跳跃"功能。当断路器关合到有短路故障电路时,断路器将自动分闸。此时若合闸命令还未解除,则断路器分闸后将再次合闸,接着又会分闸。这样,断路器就可能连续多次合分短路电流,这种现象称为"跳跃"。"跳跃"对断路器以及电路都有很大危害,必须加以防范。

⑥具备工作可靠、结构简单、体积小、质量轻、操作方便、价格便宜、便于维修等特点。

(3)主要操动机构

1)弹簧操动机构

如图4.10所示为弹簧操动机构外形图。弹簧操动机构是利用弹簧作为储能元件使断路器分、合闸的机械式操动机构。弹簧的储能借助电动机通过减速装置来完成,并经过锁扣系统保持在储能状态。开断时,锁扣借助磁力脱扣,弹簧释放能量,经过机械传递单元使触头运动。断路器合闸时,分闸弹簧将拉伸、储能,以便断路器能在脱扣器作用下分闸。

常用的弹簧操动机构有CT2、CT7、CT8、T9、CT10、CT12、CTS等型号,一般由储能元件、储能维持装置、凸轮连杆机构、合闸维持和分闸脱扣等部分组成。分、合闸操作采用两个螺旋压缩弹簧实现。储能电机给合闸弹簧储能,合闸时,合闸弹簧的能量一部分用来合闸,另一部分用来给分闸弹簧储能。合闸弹簧一释放,储能电机立刻给其储能,储能时间不超过 15 s(储能电机采用交直流两用电机)。运行时,分、合闸弹簧均处于压缩状态,而分闸弹簧的释放有一独立的系统,与合闸弹簧没有关系。弹簧操动机构结构简单、可靠性高,缺点是机械结构比较复杂,对加工制造和调整的要求较高。

图 4.10　弹簧操动机构外形图

图 4.11　液压操动机构外形图

近年来,随着运行、检修经验的不断积累,弹簧操动机构本身众多的优点使其在 SF_6 断路器中得到了广泛的应用。尤其在用于操作功率较小的自能式和半自能式灭弧室中,其体积小、操作噪声小、对环境无污染、耐气候条件好、免(少)运行维护、可靠性高等一系列优点受到电力系统广大用户的推崇,是当前断路器的主流操动机构。

2)液压操动机构

如图 4.11 所示为液压操动机构外形图。液压操动机构利用压缩氮气储能,用航空油作为传递动力的介质,并借助各种操作油阀进行控制,全面实现操动机构的各项要求。这类操动机构结构比较复杂,制造工艺和密封要求较高。但液压操动机构压力高,动作迅速且准确,体积小,噪声和冲击力都很小,不需要大功率合闸电源,短时失去电源仍可进行分、合闸。

目前,国产的液压操动机构主要有 CY3、CY4、CY5 等型号,可实现手动缓慢分、合闸;就地电动快速分、合闸;远方电动快速分、合闸和重合闸,并能依据断路器和操动机构本身的异常情况发出报警信号和闭锁信号,保证设备和系统的安全。液压操动机构在 110 kV 及以上的断路器广泛应用,尤其在 500 kV、1 000 kV 断路器中。

3)电动机操动机构

针对上述常规断路器操动机构存在的结构复杂、不便于实现操作过程的监控等局限性,新型电动机操动机构应运而生,最新的有 CJ7、CJ9 等系列产品。这种新式的操动机构采用先进的数字技术,与简单、可靠、成熟的电动机设备结合,不仅能满足断路器操动机构的基本要求,还可以提供监控等新功能。例如,可通过调制解调器获得工作状态、报警、能量水平、内部故障等信息,通过选配的人机界面获得动作时间、电流状况、控制单元温度状况、看门狗状况等信息,甚至还具有新"微动功能",即通过移动电动机转子(断路器触头)向前或向后几毫米的动作来检查整个系统从输入/输出单元到断路器触头各个部分的工作情况。电动机操动机构具有先进的监控平台,可实现模块化设计、低功耗、低噪声等优点,能方便地应用到各种断路器上,且能够保持始终如一的性能,为断路器提供一个非常可靠、灵活的操作平台,促使断路器控制技术的发展。

4.3　高压隔离开关

隔离开关是电力系统广泛使用的开关电器,因为没有专门的灭弧装置,所以不能用来接通和切断负荷电流及短路电流,但在分位置时有明显的断开标志,在合位置时能承载正常回路条件下的电流及在规定时间内异常条件(如短路)下的电流。隔离开关可以有效地隔离电源以保证工作人员的人身安全和检修的设备安全。本章主要介绍几种常用的隔离开关及其操动机构。

4.3.1　概述

(1)隔离开关的特点

隔离开关是一种没有灭弧装置的开关电器。其中,敞开式隔离开关的触头全部敞露在空气中。在分闸状态下,有明显可见的断口;在合闸状态下能可靠地通过正常工作电流,并能在规定时间内承受故障短路电流和相应电动力的冲击。隔离开关仅能用来分合只有电压没有负荷电流的电路,否则,会在隔离开关的触头间形成强大电弧,危及设备和人身安全,造成重大事故。在电路中,隔离开关一般只能在断路器已将电路断开的情况下才能接通或断开。

隔离开关的动、静触头断开后,两者之间的距离应大于被击穿时所需的距离,避免在电路中过电压时断开点发生击穿,以保证检修人员的安全。必要时可在隔离开关上附设接地开关,以供检修时接地用。

为了满足不同接线和不同场地条件下达到合理布置、缩小空间和占地面积以及适应不同用途和工作条件,隔离开关已发展成多种规格的系列化产品。

(2)隔离开关的用途

隔离开关的主要用途是保证高压电器装置检修工作的安全。用隔离开关将需要检修的部分与其他带电部分可靠地断开、隔离,工作人员可以安全地检修电气设备,不致影响其余部分的工作。此外,隔离开关还可根据运行需要换接线路以及开断或关合一定长度线路的充电电流和一定容量的空载变压器励磁电流。

1)检修与分段隔离

利用隔离开关断口的可靠绝缘能力,使需要检修的电气设备与带电系统相互隔离,以保证被隔离的设备能安全地进行检修。

2)改变运行方式

在断口两端接近等电位的条件下,带电进行分、合闸,变换母线或其他不长的并联线路的接线方式,如双母线电路中的倒母线操作等。

3)接通和断开小电流电路

利用隔离开关断口在分开时电弧拉长和空气的自然熄弧能力,分合一定长度的母线、电缆、架空线路的电容电流,以及分合一定容量空载变压器的励磁电流。

4)自动快速隔离

快速隔离开关具有自动快速分开断口的性能。这类隔离开关在一定的条件下能迅速隔离开已发生故障的设备和线路,达到节省断路器用量的目的。

(3)隔离开关的基本要求

根据在电力系统担负的工作任务,隔离开关应能满足以下基本要求:

①应有明显的断开点,易于鉴别电器是否与电网隔离。

②断开点间应具有可靠的绝缘,即要求断开点间有足够的安全距离,能保证在过电压和相间击穿的情况下,不致危及工作人员安全。

③具有足够的热稳定性和动稳定性,即受到允许范围内电流的热效应和电动力作用时,其触头不能熔焊,也不能因电动力的作用而断开或损坏。

④用在气候寒冷地区的户外型隔离开关应具有设计要求的破冰能力,在冰冻的环境里应能可靠地分、合闸。

⑤带有接地开关的隔离开关应装设连锁机构,以保证分闸时先断开隔离开关、后闭合接地开关;合闸时,先断开接地开关、后闭合隔离开关的操作顺序。

⑥与断路器配合使用时,应设有电气连锁装置。

⑦结构简单,动作可靠。

4.3.2 隔离开关的类型、技术参数及型号含义

(1)隔离开关的类型

隔离开关的类型很多,一般按下列方法分类:

①按安装地点的不同,可分为户内式和户外式两种。

②按支柱绝缘子的数目,可分为单柱式、双柱式和三柱式3种。

③按隔离开关的运动方式,可分为水平旋转式、垂直旋转式、摆动式和插入式4种。

④按有无接地开关及装设接地开关数量的不同,可分为不接地(无接地开关)、单接地(有一个接地开关)和双接地(有两个接地开关)3种。按极数,可分为单极和三极两种。

⑤按操动机构的不同,可分为手动、电动等类型。

⑥按使用性质不同,分为一般用、快分用和变压器中性点接地用3种。

(2)隔离开关的技术参数和型号含义

1)技术参数

①额定电压(kV)。额定电压是指隔离开关长期运行时承受的系统最高电压。按照标准,额定电压分为以下几级:3.6、7.2、12、24、31.5、40.5、63、72.5、126、252、363、550、800、1 100 kV。

②额定电流(A)。额定电流是指隔离开关可以长期通过的工作电流(有效值),即长期通过该电流,隔离开关各部分的发热不超过允许值。

a.热稳定电流(kA)。热稳定电流是指隔离开关在某一规定的时间内,允许通过的最大电流,表明隔离开关承受短路电流热稳定的能力。

b.极限通过电流峰值(kA)。极限通过电流峰值是指隔离开关所能承受的瞬时冲击短路电流,与隔离开关各部分的机械强度有关。

2)型号含义

我国隔离开关型号根据国家技术标准的规定,一般由文字符号和数字按以下方式组成。隔离开关的型号含义如下:

1 2 3 4 5 6/7

1——产品名称:G—隔离开关;D—接地开关。

2——装置地点:N—户内;W—户外。

3——设计序号:以数字1,2,3,…表示。

4——额定电压(kV)。

5——补充工作特征标志:G—改进型;T—统一设计;K—快速分闸;ⅠD—带一组接地开关;ⅡD—带两组接地开关。

6——特殊使用环境:W—污秽地区;G—高海拔地区;TH—湿热带地区;TA—干热带地区;H—高寒地区。

7——额定电流(A)。

例如,产品型号GW7-252DW/3150,即表示隔离开关(G),户外装置(W),设计序号为7,额定电压为252 kV,额定电流为3 150 A,带接地开关,用于污秽地区。

4.3.3　隔离开关的基本结构

(1)户内隔离开关

户内隔离开关有单极式和三级式两种,一般为闸刀式结构并多采用线接触触头。如图4.12所示为户内隔离开关的典型结构图,户内隔离开关由导电部分、支持绝缘子、操作绝缘子(或称拉杆绝缘子)及底座等组成。

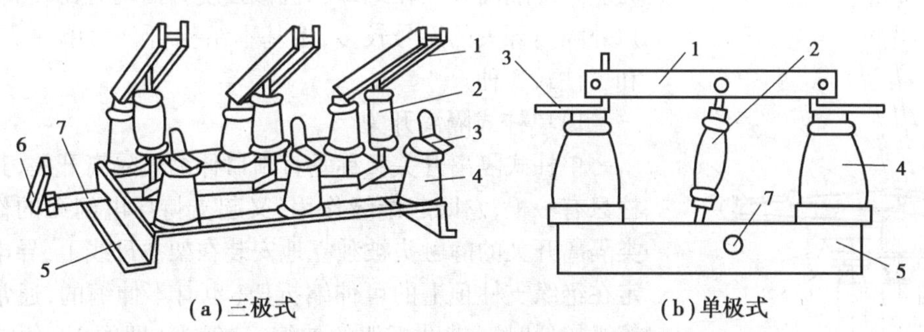

图4.12　户内隔离开关的典型结构图

1—闸刀;2—操作绝缘子;3—静触头;4—支持绝缘子;5—底座;6—拐臂;7—转轴

导电部分包括闸刀1(动触头)和静触头3。闸刀及静触头采用铜导体制成,一般额定电流为3 000 A及以下的隔离开关采用矩形截面的铜导体,额定电流为3 000 A以上则采用槽形截面的铜导体。闸刀由两片平行刀片组成,电流平均流过两刀片且方向相同,产生相互吸引的电动力,使接触压力增加。支持绝缘子4固定在角钢底座5上,承担导电部分的对地绝缘。操作绝缘子2与闸刀1及转轴7上对应的拐臂铰接,操动机构则与轴端拐臂6连接,各拐臂均与轴硬件连接。当操动机构动作时,带动转轴转动,从而驱动闸刀转动而实现分、合闸。

GN2、GN6、GN8、GN11、GN16、GN18、GN22等系列隔离开关为三极式结构,额定电压为12~40.5 kV,额定电流最大为3 000 A。GN1、GN3、GN5、GN14等系列隔离开关为单极式结构,额定电压为12~24 kV,额定电流为3 000~9 100 A,可用在发电机电路中。

以GN19-10/400型插入式三极隔离开关为例介绍户内隔离开关的结构特点。

隔离开关采用三相共底架结构,由静触头、基座、支柱绝缘子、拉杆绝缘子、动触头组成,如图 4.13 所示。隔离开关每相导电部分通过两个支柱绝缘子固定在基座上,三相平行安装。动触头为两片槽形铜片,每相动触头中间均连有拉杆绝缘子,拉杆绝缘子与安装在基座上的转轴相连,转动转轴,拉杆绝缘子操动动触头完成分、合闸。

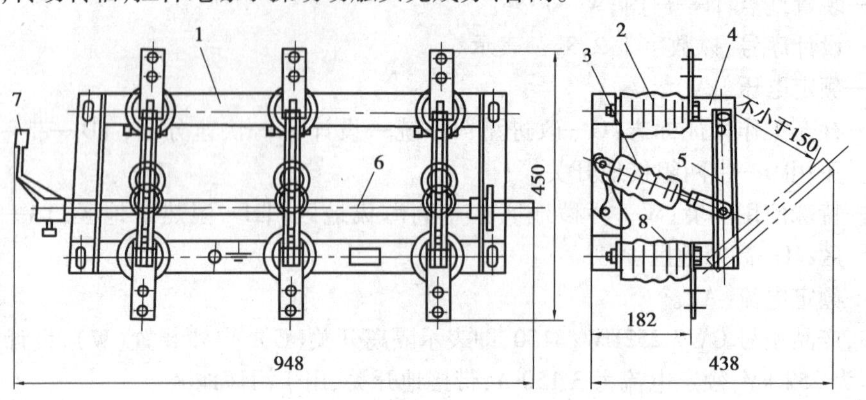

图 4.13　GN19-10/400 型插入式三极隔离开关

1—角钢底座;2,8—支持绝缘子;3—拉杆绝缘子;4—静触头;5—隔离开关;6—转轴;7—拐臂

(2)户外隔离开关

户外隔离开关的工作条件比较恶劣,应保证在风、雪、雨、水、灰尘、严寒和酷热条件下可靠工作,并承受母线或线路的拉力。户外隔离开关在绝缘和机械强度方面均有比较高的要求。户外隔离开关的型号较多,按基本结构可分为单柱式、双柱式和三柱式 3 种。

1)单柱式隔离开关

单柱式隔离开关又称垂直断口伸缩式隔离开关,其绝缘支柱只有一根,它既起绝缘作用,又起支持导电闸刀的作用。这类隔离开关的静触头被独立地安装在架空母线上,导电部分固定在绝缘支柱顶上的可伸缩折架(也有不伸缩的,通常在电压等级较低时),借助折架的伸缩,动触头(即闸刀)便能和悬挂在母线上的静触头接触或分开,以完成分、合闸动作。闸刀的动作方式可分为双臂折架式(即剪刀式)和单臂折架式(即半折架式或称伸缩式)。

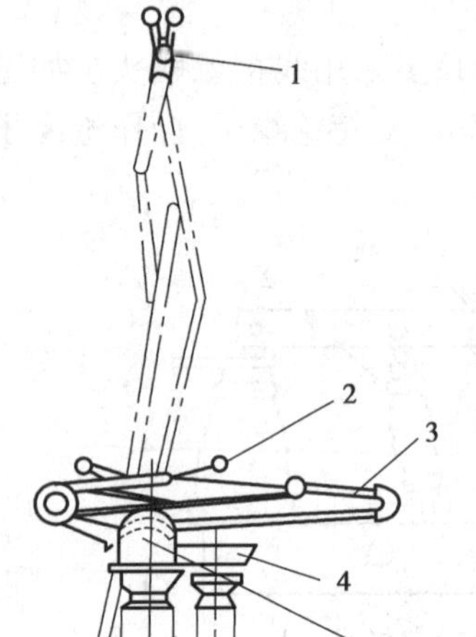

图 4.14　GW16-220GD 型单柱式隔离开关结构图

1—静触头;2—动触头;3—导电折架;4—传动装置;5—接线板;6—支持瓷柱;7—操作瓷柱;8—接地开关;9—底座

如图 4.14 所示为 GW16-220GD 型单柱式隔离开关结构图,如图 4.15 所示为 GW16-252 型单柱垂直断口隔离开关外形图。该隔离开关可单相或三相联动操作,分相直接布置在母线的正下方,大大节省占地面积。每相有一个支持瓷柱 6 和一个较细的操作瓷柱 7;静触头 1 固定在架空硬母线或悬挂在架空软母线上,动触头 2 固定在导电折架 3 上。操作时,操动机构使操作瓷柱 7 转动,通过传动装置 4 使导电折架 3 像剪刀一样上下运动,使动触头夹住或释放静触头,实现合、分闸,俗称剪刀式隔离开关。图中动触头 2 和导电折架 3 的实线位置为分

闸位置,直接将垂直空间作为断口的电气绝缘;虚线位置为合闸位置。主开关与接地开关之间设有机械连锁装置。

图 4.15　GW16-220GD 型单柱垂直断口隔离开关外形图

单柱式隔离开关无需笨重的底座,其占地面积小,可直接布置在架空母线的下面,能有效地利用配电装置的场地面积。其作为母线隔离开关时,除节省占地面积外,还可减少引线,分、合闸状态清晰。单柱式隔离开关需用材料少、成本低,但在分、合闸时折架上部受力大,所需支柱绝缘子强度要求高。另外,无法装设两把接地开关,必须另配母线接地器。单柱式隔离开关具有占地面积小的突出优点,近年来发展较快,结构形式较多,已经向超高电压发展。

GW10、GW16、GW20、GW29 型等隔离开关均为单柱式隔离开关。

2)双柱式隔离开关

双柱式隔离开关由两个绝缘支柱组成,根据导电闸刀的动作方式,分为水平回转式和水平伸缩式。

双柱水平回转式隔离开关由两个绝缘支柱同时起支撑和传动作用。此类产品较多,主要由底座、支柱绝缘子、导电部分组成。每极有两个绝缘支柱,分别装在底座两端轴承座上,以交叉连杆连接,可以水平旋转。导电闸刀分成两半,分别固定在支柱绝缘子上,触头接触在两个支柱绝缘子的中间。当操动机构动作时,带动支柱绝缘子的一个支柱转动 90°,另一个绝缘支柱的连杆传动也同时转动 90°,闸刀向同一侧方向分合。为确保隔离开关和接地开关两者之间操作顺序正确,在产品或机构上装有机械连锁装置,以保证“主分—地合”“地分—主合”的顺序动作。此种结构的支柱既起支撑作用又起传动作用,其结构虽然简单、安装方便,但不易向超高压发展。代表型号有 GW4、GW5、GW31、GW25 等系列。

双柱水平伸缩式隔离开关的结构与单柱式基本相同,分闸后形成单断口,闸刀在水平上伸缩,常采用分高低架式结构,占地面积小,分闸后只占用上部空间,相间距离小,节省占地面积,易于发展成敞开式组合电器。代表型号有 GW11、GW12、GW17、GW21、GW28 等系列。

图 4.16　GW4-126 型隔离开关外形图

如图 4.16 所示为 GW4-126 型隔离开关外形图。它主要由底座装配、轴承座装配、接地开关管、接线座、左触头、右触头、接地开关静触头、接地开关底座装配等部分组成。

隔离开关运动是靠人力操动机构传动轴旋转 90°,传动轴带动水平连杆使一侧绝缘子旋转 90°,并借助交叉连杆使另一侧绝缘子反向旋转 90°,左右两触头同时向一侧分开或闭合。接地开关的运动是靠人力操动机构通过一个四连杆带动着接地开关的底座主轴旋转 90°,由接地开关装配组成的四连杆接地开关管在合闸过程中,由旋转运动变为直线运动。

如图 4.17 所示为 GW4-252 型双柱式隔离开关的一极。隔离开关的分、合闸操作由传动轴通过连杆机构带动两侧棒形瓷柱沿相反方向各自回转 90°,使闸刀在水平面上转动,实现分、合闸。合闸时圆柱形触头嵌入两排触指内,出线端滚动接触,转动灵活。当操作操动机构时,带动底架中部的传动轴旋转 180°,通过水平连杆带动一侧的瓷柱旋转 90°,并借交叉连杆使另一绝缘子外向旋转 90°,两闸刀便向一侧分开或闭合。接地开关主轴上有扇形板与紧固在绝缘子法兰上的弧形板组成连锁装置,确保"主分—地合""地分—主合"的顺序动作。

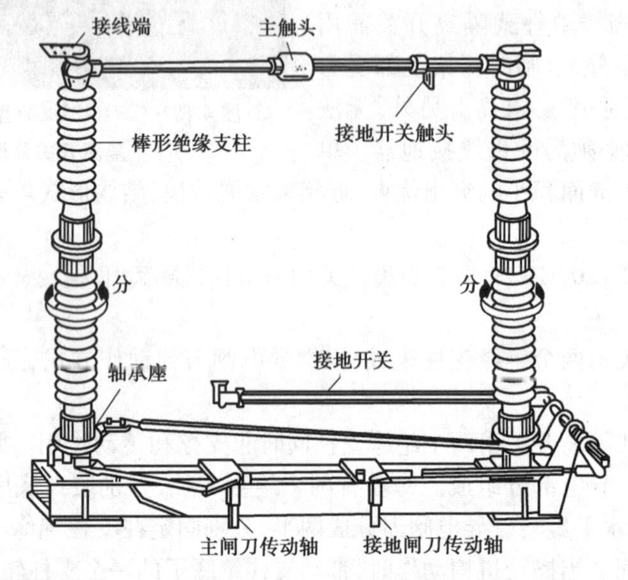

图 4.17　GW4-252 型双柱式隔离开关的一极

如图 4.18 所示为 GW5-126 型双柱式隔离开关的一极,其棒形瓷柱作 V 形布置,是双柱式隔离开关的改进型。每相的两个支持瓷柱 6 呈 V 形布置在底座 1 的轴承上,夹角为 50°,轴承座由伞形齿轮啮合。操作时,两个瓷柱以相同速度做相反方向(一个顺时针,另一个逆时针)转动,闸刀便向同一侧分闸或合闸。

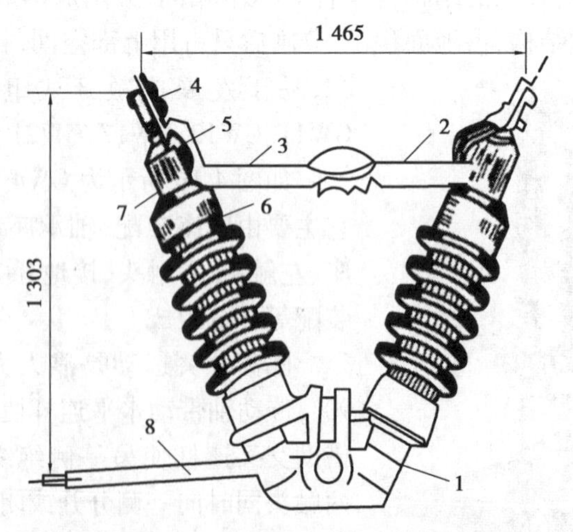

图 4.18　GW5-126 型双柱式隔离开关的一极

1—底座;2、3—闸刀;4—接线端子;5—挠性连接导体; 6—支持瓷柱;7—支承座;8—接地开关

如图4.19所示为GW5-126型隔离开关外形图。GW5-126型隔离开关主要由底座装配、轴承座装配、接地开关管、接线座、左触头、右触头、接地开关静触头、接地开关底座装配等部分组成。

隔离开关运动是靠人力操动机构输出轴做90°水平旋转,输出轴通过直径32 mm焊接钢管、万向接头带动隔离开关本体一侧绝缘了转动,通过隔离开关底座内的伞形齿轮带动另一侧绝缘子转动,从而使两绝缘子上的触头分、合闸动作一致。当三相联动时,通过拉杆接头的联动,使三相隔离开关动作一致,分、合闸位置由机构和本体上相应的限位装置限定。

接地开关采用手力操动机构,此时的手柄处于水平位置,做90°水平旋转,其轴通过直径32 mm焊接钢管,带动一个四连杆机构操动接地闸刀,操作完毕后,将手柄竖起并用锁环套上。机构中的辅助开关与机构的转轴连接在一起,在分、合闸终止时,将相应的触点切断或闭合,从而发出相应的分、合闸信号,并可与其他电气设备连锁。

GW4系列隔离开关为双柱水平伸缩式结构,合闸后动触头向上折叠收拢,形成水平方向的绝缘断口,如图4.20所示。

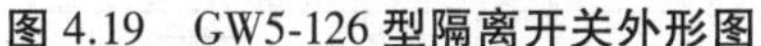

图4.19　GW5-126型隔离开关外形图

图4.20　GW4-110型双柱式隔离开关外形图

隔离开关制成单极形式,由3个单极组成一台三相隔离开关。每极隔离开关动、静触头侧均可配装一个接地开关供接地用。接地开关为单杆分步动作式。隔离开关、接地开关的三级联动通过极间拉杆实现。闸刀的动作方式为水平伸缩式,分闸后形成水平方向的绝缘单断口,分合状态清晰,便于巡视。在动触头侧,通过机械连锁装置使隔离开关与接地开关实现"主分—地合""地分—主合",在静触头侧,采用电磁锁来保证操作顺序的正确。

双柱式隔离开关具有结构简单、体积小、质量轻、不占上部空间、电动稳定度高、破冰能力强等优点。但在合闸时,瓷柱要受较大弯曲力。由于闸刀水平转动,因此相间距离较大。

3)三柱式隔离开关

三柱式隔离开关的特点是两边的绝缘支柱均静止不动,中间绝缘支柱带动闸刀回转,闸刀对称装在中间支柱顶上。分、合闸时,闸刀在水平方向旋转,分闸后形成两个串联断口。在超高压情况下,采用中间支柱不动,只支撑闸刀,由另一个操作支柱传动。

GW7系列隔离开关为单极三柱式结构,它由底座、支柱绝缘子、导电闸刀、操动机构等组成。底座部分由槽钢和钢板焊制而成,在槽钢上装有3个支座,两端支座是固定的,中间支座是转动的。在槽钢内腔装有主闸刀和接地开关的传动连杆及连锁板。接地开关由刀杆(钢管制成)和静触头组成,刀杆端头有一对触片与静触头接触。每极共有3个瓷柱(500 kV每极由4个瓷柱构成,3个固定,1个传动),每柱由实心棒式绝缘子叠装而成,固定在底座的支座上,承担对地绝缘及传递操作力矩的动能。导电部分由动闸刀和静触头组成,动闸刀装在中间支柱绝缘子上部,静触头分别装在两边支柱绝缘子上部,由操动机构带动中间支柱绝缘子转动进行分、合闸操作。该开关制成单极形式,可以带一把接地开关、两把接地开关或不带接地开关。接地开关和主闸刀设有机械地锁功能,以保证主、地间规定的合闸顺序。

图4.21 GW7-252型隔离开关外形图

如图4.21所示为GW7-252型隔离开关外形图。GW7-252型户外高压隔离开关由3个单极装配组成,各极独立分装。每极主要由底座装配、绝缘支柱、主闸刀系统、接地开关系统等组成。

GW7系列隔离开关具有结构简单、运行可靠、维修工作量少、较高的机械强度和绝缘强度等优点,但所用绝缘子较多、体积较大。

4)接地开关

单柱式隔离开关只能装一个接地开关,上层母线的接地必须有专用的接地开关实现。接地开关制成单极形式,由3个单极组成一台三极电器,结构包括底座、绝缘支柱、接地闸刀、静触头和操动机构。

表4.1汇总了常用国产户内外隔离开关常见型号及外形结构特点,并配以简图,可供比较分析。

表4.1 常用国产户内外隔离开关常见型号及外形结构特点

结构形式		产品型号举例	主要特点	简 图
单柱垂直断口	对折式	GW6、GW6A	1.可直接安装于母线正下方作为母线隔离开关,节省占地面积和引线 2.相间距离小 3.触头钳夹范围大,适用于硬母线、软母线	
	偏折式	GW10、GW16、GW29、GW20、GW6-126、252G、GW23	1.可直接安装于母线正下方作为母线隔离开关,节省占地面积和引线 2.相间距离小,分闸后闸刀仅占一侧空间 3.活动关节较少	(a) (b)

续表

结构形式		产品型号举例	主要特点	简　图
双柱水平断口	平开式（中央开断）	GW4、GW4A-252、GW31-126、GW25	1.闸刀不占上部空间 2.相间距离大 3.磁柱少，但需承受弯曲、扭矩 4.额定电压达252 kV	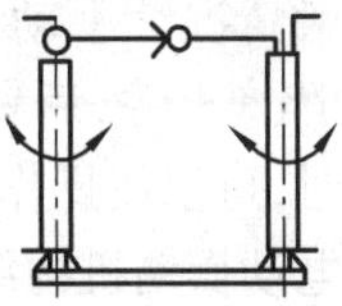
		GW5、GW5A	1.闸刀不占上部空间 2.相间距离小 3.磁柱少，但需承受弯曲、扭矩 4.底座小，安装方式灵活多样 5. 额定电压达126 kV	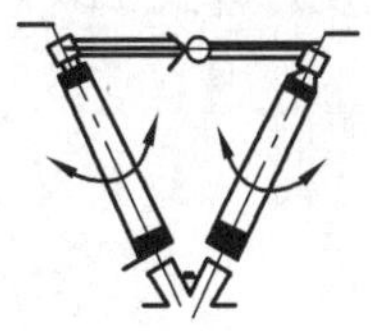
	立开式（折叠伸缩）	GW11、GW17、GW28、GW21、GW34、GW12、GW22	1.闸刀分闸后占上部空间较小 2.相间距离小 3.可由两组产品组成共静触头形式，适用于一个半断路器接线 4.适宜作进出线隔离开关	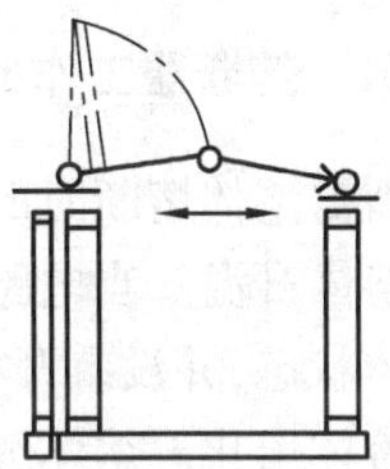
	立开式（直臂）	GW7F-800	1.闸刀分闸后占上部空间较大 2.相间距离小 3.适宜作进出线隔离开关 4.闸刀分合闸两步动作，合闸阻力小，具有自清扫能力	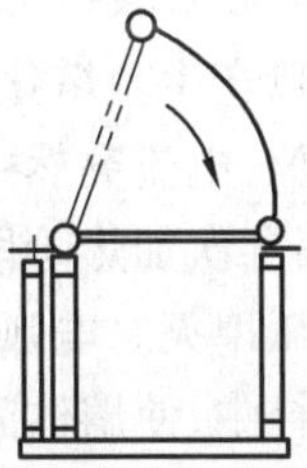
三柱水平断口	平开式（闸刀平动）	GW7	1.闸刀分闸后形成双端口，不占上部空间，横向尺寸较大 2.适宜作进出线隔离开关 3.可方便连接成敞开式组合电器	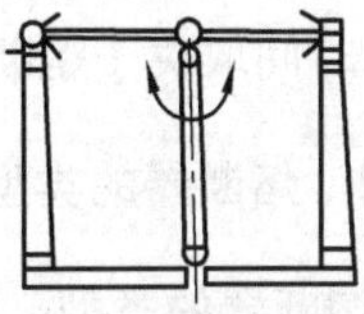
	平开式（闸刀平动自转）	GW7、GW27、GW3、GW43、GW26	1.闸刀分闸后形成双端口，不占上部空间，横向尺寸较大 2.适宜作进出线隔离开关 3.可方便连接成敞开式组合电器 4.闸刀具有翻转动作，操作时两侧绝缘子受力较小	

(3)隔离开关操动机构

隔离开关的操动机构可分为手动和电动两类。采用手动操动机构时,必须在隔离开关安装地点就地操作。手动操动机构结构简单、价格低廉、维护工作量少,合闸操作后能及时检查触头的接触情况。手动操动机构有杠杆式和蜗轮式两种,前者一般适用于额定电流小于3 000 A的隔离开关,后者一般适用于额定电流大于3 000 A 的隔离开关。电动操动机构操作隔离开关时,可以使操作方便、省力和安全,且便于在隔离开关和断路器间实现闭锁,以防止误操作。电动操动机构结构复杂、维护工作量大,但可以实现远程操作,主要用于户内式重型隔离开关及户外式110 kV 及以上的隔离开关。

4.4 熔断器

4.4.1 熔断器工作的物理过程

熔断器熔体熔断时的物理过程一般可分成以下4个阶段:

①熔体升温。当电路中出现过负荷或短路电流时,熔体温度升高到熔化温度,但熔体仍处于固体状态,并没有开始熔化。此时,电流越大,温度上升越快。

②熔体熔化。熔体继续吸收热量,其中部分金属开始从固体状态转变为液体状态。由于熔体熔化需要吸收一部分热量,因此,在这个阶段内,熔体温度始终保持在熔点。

③电弧产生。熔化了的金属继续被加热直至气化,即出现金属蒸气。此时,出现瞬间小的绝缘间隙,电流突然中断,此时的电路电压会立即击穿此间隙,产生电弧,使电路又一次接通,形成第二次加热阶段。

④电弧熄灭。电弧形成后,若能量较小,随熔断间隙的扩大将自行熄灭;否则,电弧燃烧扩散到填料中,使熔体间隙进一步扩大,以致电弧不能继续燃烧,电弧熄灭。此时,熔断器真正切断电流,起到保护电器的作用。

上述4个阶段实际上可以看成两个连续的过程,即未产生电弧之前的弧前过程和已产生电弧的弧后过程。

弧前过程的主要特点是熔体升温与熔化,即熔断器对故障作出反应。显然,过负荷电流大,弧前过程越短;反之,过负荷电流越小,弧前过程越长。

弧后过程的主要特点是含有大量金属蒸气的电弧在间隙内蔓延、燃烧,最后被熄灭,此过程的持续时间取决于熔断器的灭弧能力。

4.4.2 熔断器的类型和型号

(1)熔断器的类型

熔断器按电压等级,可分为高压熔断器和低压熔断器;按安装地点,可分为户内式和户外式;按有无填料,可分为填料式和无填料式;短路冲击电流到达之前能切断短路电流的称为限流熔断器,否则称为非限流熔断器。

(2)熔断器的型号

熔断器的型号含义如下:

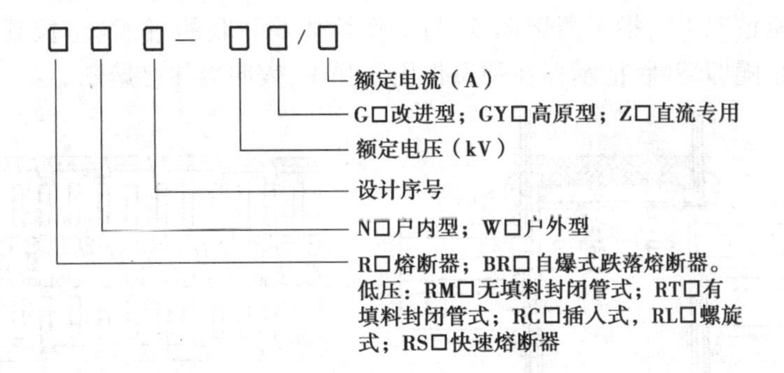

4.4.3　熔断器的结构

(1)低压熔断器

低压熔断器有RC型插入式熔断器、RM型封闭管式熔断器、RL型螺旋式熔断器、RT型有填料封闭管式熔断器和RS型快速熔断器等。

1)RM10型无填料封闭管式熔断器

RM10型无填料封闭管式熔断器的结构如图4.22所示,其熔体用锌片冲制成变截面形状,熔体套装在绝缘纸管内。当过负荷电流或短路电流通过熔断器时,熔体狭窄部分电流密度大,温度升高很快,熔体狭窄部分的一处或几处先熔断,产生电弧。

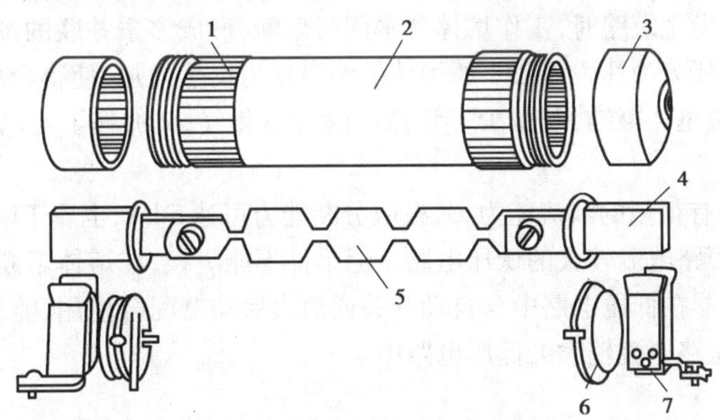

图4.22　RM10型无填料封闭管式熔断器的结构

1—黄铜圈;2—绝缘纸管;3—黄铜管帽；4—插刀；5—熔体；6—特种垫圈;7— 刀座

此种熔断器的断路能力较强,为限流熔断器。其电弧的狭窄部分燃烧,产生金属蒸气少;当几处狭窄部分同时熔断时,宽阔部分下落,电弧被拉长变细;密封的纤维管在电弧作用下产生大量高温气体,管内压力迅速增高,约为10 MPa。电弧的去游离很强,电弧电阻迅速增大,以至在电路中出现短路冲击电流之前,电弧即被熄灭,有限流作用。RM10型熔断器具有结构简单、更换熔体方便等优点,被广泛应用于发电厂和变电站的电动机保护和断路器合闸控制回路的保护等。

2)RTO型有填料密封管式熔断器

RTO型熔断器为不可拆卸结构,如图4.23所示。熔管1是用滑石陶瓷或高频陶瓷制成的波纹方管,有较高的机械强度和耐热性能,管内充满石英砂;两端的盖板2用螺钉3固定在熔管上;工作熔体6用薄纯铜板冲制成网孔状,形成多根并联引弧栅片9,片间窄部焊有低熔点的锡桥10,整个熔体围成笼状,上、下端焊在金属底板和触刀7上;指示器4是一个红色机械信号装置,正常情况下由指示器熔体5(与工作熔体6并联的康铜丝)拉紧;工作熔体熔断后,指示器熔体也随即熔断,指示器在弹簧作用下弹出,表明熔体已熔断。

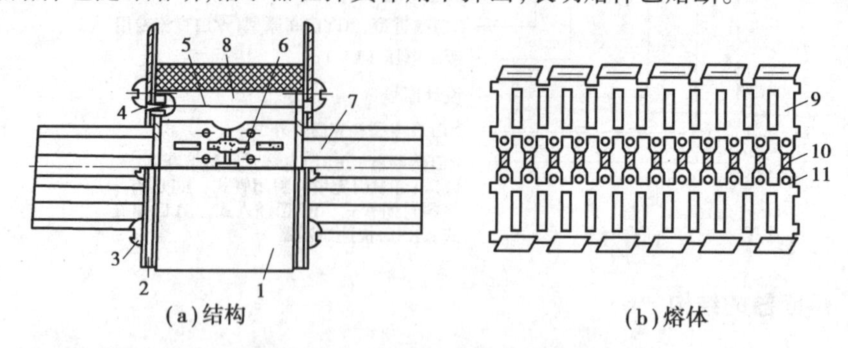

图4.23 RTO型熔断器的结构和熔体

1—熔管;2—盖板;3—螺钉;4—指示器;5—指示器熔体;6—工作熔体;7—触刀;8—石英砂;9—引弧栅片;10—锡桥;11—变截面小孔

如果被保护电路发生过负荷,当工作锡熔体发热到其熔点时,锡桥首先熔化,被锡包围的紫铜部分则逐渐熔解在锡滴中,形成合金(称为冶金效应法或金属熔剂法),电阻增大,发热加剧,随后在焊有锡桥处熔断,产生电弧,从而使熔体沿全长熔化,形成多条并联的细电弧。电弧在石英砂的冷却作用下熄灭。

当被保护电路发生短路时,工作熔体几乎同时熔断,形成多条并联的细电弧,熔体的变截面小孔又将每条电弧分为几段短弧。原熔体的沟道压力突然增加,使得金属蒸气向周围石英砂的缝隙喷射,并被迅速凝结,既减少了弧隙中的金属蒸气,又加强了对电弧的冷却,从而使电弧迅速熄灭。

RTO型熔断器有很强的断流能力,其极限分断能力可达5 kA,也属于限流型,具有很好的保护特性,适用于短路电流较大的低压电路。但熔件不能更换,在熔体熔断后,整个管体也随之报废。该型熔断器在低压电路中与自动开关或磁力启动器配合使用,能组成具有一定选择性的保护,多用于短路电流较大的低压电路中。

3)快速熔断器

随着电子技术的迅猛发展,半导体元器件已开始被广泛应用于电气控制和电力拖动装置中。然而,由于各种半导体元器件的过负荷能力很差,通常只能在极短的时间内承受过负荷电流,时间稍长就会将其烧坏。因此,一般熔断器已不能满足要求,应采用动作迅速的快速熔断器进行保护,快速熔断器又称为半导体器件保护熔断器。

目前,常用的快速熔断器主要有RS系列有填料快速熔断器、RLS系列螺旋式快速熔断和NGT系列半导体器件保护用熔断器3大类。

①RS系列有填料快速熔断器。

常用RS系列有填料快速熔断器主要有RS0和RS3两个系列产品。其中,RS0系列产品主要用于硅整流元器件及其成套装置的短路保护,RS3系列产品主要用于晶闸管及其成套装置的短路保护。

快速熔断器的结构与RT0系列有填料封闭管式熔断器的结构基本一致,只是熔体的材料和形状有所不同。如图4.24所示为RS3系列快速熔断器的结构图,它主要由瓷熔管、石英砂填料、熔体和接线端子组成。其中,熔管由高频陶瓷制成,熔管内填充石英砂填料;熔体一般由性能优于铜的纯银片制成,银片上开有V形深槽,使熔片的狭窄部分特别细,过负荷时极易熔断。另外,熔体沿轴向还设有多个断口以适应熄弧的需要。为缩小安装空间和保证接触良好,快速熔断器的线端子一般做成表面镀银的汇流排式。上述结构使熔断器满足快速熔断的要求。

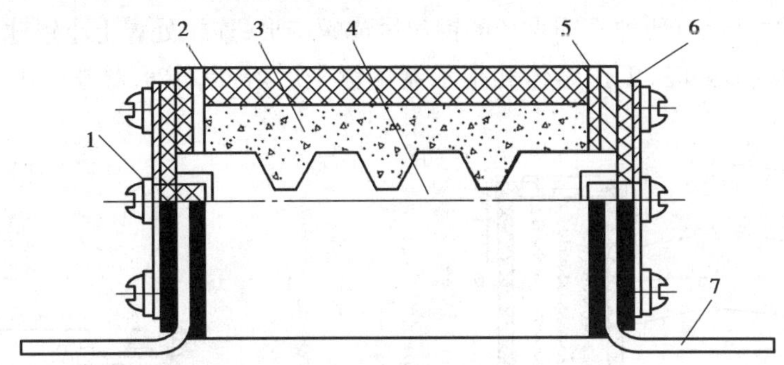

图4.24　RS3系列快速熔断器的结构

1—熔断指示器;2—瓷熔管;3—石英砂;4—熔体;5—绝缘垫,6—端盖;7—接线端子

②RLS系列螺旋式快速熔断器。

RLS系列螺旋式快速熔断器是RL系列螺旋式熔断器的派生产品,除熔体材料(采用变截面银片)和结构不同外,其基本结构和外形没有多大区别。目前,常用的有RLS1和RLS2两个系列产品,它们适用于小容量的硅整流器件和晶闸管的短路或过负荷保护。

③NGT系列半导体器件保护用熔断器。

NGT系列半导体器件保护用熔断器是一种高分断能力快速熔断器,其结构是有填料封闭管式。该系列熔断器具有功率损耗小、性能稳定、分断能力高等优点,广泛用于半导体器件保护。

(2)高压熔断器

高压熔断器有户内式和户外式两种。

1)户内RN型熔断器

以RN1型和RN2型熔断器为例,说明这类熔断器的结构。RN型熔断器用于3~35 kV屋内配电装置中,RN1型熔断器用作电力线路和电力变压器的过负荷和短路保护;RN2型熔断器用作电压互感器的短路保护。如图4.25所示为RN1型熔断器的外形,熔体装在充满石英砂瓷管内,RN1型熔断器根据额定电流的大小可装1、2或4个熔体,RN2型熔断器只装1个熔体。

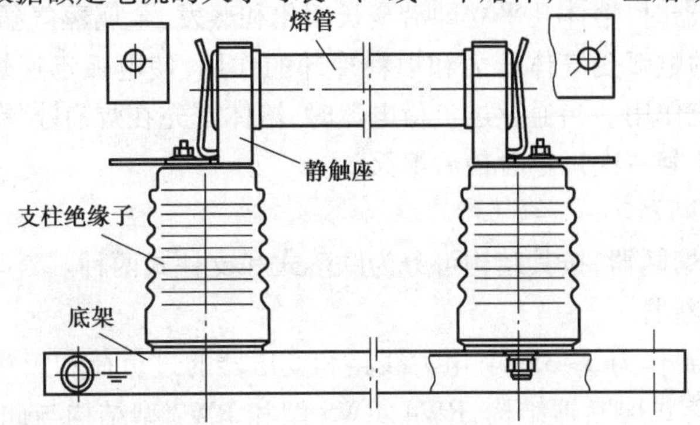

图4.25　RN1型熔断器的外形

如图4.26所示为充石英砂的熔体管结构。瓷质熔体管两端有黄铜罩,管内装有工作熔体和指示器,充填石英砂后焊上管盖将管密封。熔体使用银、铜或康铜制成的并联细丝或片,指示器熔体是一根细铜丝。额定电流小于7.5 A的熔体,为一根或几根并联的镀银铜丝,绕在陶瓷芯上,以保持它在管内的准确位置。在熔件中间焊有小锡球,如图4.26(a)所示。额定电流大于7.5 A的熔体,有两种不同直径的铜丝做成螺旋形,连接处焊上小锡球,如图4.26(b)所示。当过负荷或短路时,工作熔体和指示器熔体先后熔断,指示器被弹出,如图4.26(a)所示。

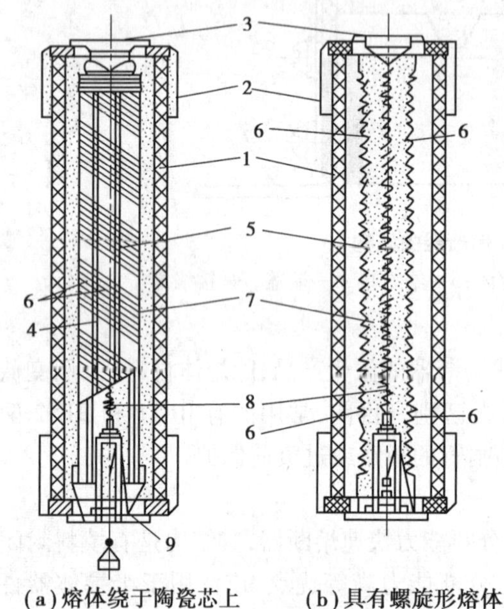

(a)熔体绕于陶瓷芯上　(b)具有螺旋形熔体

图4.26　充石英砂的熔体管结构

1—瓷质熔体管;2—黄铜罩;3—管盖;
4—陶瓷芯;5—工作熔体;6—小锡球;
7—石英砂;8—指示器熔体;9—熔断指示器

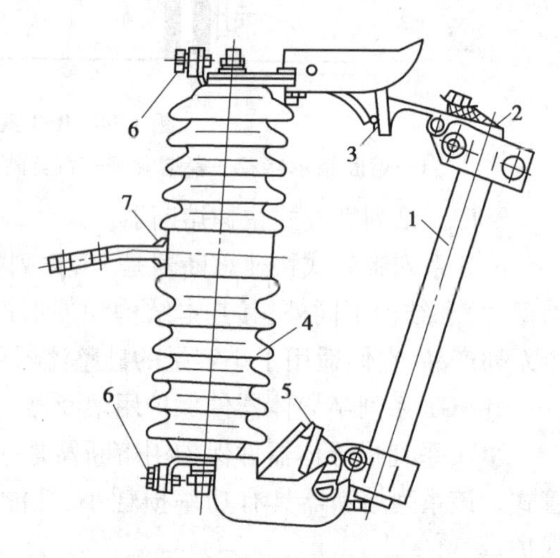

图4.27　RW3-10Ⅱ型跌落式熔断器结构

1—熔管;2—熔体元件;3—上触头;4—绝缘瓷套管;
5—下触头;6—接线段;7—紧固板

RN2型的熔体是由3种不同截面的一根铜丝绕在瓷芯上,但无指示器。当熔体熔断时,根据接于电压互感器一次侧电路内仪表的读数消失来判断。

RN2-35型熔断器的结构有两种:一种与RN1型相似;另一种与RW10-35型熔断器相似。当短路电流通过熔断器时,熔体几乎立即沿全长熔化和蒸发,金属蒸气猛烈向四周喷溅,渗入石英砂填料中,产生的电弧受气体压力和填料冷却的作用,使电弧迅速熄灭。这种熔断器断路时间很短,并有限流作用。当通过过负荷电流时,熔体首先在焊有小锡球处熔断,然后熔体沿全长熔断,电弧电流某一次过零时最后熄灭。

2)户外RW型熔断器

户外RW型高压熔断器,按其结构可分为跌落式和支柱式两种。

①跌落式高压熔断器。

跌落式熔断器主要作为3~35 kV电力线路和变压器的过负荷和短路保护。如图4.27所示为RW3-10Ⅱ型跌落式熔断器结构,RW4、RW5型和RW7型结构与此基本相同,由绝缘瓷套管、熔管、上下触头等组成。熔体由铜银合金制成,焊在编织导线上,并穿在熔管内。正常工作时，熔体使熔管上的活动关节锁紧，熔管能在上触头的压力下处于合闸状态。当熔体熔断时，在熔管内产生电弧，熔管内衬的消弧管在电弧作用下分解出大量气体，在电流过零时产生强烈的去游离作用而使电弧熄灭。熔体熔断，活动关节被释放，使熔管在上下触头的弹力和熔管自重的作用下迅速跌落，形成明显的分断间隙。

喷射跌落式熔断器在我国自 20 世纪 50 年代初以来至今已使用了半个多世纪，国外早在 20 世纪 40 年代就开始应用了，目前国内外还在普遍推广使用着。它结构简单、价格低廉，同时，用户可自行方便地更换熔断件。随着近代电力系统容量的不断增长，这种喷射跌落式熔断器已满足不了用户的要求，急需解决开断容量提高的问题。

高压限流跌落式熔断器的结构如图 4.28 所示，由熔断件 1 和支架 2 两部分组成。熔断件的熔体采用截面带状电工纯铜材料制造，管内填充以石英砂经过固化后作为灭弧材料，管状外壳用玻璃纤维管制造，端帽用镀锡的铜材与玻璃纤维制造的外壳密封。

②支柱式高压熔断器。

支柱式高压熔断器适用于保护 35 kV 高压电气设备。额定电流为 0.5 A 熔断器用作电压互感器短路保护，额定电流为 2～10 A 熔断器用作其他电气设备过负荷和短路保护。此类熔断器的型号有 RW10-35 和 RXW0-35 两种，结构如图 4.29 所示。支柱绝缘子上的横瓷套内，加限流电阻，结构简单、体积小、质量轻、灭弧性能好、断流能力强、维护方便，大大提高了运行的可靠性。目前 35 kV 多采用屋内配电装置，在发电厂和变电站中，这种熔断器已少采用。

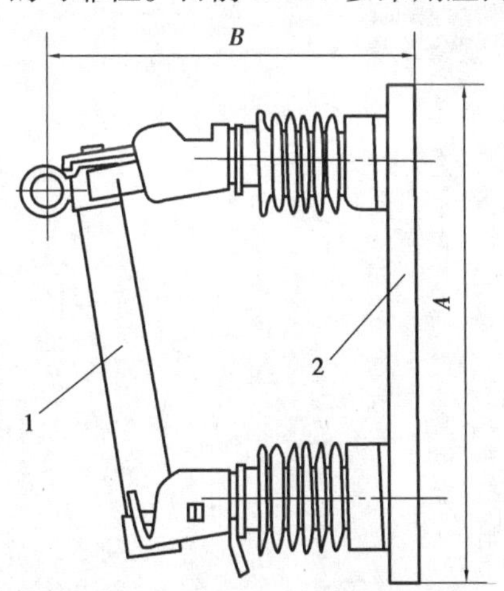

图 4.28　高压限流跌落式熔断器的结构

1—熔断件；2—支架

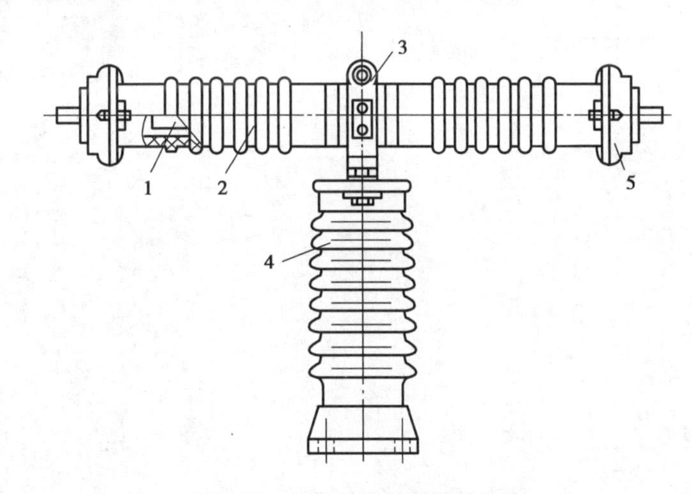

图 4.29　RW10-35 熔断器的结构

1—熔管；2—瓷套；3—紧固法兰；
4—棒形支柱绝缘子；5—接线立帽

思考题

4.1　断路器的作用是什么？分为哪几种类型？型号如何表示？

4.2　断路器有哪些额定参数？它们的意义是什么？

4.3　断路器的基本结构可分为哪几部分？

4.4 简述真空断路器的灭弧原理。

4.5 简述 SF_6 断路器的灭弧原理。

4.6 说明弹簧操动机构和液压操动机构的工作原理。

4.7 隔离开关的作用是什么？为什么隔离开关不能接通和断开有负荷电流的电路？

4.8 隔离开关分哪几类？它的基本结构如何？其操动机构有哪几种？

4.9 户外隔离开关有哪几种类型？它们各有什么优缺点？

4.10 如果用隔离开关切断电路中的负荷电流，会产生什么后果？

4.11 接地闸刀的作用是什么？它与主闸刀应如何闭锁？

4.12 当断开隔离开关时，发现触头间有电弧发生时应如何操作？

4.13 熔断器的主要作用是什么？

第 5 章 互感器

互感器是将电路中大电流变为小电流、将高电压变为低电压的电器设备,并可作为测量仪表和继电器的交流电源。互感器是一种特殊的变压器,可分为电流互感器和电压互感器两种,它们工作的基本原理与变压器相似,但又有其特殊性。本章主要介绍电流互感器和电压互感器的工作特性及其接线,常用互感器的结构特点。

5.1 互感器的作用

目前,电力系统中广泛使用的电磁式互感器分为电压互感器和电流互感器两种,它是一次系统和二次系统的联络元件,其一次绕组接入电网,二次绕组分别与测量仪表、保护装置等相互连接。如图 5.1 所示为单相电压互感器和电流互感器工作原理电路图。

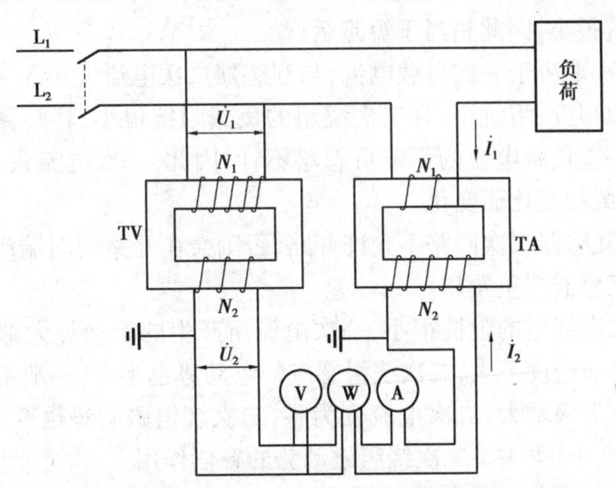

图 5.1 单相电压互感器和电流互感器工作原理电路图

电压互感器 TV 的一次侧(简称一次)绕组并接在高压电路中,将高电压变成低电压,二次侧(简称二次)绕组的额定电压为 100 V 或 $100/\sqrt{3}$ V,一次侧绕组匝数 N_1 大于二次侧绕组匝数 N_2,二次侧绕组与测量仪表或继电器的电压线圈并联。电流互感器 TA 的一次侧绕组串联在一次侧电路内，将大电流变成小电流，二次侧额定电流为 5 A 或 1 A，一次侧绕组匝数 N_1 小于二次侧绕组匝数 N_2，二次侧绕组与测量仪表或继电器的电流线圈串联。互感器性能的好坏直接影响电力系统测量、计量的准确性和继电保护、自动装置动作的可靠性。此外，互感器还有以下作用：

①能使测量仪表和继电器等二次侧的设备，与一次侧高压装置在电气方面隔离，以保证二次设备和工作人员的安全。

②能够使测量仪表和继电器实现标准化和小型化。

③使二次回路能够采用低压小截面控制电缆，实现远距离的测量和控制。

④使二次回路不受一次回路的限制，接线灵活，维护、调试方便。

⑤在低压装置上也广泛使用互感器，其主要目的是使用简单且经济的标准化仪表，并使配电屏接线简单。

为了确保工作人员在接触测量仪表和继电器时的安全，互感器二次侧绕组必须接地。接地后，当一次侧和二次侧绕组间的绝缘损坏时，可以防止仪表和继电器出现高电压，危及人身安全。

5.2 互感器的工作特性

电流互感器与电压互感器接入电网的方式、匝数比（$K_N = N_1/N_2$）及二次负载阻抗的不同，具有不同的工作特性。

5.2.1 电流互感器的工作特性

①正常运行时，二次绕组近似于短路工作状态。由于二次绕组的负载是测量仪表和继电器等的电流线圈，阻抗很小，因此相当于短路运行。

②一次电流的大小取决于一次负载电流，与互感器二次电流大小无关。由于一次绕组串联于被测电路中，匝数很少，阻抗小，且二次绕组的负载阻抗很小，其归算于一次的阻抗远小于电网负载阻抗，对一次负载电流的影响可忽略不计，因此，一次电流只取决于电路负载，不因电流互感器二次负载的变化而变化。

③运行中的电流互感器二次回路不允许开路，否则会在开路的两端产生高电压危及人身设备安全，或使电流互感器严重发热。

④正常运行时，二次绕组的阻抗很小，一次电流所产生的磁动势大部分被二次电流产生的磁动势所补偿，总磁通密度不大，二次绕组感应的电动势也不大，一般不会超过几十伏。当二次回路开路时，阻抗无限增大，二次电流变为零，二次绕组磁动势也变为零，而一次绕组电流又不随二次开路而变小，失去了二次绕组磁动势的补偿作用，一次磁动势又很大，合成磁通突然增大很多倍，使铁芯磁路高度饱和，此时一次电流全部变成励磁电流，在二次绕组中产生很高的电动势，其峰值可达几千伏甚至上万伏，威胁人身安全或造成仪表、保护装置、互感器二次绝缘损坏。另外，磁路的高度饱和使磁感应强度骤然增大，铁芯中磁滞和涡流损耗急剧上升，会引起铁芯过热甚至烧毁电流互感器。运行中当需要检修、校验二次仪表时，必须先将电流互感器二次绕组或回路短接，再进行拆卸操作。

⑤电流互感器的一次电流变化范围很大。因为一次绕组串接在被测回路中,所以一次电流可在零至额定电流之间大范围内变动。在短路情况下,电流互感器还需变换比额定电流大数倍甚至数十倍的短路电流。一次电流在很大范围变化时,互感器应仍保持测量所需要的准确度。

⑥电流互感器的结构应满足热稳定和电动稳定的要求。

由于电流互感器是串联在一次系统的电路中,当电网发生短路时,短路电流要通过相应电流互感器的一次绕组,因此,电流互感器的结构应能满足热稳定和电动稳定的要求。

5.2.2　电压互感器的工作特性

①正常运行时,电压互感器二次绕组近似工作在开路状态。由于二次绕组的负载是测量仪表和继电器的电压线圈,阻抗很大,通过的电流很小,因此二次绕组接近空载运行。

②电压互感器一次侧电压取决于一次电力网的电压,不受二次负载的影响。电压互感器并接于电网,一般一次侧匝数很多,阻抗大,且二次侧负载阻抗很大,其归算于一次侧的阻抗远大于被测电路的负载阻抗,二次侧阻抗的变化不会影响一次侧的输入电压。

③运行中的电压互感器二次侧绕组不允许短路。电压互感器二次侧所通过的电流由二次回路阻抗的大小决定,当二次侧短路时,将产生很大的短路电流,会损坏电压互感器。为了保护电压互感器,一般在二次侧出口处安装有熔断器或快速自动空气开关,用于过载和短路保护。在可能的情况下,一次侧也应装设熔断器以保护高压电网不因互感器高压绕组或引线故障危及一次系统的安全。

5.3　电流互感器

5.3.1　电流互感器的工作特点

(1)电流互感器的工作原理

电流互感器的工作原理与普通变压器相似,是按电磁感应原理工作的。如图5.2所示接线中,当一次侧流过电流 $\dot{I}_1$ 时,在铁芯中产生交变磁通,此磁通穿过二次绕组,产生电动势,在二次回路中产生电流 $\dot{I}_2$。

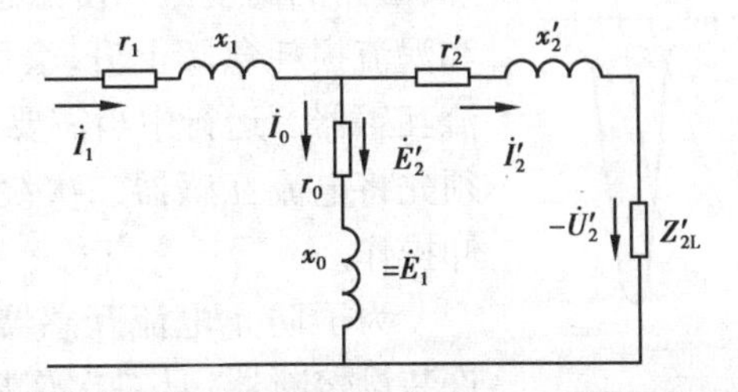

图5.2　电流互感器的工作原理(等值电路图)

电流互感器的一、二次额定电流之比,称为额定电流比,用 K_i 表示,即

$$K_i = \frac{I_{N_1}}{I_{N_2}} \tag{5.1}$$

根据磁动势平衡原理，忽略励磁电流时，可以认为

$$K_i = \frac{I_{N_1}}{I_{N_2}} \approx \frac{N_2}{N_1} = K_N \tag{5.2}$$

式中 I_{N_1}、I_{N_2}——一、二次绕组额定电流；

I_1、I_2——一、二次绕组工作电流；

N_1、N_2——一、二次绕组匝数；

K_N——匝数比。

由式(5.2)可知

$$K_i I_2 = I_1 \tag{5.3}$$

可见，由测量出的二次电流 I_2 乘以额定电流比 K_i 即可测得一次实际电流 I_1。

(2)电流互感器的工作特点

与普通变压器相比，电流互感器有以下特点：

①一次电流的大小取决于一次负载电流，与二次电流大小无关。一次绕组串联于被测电路中，匝数很少，阻抗小，对一次负载电流的影响可忽略不计。

②正常运行时，二次绕组近似于短路工作状态。由于二次绕组的负载是测量仪表和继电器的电流线圈，阻抗很小，因此相当于短路运行。

③运行中的电流互感器二次回路不允许开路，否则会在开路的两端产生高电压危及人身安全，或使电流互感器发热损坏。

正常运行时，二次电流 I_2 在铁芯中产生的二次磁动势 I_2N_2，对一次磁动势起去磁作用，励磁磁动势 I_0N_1 合成磁通很小，使二次绕组感应出的电动势很小，一般不会超过几十伏。当二次回路开路时，二次电流 I_2 变为零，失去了去磁作用的一次磁动势全部用于励磁 $I_1N_1 = I_0N_1$，合成磁通 Φ_0 突然增大很多倍，使铁芯的磁路高度饱和，此时的磁通由原来的低幅正弦波变成高幅值的交流平顶方波，而二次电动势 e_2 取决于磁通的变化率 $\mathrm{d}\Phi/\mathrm{d}t$，磁通过零时，变化率最大，将在开路的两端出现交流高幅值的尖顶脉冲波电压，达几千伏甚至上万伏，危及人身安全，如图5.3所示。另外，磁路的高度饱和使磁感应强度骤增，铁芯中磁滞和涡流损耗急骤上升，会引起铁芯过热甚至烧毁电流互感器。运行中当需要检修、校验二次仪表时，必须先将电流互感器二次绕组或回路短接，再进行拆卸操作。

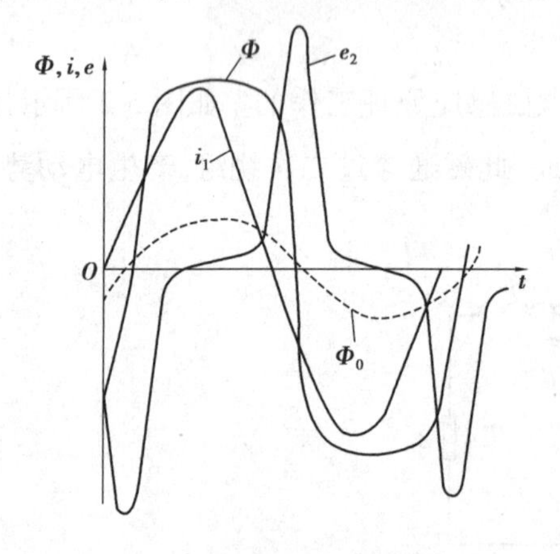

图5.3 电流互感器二次绕组开路时参数变化曲线图

为了防止电流互感器二次侧开路，二次侧不允许装设熔断器，且二次连接导线应采用截面积不应小于2.5 mm^2的铜芯材料。

5.3.2　电流互感器的测量误差及影响误差的运行因素

电流互感器本身存在励磁损耗和磁饱和(励磁电流的影响),使测量出来的二次电流 K_iI_2 与实际一次电流在大小和相位上都不可能完全相等,即测量结果存在误差,用电流误差和角误差表示。

(1)电流误差(比差)

电流误差 $\Delta I\%$是指电流互感器实际测量出来的电流 K_iI_2 与实际一次电流 I_1 之差占 I_1 的百分数,即

$$\Delta I\% = \frac{K_iI_2 - I_1}{I_1} \times 100$$

$$\Delta I\% = \frac{I_2N_2 - I_1N_1}{I_1N_1} \times 100 \tag{5.4}$$

(2)角误差(角差)

角误差 δ_i 是指旋转 180°的二次电流$-I_2$ 与一次电流 I_1 之间的夹角。规定$-I_2$ 超前于 I_1 时,δ_i 为正,反之为负。

(3)影响误差的运行因素

电流互感器的测量误差与一次电流、铁芯质量结构尺寸及二次负荷有关,而运行的误差与一次侧电流的大小及二次负载有关。

①一次电流 I_1 的影响。一次侧电流比一次额定电流小得多时,I_1N_1 较小,不足以建立激磁,误差较大;当一次电流增大至一次额定电流附近时,电流互感器运行在设计的工作状态,误差最小;当一次电流增大,大大超过一次额定电流时,I_1N_1 很大,使磁路饱和,其误差很大。为此,正确使用电流互感器,应使一次额定电流与一次电路电流相配套。

②二次负载阻抗 Z_2 的影响。如果一次电流不变,则二次负载阻抗 Z_2 及功率因数 $\cos\varphi$ 直接影响误差的大小。当二次负载阻抗 Z_2 增大时,二次输出电流将减小,即 I_2N_2 下降,对一次 I_1N_1 的去磁程度减弱,电流误差和角误差都会增加;二次功率因素角 φ_2 变化时,电流误差和角误差会出现不同的变化。要保证电流互感器的测量误差不超过规定值,应将其二次负载阻抗和功率因素限制在相应的范围内。

5.3.3　电流互感器的准确度级和额定容量

(1)电流互感器的准确度级

电流互感器测量误差可以用其准确度级来表示,根据测量误差的不同,划分出不同的准确级。准确度级是指在规定的二次负荷变化范围内,一次电流为额定值时的最大电流误差。电流互感器的电流误差超过使用场合的允许值,使测量仪表的读数不准确,而相位误差过大,会对功率型测量仪表和继电保护装置产生不良的影响。我国电流互感器准确度级和误差的限值见表 5.1。

表 5.1　电流互感器准确度级和误差限值

电流互感器准确级和误差限值				
准确级次	一次电流为额定一次电流的百分数/%	误差限制		二次负荷变化范围
		电流误差/%	相位差/(′)	
0.2	10	±0.5	±20	$(0.25 \sim 1)S_{N_2}$
	20	±0.35	±15	
	100~200	±0.2	±10	
0.5	10	±1	±60	
	20	±0.75	±45	
	100~200	±0.5	±30	
1	10	±2	±120	
	20	±1.5	±90	
	100~200	±1	±60	
3	50~200	±3	不规定	$(0.5 \sim 1)S_{N_2}$

稳态保护电流互感器准确级和误差限值			
准确级次	电流误差/%	相位差/(′)	在额定准确限值一次电流下的复合误差/%
	在额定一次电流下		
5P	±1.0	±60	5.0
10P	±3.0	—	10.0

我国《电流互感器》(GB 1208—1997)规定:测量用电流互感器有 0.1、0.2、0.5、1、3、5 六个准确度级;保护用电流互感器按用途可分为稳态保护用(P)和暂态保护用(TP)两类。

电能在产生、传输和使用过程中,不同的环节和场合,对测量的准确度级有不同的要求。一般 0.1、0.2 级主要用于实验室精密测量和供电容量超过一定值(月供电量超过 100 万 kW·h)的线路或用户;0.5 级的可用于收费用的电度表;0.5~1 级的用于发电厂、变电站的盘式仪表和计量上用的电度表;3 级、5 级的电流互感器用于一般的测量和某些继电保护上;稳态保护用的 5P 和 10P 级,用于继电保护;暂态保护用有 4 种类型:TPX(不限制剩磁大小的互感器)、TPY(剩磁不超过饱和磁通 10%的互感器)、TPZ(没有剩磁的互感器)和 TPS(低漏磁型的互感器)。

(2)电流互感器的额定容量

电流互感器的额定容量 S_{2N},是指在额定二次电流 I_{2N} 和在某一准确度级的额定二次阻抗 Z_{2N} 下,二次绕组的输出容量,即

$$S_{2N} = I_{2N}^2 Z_{2N} \tag{5.5}$$

由于二次额定电流 I_{2N} 已标准化(5 A 或 1 A),式(5.5)中 I_{2N}^2 仅为一常数,因此,二次侧额定容量 S_{2N} 有时可以用二次负载阻抗 Z_{2N} 代替,称为二次额定阻抗,单位为欧[姆](Ω)。通常,互感器制造厂提供电流互感器的二次额定欧姆数,供使用者在设计计算时参考。

不同的二次负载阻抗,直接影响着电流互感器的误差和准确度级,同一台电流互感器使

用在不同的准确度级时,规定有相应的额定容量。如 LMZ1-10-3000/5 型电流互感器,0.5 级对应的二次额定负载 Z_{2N}为 1.6 Ω(40 V·A),1 级时,Z_{2N}为 2.4 Ω(60 V·A)。换言之,当该电流互感器使用于向收费用电能表供电时,应控制二次负载阻抗数不大于 1.6 Ω,否则会降低准确度级,使测量的电能数不准确,这是互感器使用中要注意的。

5.3.4 电流互感器的接线

(1)电流互感器的极性

电流互感器的极性,用减极性原则注明,一次绕组用 L_1、L_2 注明,二次绕组用 K_1、K_2 注明,L_1,K_1 和 L_2,K_2 为两对同名端子,当一次电流 I_1 从 L_1 流入时,同时二次电流从 K_1出。

电气装置在安装接线时,同名端子不可接错,否则会造成功率型测量仪表和继电保护装置运行中的紊乱。

(2)电流互感器的接线

电流互感器的常用接线方式,如图 5.4 所示。

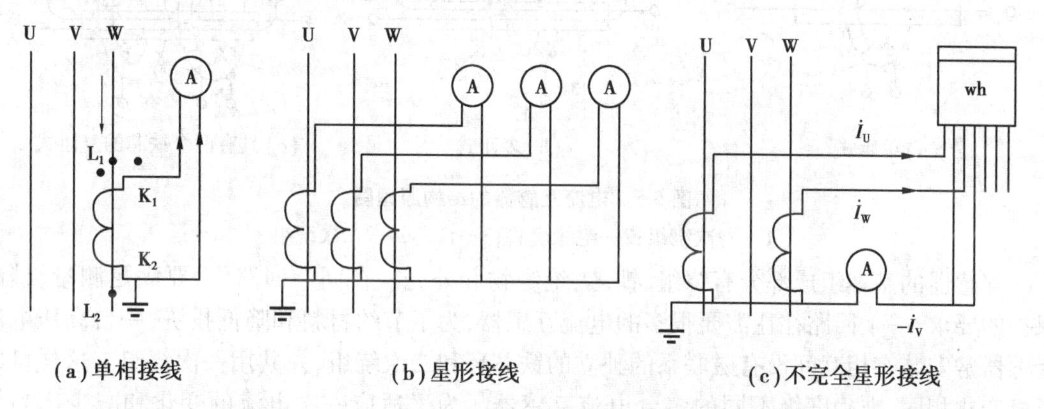

图 5.4 电气测量仪表接入电流互感器的常用接线方式

①单相接线。单相接线只能测量一相的电流以监视三相运行,通常用于三相对称的电路中,如电动机回路。

②星形接线。星形接线可测三相电流,用于可能出现三相不对称的电路中,以监视三相电路的运行情况。

③不完全星形接线。不完全星形接线只用两台电流互感器,一般测量两相的电流,但通过公共导线,可测量第三相的电流。由图 5.4 可知,通过公共导线上的电流是所测量两相电流的相量和,即$-I_V=I_U+I_W$。

该接线方式通常用于发电厂、变电所 6~10 kV 馈线回路中,用来测量和监视三相系统的运行情况。

5.3.5 电流互感器的类型和结构

(1)电流互感器的类型

①按安装地点可分为户内式和户外式。一般 20 kV 及以内的制成户内式的,35 kV 及以上的制成户外式的。

②按绝缘可分成干式、浇注式、油浸式、串级式、电容式等。干式用绝缘胶浸渍,用于低压

的屋内配电装置中；浇注式以环氧树脂作绝缘，用于 3～35 kV 的电压等级中；油浸式和串级式用变压器油作绝缘，用于 10～220 kV 的电流互感器中；电容式用电容器作绝缘，用于 110 kV 及以上的电压等级中。

③按安装方式可分为支持式、装入式和穿墙式等。支持式安装在平面和支柱上，装入式（套管式）可以节省套管绝缘子而套装在变压器导体引出线穿出外壳处的油箱上；穿墙式主要用于室内的墙体上，可兼作导体绝缘和固定设施。

④按一次绕组的匝数可分为单匝式和多匝式（复匝式）。

⑤按电流互感器的工作原理可分为电磁式、电容式、光电式和无线电式。

（2）电流互感器的结构原理

电流互感器的结构原理如图 5.5 所示。

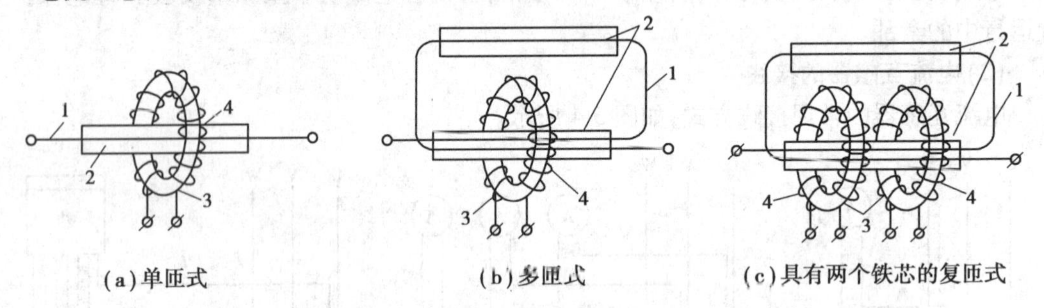

图 5.5　电流互感器的结构原理图

1——一次绕组；2—绝缘套管；3—铁芯；4—二次绕组

互感器的基本组成部分有绕组、铁芯、绝缘物和外壳。在同一回路中，要满足测量、继电保护的要求，一个回路往往需要很多的电流互感器，为了节约材料和降低投资，一台高压电流互感器常安装有相互间没有磁联系的独立的铁芯环和二次绕组，并共用一次绕组。这样可以形成变比相同、准确度级不同的多台电流互感器。为了适应一次电流的变化和减少产品规格，常将一次绕组分成几组，通过切换接线。

改变一次绕组的串并联，可以获得多种电流比，如图 5.5 所示。

如图 5.5（a）所示为单匝式电流互感器。穿过环形铁芯的一次绕组载流导体根据工程需要截面形状可制成圆形、管形、槽形等多种形式。单匝式电流互感器结构简单，尺寸较小、价格便宜，但测量的准确度级不高，常用于较大电流的回路中。如图 5.5（b）、（c）是多匝式电流互感器，其测量准确度级可以很高，但当过电压或较大的短路电流通过时，一次绕组的匝间可能受过电压。

（3）电流互感器的类型

①按用途可分为测量用和保护用。测量用电流互感器是指专门用于测量电流和电能的电流互感器。保护用电流互感器是指专门用于继电器保护和自动控制装置的电流互感器。保护用电流互感器中包括零序电流互感器，其结构较简单，作用原理与一般的电流互感器有所不同。

②按装置地点可分为户内式和户外式。20 kV 及以下大多制成户内式，35 kV 及以上多制成户外式。

③按绝缘介质可分为油绝缘、浇注绝缘、一般干式绝缘、瓷绝缘、气体绝缘等。

油绝缘电流互感器即油浸式电流互感器，互感器内部是油和纸的复合绝缘，多用于户外式，最高电压可达500 kV及以上。

浇注绝缘电流互感器是以环氧树脂或其他树脂为主的混合胶浇注成型的电流互感器，多在35 kV以下采用。

一般干式绝缘电流互感器包括有塑料外壳的和无塑料外壳的由普通绝缘材料包扎、经浸渍漆处理的电流互感器。

瓷绝缘电流互感器的主绝缘由瓷件构成，这种绝缘结构已被浇注绝缘所取代。

气体绝缘电流互感器即互感器内部充有特殊气体，如六氟化硫（SF_6）气体作为绝缘的互感器，多用于高压产品。

④按安装方式可分为穿墙式、支持式和装入式。穿墙式电流互感器装在墙壁可同时作为穿墙套管用；支持式电流互感器则安装在平面或支柱上；装入式电流互感器套装在35 kV及以上变压器或断路器的套管上，也称为套管式。

⑤按一次绕组匝数可分为单匝式和多匝式。

(4)电流互感器的型号

电流互感器的型号由产品型号、设计序号、电压等级（kV）和特殊使用环境代号等组成。

产品型号均以汉语拼音字母表示，字母代表的意义及排列顺序见表5.2。

表5.2　电流互感器型号中代表字母的意义及排列顺序

序　号	分　类	含　义	代表字母
1	用途	电流互感器	L
2	结构形式	套管式（装入式）	R
		支柱式	Z
		线圈式	Q
		贯穿式（复匝）	F
		贯穿式（单匝）	D
		母线型	M
		开合式	K
		倒立式	V
		链型	A
3	线圈外绝缘介质	变压器油	—
		空气（“干”式）	G
		“气”体	Q
		“瓷”	C
		浇“注”成型固体	Z
		绝缘“壳”	K
4	结构特征及用途	带有“保”护级	B
		带有“保”护级（暂“态”误差）	BT
5	油保护方式	带金属膨胀器	—
		不带金属膨胀器	N

设计序号表示同类产品的改型设计,但不涉及型号的改变时,为和原设计区别而用设计序号 1,2,3,…来表示第一次、第二次……改型设计。

特殊使用环境代号主要有以下几种:GY—高原地区用;W—污秽地区用(W1、W2、W3 对应污秽等级为Ⅱ、Ⅲ、Ⅳ);TA—干热带地区用;TH—湿热带地区用。

例如,LFZB6-10,表示第 6 次改型设计的复匝贯穿式、浇注绝缘电流互感器,电压等级为 10 kV。

(5)电流互感器的结构

电流互感器的结构类型很多,按一次绕组的主绝缘不同,电流互感器可分为一般干式、树脂浇注式、油纸绝缘式和 SF_6 气体绝缘式等多种。

1)一般干式和树脂浇注绝缘电流互感器

干式、树脂浇注式电流互感器结构形式分套管式、贯穿式、母线式和支柱式,根据使用要求,可制成单变比、多变比、单个二次绕组和多个二次绕组。

干式电流互感器主要适用于户内,一、二次绕组之间及绕组与铁芯之间的绝缘介质由绝缘纸、玻璃丝带、聚酯薄膜带等固体材料构成,并经浸渍绝缘漆烘干处理。复匝式的一次绕组和二次绕组为矩形筒式,绕在骨架上,绕组间用纸板绝缘,浸漆处理后套在叠积式铁芯上。单匝母线式电流互感器采用环形铁芯,经浸漆后装在支架或装在塑料壳内,也有采用环氧混合胶浇注的。干式电流互感器结构简单,制造方便,但绝缘强度低,且受气候影响大,防火性能差,只宜用于 0.5 kV 及以下低压产品。

树脂浇注式电流互感器广泛应用于 10~20 kV 电压等级,由合成树脂、填料、固化剂等组成的混合胶固化后形成固体绝缘介质,具有绝缘强度高、机械性能好、防火、防潮等特点。混合胶在一定温度条件下,具有良好的流动性,可以填充细小的间隙,并可浇注成各种需要的形状。一次绕组为单匝式或母线型时,铁芯为圆环形,二次绕组均匀绕在铁芯上,一次导电杆和二次绕组均浇注成一整体。一次绕组为多匝时,铁芯多为叠积式,先将一、二次绕组浇注成一体,再叠装铁芯。如图 5.6 所示为浇注绝缘多匝贯穿式电流互感器的结构。

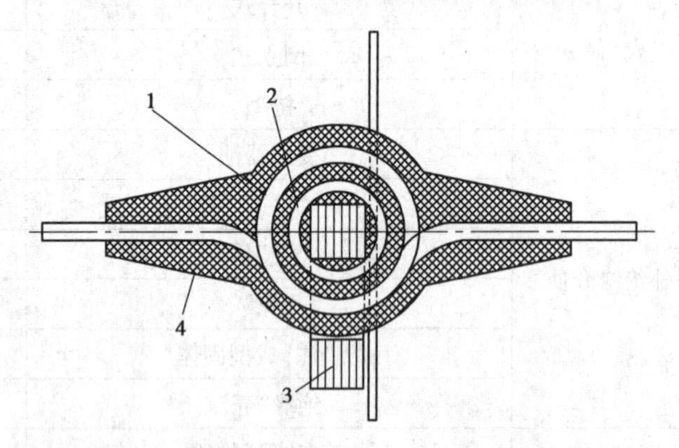

图 5.6 浇注绝缘多匝贯穿式电流互感器的结构

1—一次绕组; 2—二次绕组;3—铁芯;4—树脂混合料

根据浇注所用树脂不同,10 kV 户内浇注式电流互感器分为两种:一种是环氧树脂浇注绝缘,即采用环氧树脂和石英粉的混合胶浇注加热固化成型;另一种是不饱和树脂浇注绝缘,即采用不饱和树脂浇注在常温下固化成型。这两种电流互感器的结构相似,但型号不同。

环氧树脂浇注绝缘的电流互感器,一次额定电流在 400 A 以下时,制成复匝式。如图 5.7 所示为 LFZ-10、LFZJ-10 型电流互感器的结构(Z—浇注绝缘;J—加大容量)。该型电流互感器为半封闭结构。一次绕组为多匝贯穿式,二次绕组绕在骨架上,两者在模具中定位后,用环氧树脂混合胶浇注成浇注体。铁芯为叠片式,插入浇注体上预留孔内,然后将铁芯和安装板夹装在浇注体上。安装板上有铭牌和安装孔等,互感器可以垂直或水平安装。一次额定电流在 400~1 500 A 时制成单匝式。如图 5.8 所示为 LDZ-10、LDZJ-10 型电流互感器的结构,该型电流互感器为全封闭结构,一次绕组为一根铜棒或铜管,铁芯为优质硅钢带卷成环形,二次绕组沿环形铁芯径向均匀绕制。每台互感器都有两个铁芯,对称地固定在金属支持件上,一次导电杆穿过铁芯在模具中定位后与二次绕组一起用环氧树脂混合胶浇注加热固化成型,浇注体装在安装板上。绕组和铁芯都浇注在绝缘体内,可避免受潮而降低绝缘强度。

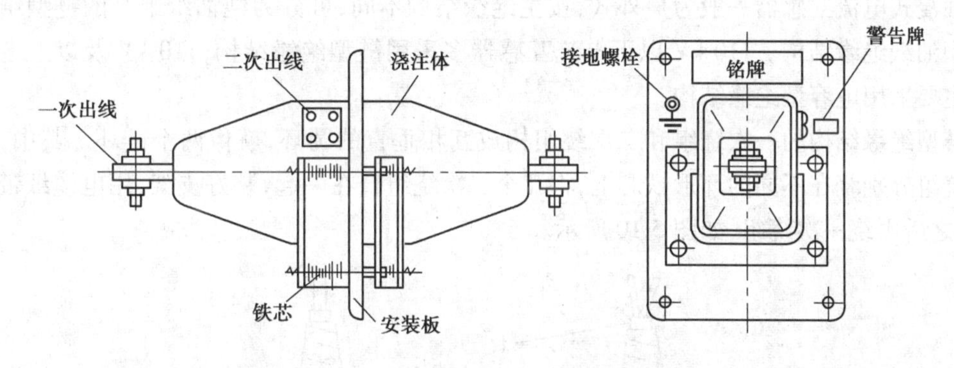

图 5.7　LFZ-10、LFZJ-10 型电流互感器的结构

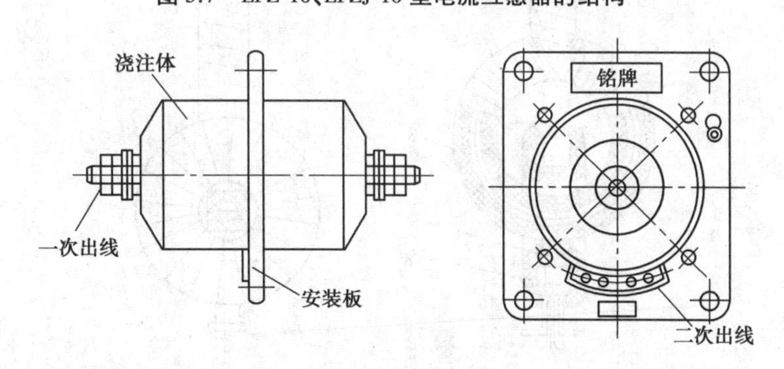

图 5.8　LDZ-10、LDZJ-10 型电流互感器的结构

如图 5.9 所示为 LMZ-10、LMZJ-10 型电流互感器的结构,为全封闭结构,铁芯为环形,二次绕组沿铁芯周围均匀绕制;环氧树脂浇注绝缘,中间留有孔,供一次侧母线通过或电缆缠绕用。一次额定电流为 300~3 000 A。

不饱和树脂浇注绝缘的电流互感器，型号为 LA-10、LAJ-10 型，复匝式、单匝式和母线式电流互感器的外形，分别与图 5.7、图 5.9 所示相似。

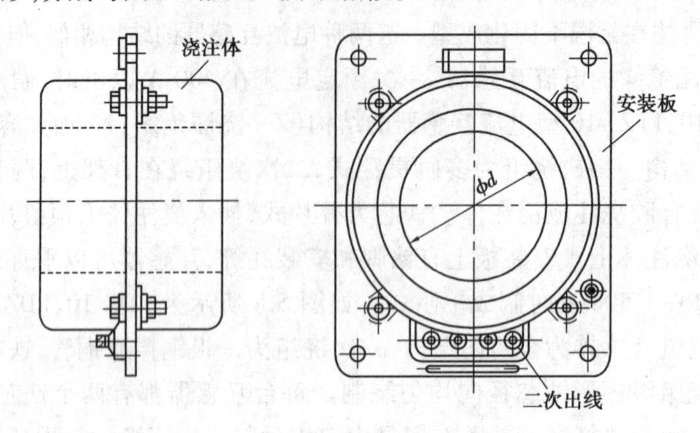

图 5.9 LMZ-10、LMZJ-10 型电流互感器的结构

2）油浸式电流互感器

油浸式电流互感器一般为户外式，按主绝缘结构不同，可分为纯油纸绝缘的链型结构和电容型油纸绝缘结构。110 kV 以下电流互感器多采用链型绝缘结构，110 kV 及以上电流互感器主要采用电容型绝缘结构。

链型绝缘结构的一次绕组和二次绕组构成互相垂直的圆环，就像两个链环。其中，各个二次绕组分别绕在不同的环形铁芯上，将几个二次绕组合在一起，装好支架，用电缆纸带包扎绝缘，之后再绕一次绕组，如图 5.10 所示。

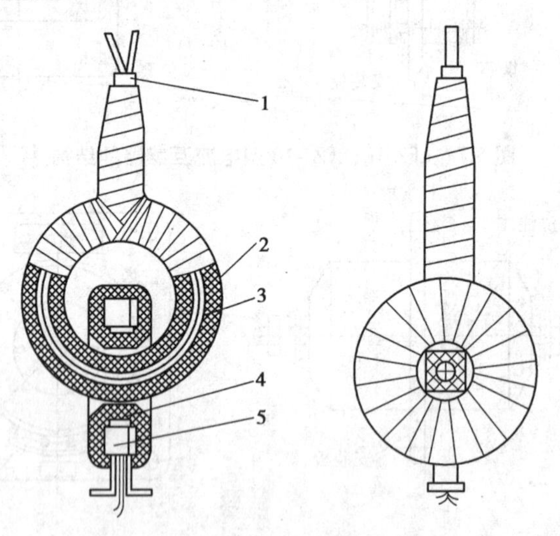

图 5.10 链型绝缘结构图

1—一次引线支架；2—主绝缘Ⅰ；3—一次绕组；

4—主绝缘Ⅱ；5—二次绕组装配

正立式电容型绝缘结构的主绝缘全部包扎在一次绕组上，倒立式电容型绝缘结构的主绝缘全部包扎在二次绕组上。正立式结构一次绕组常采用 U 形，倒立式结构二次绕组常采用吊环形。电容型绝缘结构如图 5.11 所示。

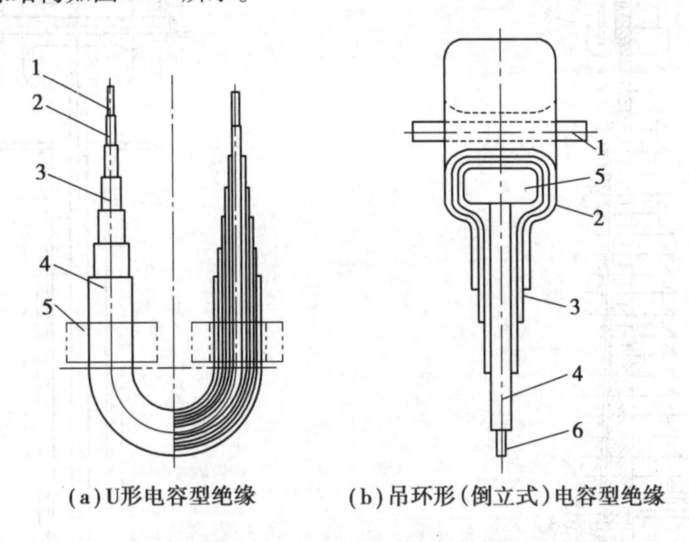

图 5.11　电容型绝缘结构图

1——次导体；2—高压电容屏；3—中间电容屏；

4—地电屏；5—二次绕组；6—支架

如图 5.12 所示为 LCLWD3-220 型电流互感器结构图。一次绕组由扁铝线弯成 U 形，主绝缘采用多层电缆纸与铝箔相互交替，全部包绕在 U 形的一次绕组上制成电容型绝缘，铝箔形成层间电容屏，内屏与一次绕组连接，外屏接地，构成一个同心圆柱形的电容器串。这样，如果电容屏各层间的电容量相等，则沿主绝缘厚度的各层电压分布均匀，从而使绝缘得到充分利用，减小了绝缘的厚度。

一次绕组制成 4 组，可进行串、并联。在 U 形一次绕组下部分别套上两个绕有二次绕组的环形铁芯，组成有 4 个准确级的二次绕组，以满足测量和保护要求。这种电流互感器采用了电容型绝缘结构，又称为电容绝缘电流互感器。目前，110 kV 及以上的电流互感器广泛采用此结构。

3) SF_6气体绝缘电流互感器

SF_6气体绝缘电流互感器是在 20 世纪 70 年代研制并推广应用的，最初在组合电器（GIS）上配套使用，后来逐步发展为独立式 SF_6互感器。这种互感器多做成倒立式结构，如图 5.13 所示。它由躯壳、器身（一、二次绕组）、瓷套和底座组成。器身固定在躯壳内，置于顶部；二次绕组用绝缘件固定在躯壳上，一、二次绕组间用 SF_6气体绝缘；躯壳上方有压力释放装置，底座有压力表、密度继电器和充气阀、二次接线盒等。SF_6互感器主要用在 110 kV 及以上电力系统中。

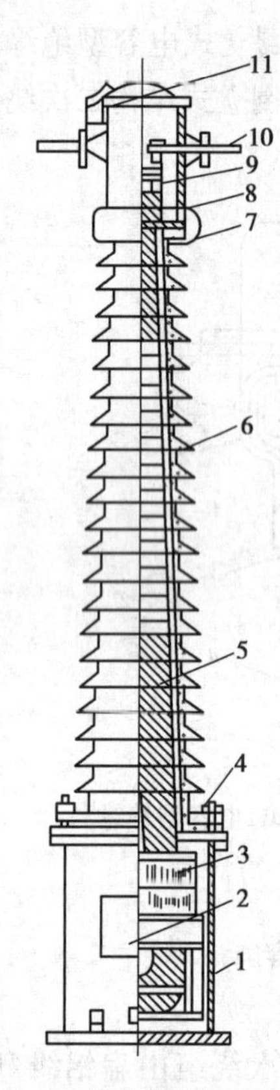

图 5.12 LCLWD3-220 型电流互感器结构图

1—油箱；2—二次接线盒；3—环形铁芯及二次绕组；4—压圈式卡接装置；5—U 形一次绕组；6—磁套；7—均压护罩；8—储油柜；9—一次绕组切换装置；10—一次出线端子；11—呼吸器

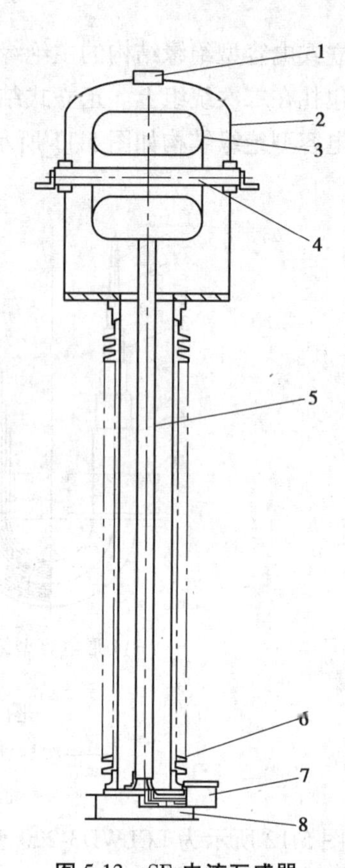

图 5.13 SF_6 电流互感器

1—防爆片；2—壳体；3—二次绕组及屏蔽筒；4—一次绕组；5—二次出线管；6—套管；7—二次端子盒；8—底座

5.4 电压互感器

5.4.1 电压互感器的工作特点

(1)电压互感器的工作原理

电压互感器的工作原理与普通电力变压器相同，结构原理和接线也相似，但二次电压低、容量很小，只有几十伏安或几百伏安，且多数情况下它的负荷是恒定的。

电压互感器一次绕组和二次绕组额定电压之比称为电压互感器的额定电压比，用 K_U 表示，不考虑激磁损耗，就等于一、二次绕组的匝数比，则

$$K_U = \frac{U_{1N}}{U_{2N}} \approx \frac{N_1}{N_2} = \frac{U_1}{U_2} = K_N \tag{5.6}$$

式中 U_{1N}、U_{2N}——一、二次绕组的额定电压；

N_1、N_2——一、二次绕组的匝数；

K_N——一、二次绕组的匝数比。

(2)电压互感器的工作特点

①电压互感器一次侧电压取决于一次电力网的电压，不受二次负载的影响。

②正常运行时，电压互感器二次绕组近似工作在开路状态。电压互感器的二次负载是测量仪表、继电器的电压线圈，匝数多、电抗大，通过的电流很小，二次绕组接近空载运行。

③运行中的电压互感器二次侧绕组不允许短路。与电力变压器一样，当二次侧短路时，将产生很大的短路电流损坏电压互感器。为了保护二次绕组，一般在二次侧出口处安装熔断器或快速自动空气开关，用于过载和短路保护。

5.4.2　电压互感器的误差及影响误差的运行因素

电压互感器的等值电路与普通电力变压器相同，若以二次侧电压 U 为参考，其相量图如图 5.14 所示。可见，电压互感器本身存在励磁电流和内阻抗，使测量出来的二次电压 $-\dot{U}_2'$ 与实际一次电压 $\dot{U}_1$ 在大小和相位上都不可能完全相等，即测量结果存在误差，用电压误差和角误差表示。

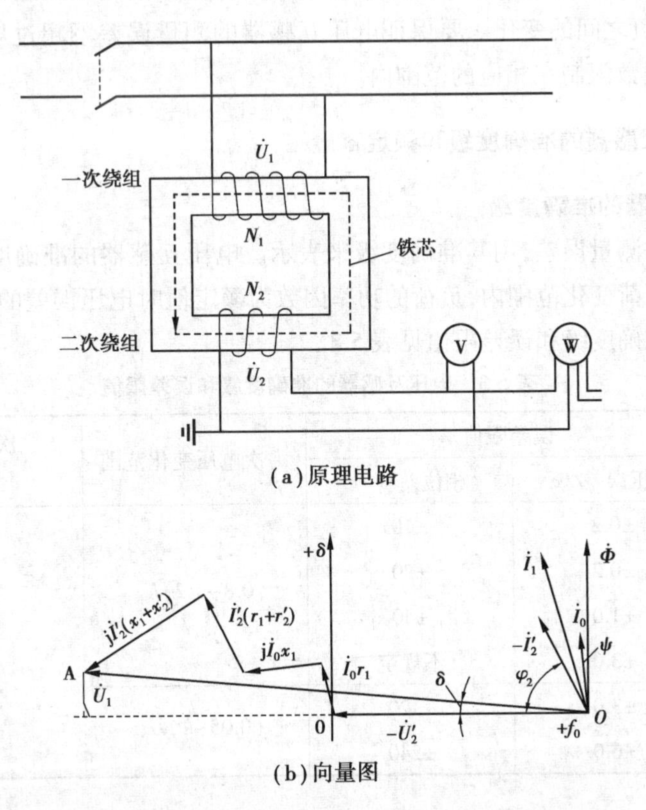

图 5.14　电压互感器的工作原理

(1)电压误差(比差)

电压误差 $\Delta U\%$ 是指电压互感器实际测量出来的电压 $K_U U_2$ 与一次实际电压 U_1 之差占

U_1 的百分数,即

$$\Delta U\% = \frac{K_U U_2 - U_1}{U_1} \times 100 \tag{5.7}$$

(2)角误差(角差)

角误差 δ_U 是指旋转 180°的二次电压 $-\dot{U}_2'$ 与一次电压 $\dot{U}_1$ 之间的夹角。规定 $-\dot{U}_2'$ 超前于 $\dot{U}_1$ 时,δ_U 为正,反之为负。

(3)影响误差的运行因素

电压互感器的测量误差除互感器本身铁芯、绕组的质量外,运行中主要取决于一次电压和二次负载等参数。

①一次电压的影响。电压互感器一次额定电压已标准化,将一台互感器用于高或低的电压等级中,或运行中电压离额定电压偏离太远,电压互感器的误差都会增大。正确使用电压互感器,应使一次额定电压与电网的额定电压相适应。

②二次负载的影响。如果一次电压不变,则二次负载阻抗及其功率因数直接影响误差的大小。当接带的负荷过多,二次负载阻抗下降,二次电流增大,在电压互感器绕组上的电压降上升,使误差增大;二次负载的功率因数过大或过小时,除影响电压误差外,角误差会相应地增大,或 δ_U 在正、负之间的变化。要保证电压互感器的测量误差不超过规定值,应将其二次负载阻抗和功率因数限制在相应的范围内。

5.4.3 电压互感器的准确度级和额定容量

(1)电压互感器的准确度级

电压互感器的测量误差,用其准确度级来表示。电压互感器的准确度级,是指在规定的一次电压和二次负荷变化范围内,负荷的功率因数为额定值时电压误差的最大值。我国规定的电压互感器的准确度级和误差限值见表 5.3。

表 5.3 电压互感器的准确度级和误差限值

准确级次	误差限值		一次电压变化范围	二次负荷、功率因数、频率变化范围
	电压误差/%	相位差/(′)		
0.2	±0.2	±10	$(0.8\sim1.2)U_{N_1}$	$(0.25\sim1)S_{N_2}$ $\cos\varphi_2=0.8$ $f=f_N$
0.5	±0.2	±20		
1	±1.0	±40		
3	±3.0	不规定		
3P	±3.0	±120	$(0.05\sim1)U_{N_1}$	
6P	±6.0	±240		

互感器的测量精度有 0.2、0.5、1、3、3P、6P 六个准确度级,和电流互感器一样,误差过大,影响测量的准确性,或对继电保护产生不良的影响。0.2、0.5、1 级的使用范围同电流互感器,3 级的用于某些测量仪表和继电保护装置,保护用电压互感器有 3P 和 6P。

(2) 电压互感器的额定容量

电压互感器的误差与二次负荷有关。每个准确度级都对应着一个额定容量，但一般说电压互感器的额定容量是指最高准确度级下的额定容量。如 JDZ-10 型电压互感器，各准确级下的额定容量为：0.5 级—80 V·A、1 级—120 V·A、3 级—300 V·A，该电压互感器的额定容量为 80 V·A。同时，电压互感器按最高电压下长期工作允许的发热条件出发，还规定最大容量，上述电压互感器的最大容量为 500 V·A，该容量是某些场合用来传递功率的，如给信号灯、断路器的分闸线圈供电等。

与电流互感器一样，要求在某准确度级下测量时，二次负载不应超过该准确度级规定的容量，否则准确度级下降，测量误差是满足不了要求的。

5.4.4　电压互感器的类型和结构

(1) 电压互感器的类型

①按安装地点可分为户内式和户外式。

②按相数可分为单相式和三相式。只有 20 kV 以下才制成三相式。

③按每相绕组数可分为双绕组式和三绕组式。三绕组电压互感器有两个二次侧绕组：基本二次绕组和辅助二次绕组。辅助二次绕组供接地保护用。

④按绝缘可分为干式、浇注式、油浸式、串级油浸式和电容式等。干式多用于低压；浇注式用于 3~35 kV；油浸式主要用于 35 kV 及以上的电压互感器。

(2) 电压互感器的结构

如图 5.15 所示为单相户内油浸式 JDJ-10 型电压互感器的外形结构［J—电压互感器；D—单相；J(第三字母)—油浸式；10—一次额定电压千伏数］。电压互感器的器身，固定在油箱盖上，浸在油箱内，绕组的引出线通过固定在箱盖上的瓷套管引出。

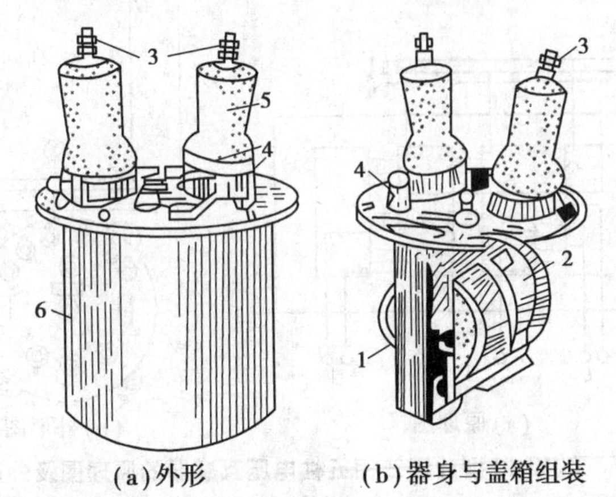

(a) 外形　　(b) 器身与盖箱组装

图 5.15　JDJ-10 型单相户内油浸式电压互感器的结构图

1—铁芯；2—一次侧绕组；3—一次侧绕组引出端；

4—二次侧绕组引出端及低压套管；5—高压套管；6—油箱

如图 5.16 所示为浇注绝缘 JDZ-10 型电压互感器外形(Z—浇注式)。该型电压互感器为半封闭结构，一、二次侧绕组同心绕在一起(二次侧绕组在内侧)，连同一、二次侧引出线，环氧树脂混合成浇注体。铁芯采用优质硅钢片卷成 C 形或叠装成日字形，露在空气中，浇注体下面涂有半导体漆，并与金属底板及铁芯相连，以改善电场的不均匀性。

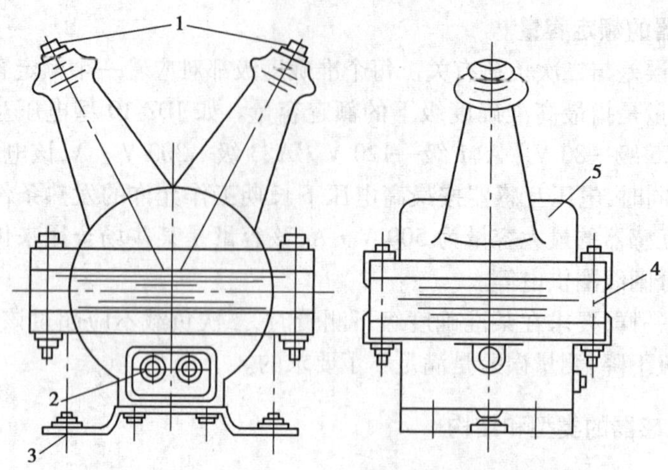

图 5.16　JDZ-10 型浇注式单相电压互感器的结构

1—一次绕组引出端；2—二次绕组引出端；

3—接地螺栓；4—铁芯；5—浇注体

JDZJ-10 型电压互感器，每箱有 3 个线圈，外形与 JDZ-10 型相同，只是二次侧绕组引出端子共有 4 个，基本二次绕组有两个引出端子，额定电压为 $100/\sqrt{3}$ V；辅助二次绕组有两个引出端子，额定电压为 100/3 V。

如图 5.17 所示为油浸三相五柱式 JSJW-10 型电压互感器外形（S—三相式；W—五柱铁芯三绕组）。

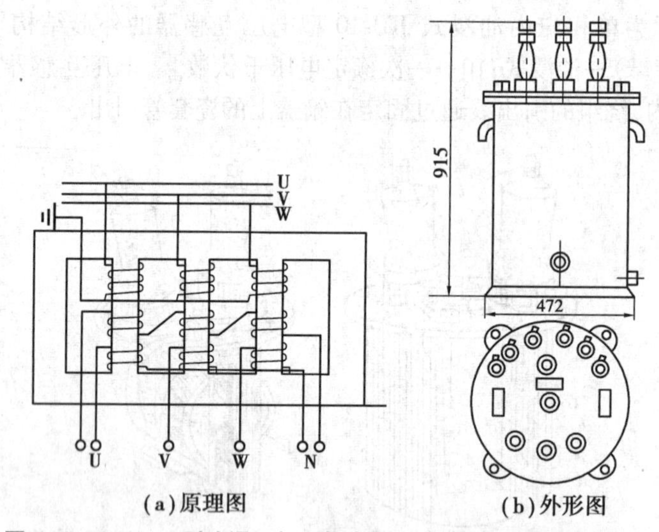

图 5.17　JSJW-10 型油浸三相五柱电压互感器的原理图及外形图

5.4.5　电压互感器的接线方式

在三相电力系统中，通常需要测量的电压有线电压、相对地电压和发生单相接地故障时的零序电压。如图 5.18 所示为几种常见的电压互感器接线。

如图 5.18(a)所示为一台单相电压互感器接线，可测量某一相间电压（35 kV 及以下的中性点非直接接地电网）或相对地电压（110 kV 及以上中性点直接接地电网）。

如图 5.18(b)所示为两台单相电压互感器接成 V-V 形接线。广泛用于 20 kV 及以下中性点不接地或经消弧线圈接地的电网中，测量线电压，不能测相电压。

如图 5.18(c)所示为一台三相五柱式电压互感器(YN,yn,d0)的接线，其一次绕组和基本二次绕组接成星形，且中性点接地，辅助二次绕组接成开口三角形。三相五柱式电压互感器可测量线电压和相对地电压，还可以作为中性点非直接接地系统中对地的绝缘监察以及实现单相接地的继电保护，这种接线广泛用于 6~10 kV 屋内配电装置中。

如图 5.18(d)所示为三台单相三绕组电压互感器(YN,yn,d0)的接线，在中性点非直接接地系统中采用 3 只单相 JDZJ 型电压互感器，情况与三相五柱式电压互感器相同，只是在单相接地系统中，各相零序磁通以各自的电压互感器铁芯构成回路。在 110 kV 及以上中性点直接接地系统中广泛采用这种接线，只是一次侧不装熔断器。基本二次绕组可供测量线电压和相对地电压(相电压)，辅助二次绕组接成开口三角形，供单相接地保护用。

如图 5.18(e)所示为电容式电压互感器(YN,yn,d0)的接线，主要用于 110 kV 及以上电网中。

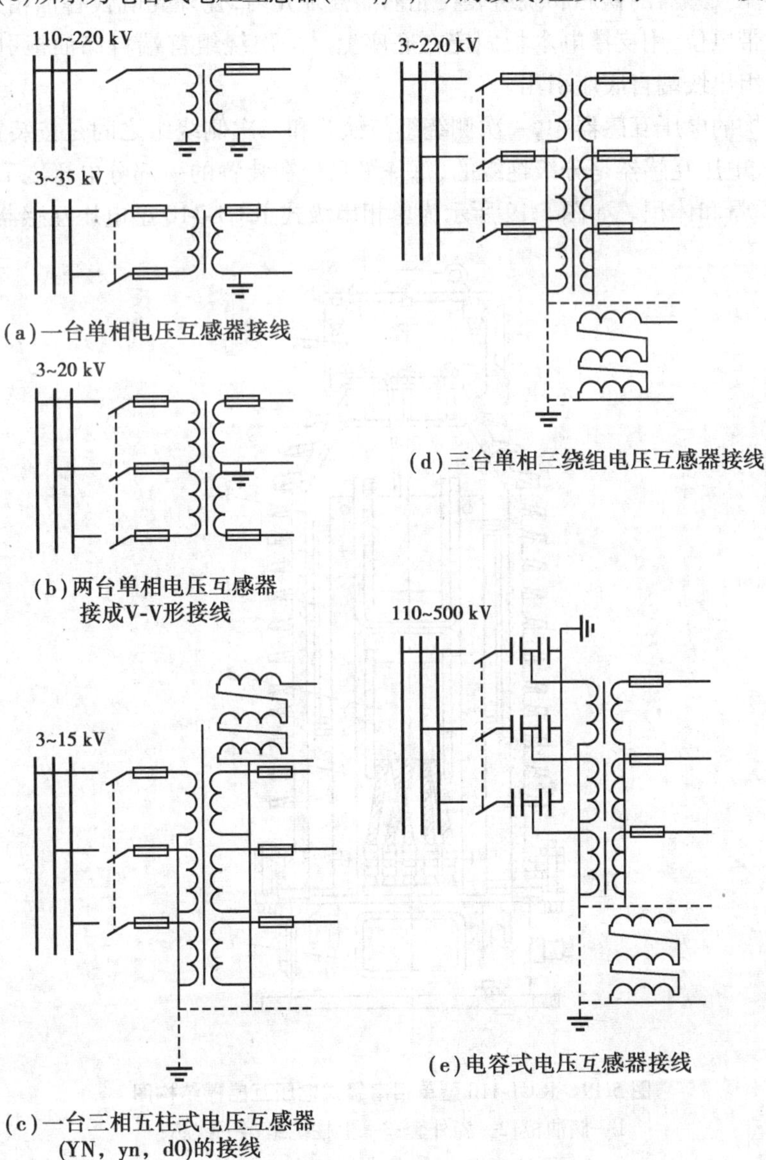

图 5.18　电压互感器常用接线方式

一般 3~35 kV 电压互感器经隔离开关和熔断器接入高压电网;在 110 kV 及以上配电装置中,考虑互感器及配电装置可靠性较高,且高压熔断器制造比较困难,价格昂贵,电压互感器只经隔离开关与电网接连;在 380/220 V 低压配电装置中,电压互感器可以直接经熔断器与电网连接,而不用隔离开关。

5.4.6 串级式电压互感器和电容式电压互感器

随着电力系统电压的增高,具有钢板油箱磁套管普通结构的电磁式电压互感器的制造十分笨重且价格昂贵。110 kV 及以上电压等级中,采用串级式电压互感器和电容式电压互感器。

(1)串级式电压互感器

1)串级式电压互感器的结构特点

串级式电压互感器的铁芯和绕组装在充油的瓷外壳内,瓷外壳既代替油箱又兼作高压磁套绝缘。铁芯带电位,用支撑电木板固定在底座上。一次绕组首端自储油柜引出,一次绕组末端和二次绕组出线端自底座引出。

在普通结构的电压互感器中,一次侧绕组与铁芯和二次侧绕组之间是按装置的全电压绝缘的,而串级式电压互感器是分级绝缘的,每一级只处在装置的一部分电压之下,节约了绝缘材料,减小了质量和体积。如图 5.19 所示为单相串级式 JCC1-110 型电压互感器的结构图。

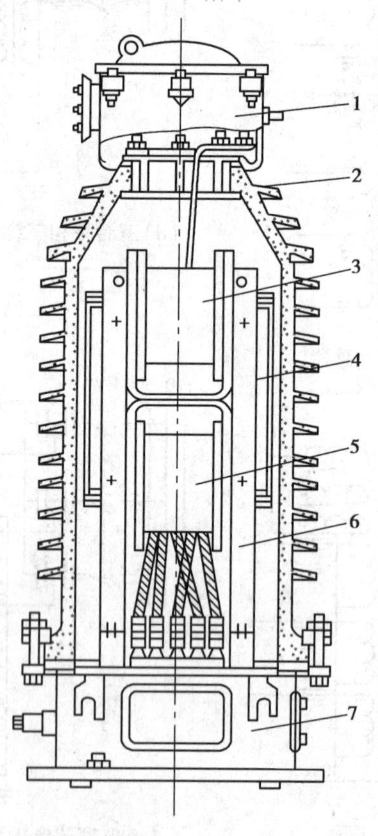

图 5.19 JCC1-110 型单相串级式电压互感器结构图

1—储油柜;2—瓷外套;3—上柱绕组;4—铁芯;

5—下柱绕组;6—支撑电木板;7—底座

2)串级式电压互感器的工作原理

110 kV 串级式电压互感器的工作原理如图 5.20 所示。其一次侧绕组被分成匝数相等的Ⅰ、Ⅱ两段,绕成圆筒式套装在上下铁芯柱上并相互串联,中间连接点与铁芯相连。基本二次侧绕组和辅助二次绕组在铁芯的下柱上。

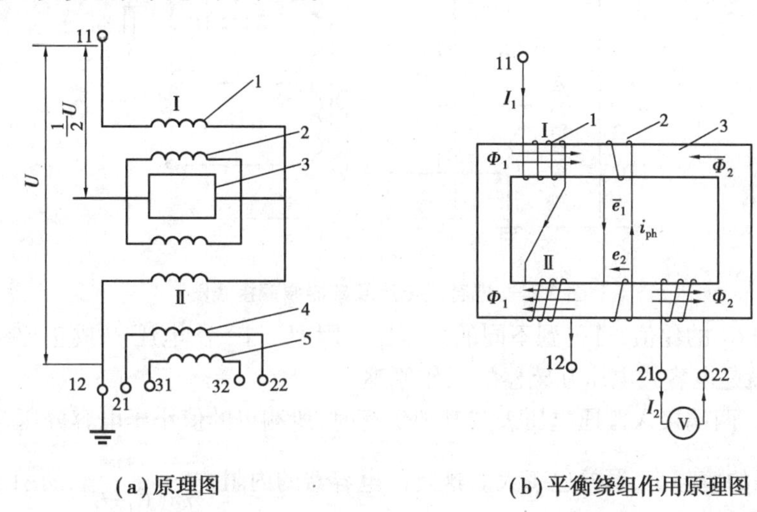

图 5.20 110 kV 串级式电压互感器的工作原理

1—一次绕组;2—平衡绕组;3—铁芯;4—二次绕组;5—辅助二次绕组

当二次绕组开路时,铁芯上下柱中磁通 Φ_1 相等,Ⅰ、Ⅱ段上电压相等,为一次侧绕组电压的 1/2。由于Ⅰ、Ⅱ段绕组的连接点与铁芯相连,因此绕组两端线匝对铁芯的绝缘只需按 $1/2U$的电压设计。普通结构的电压互感器则按全电压 U 设计。

当二次侧绕组与测量仪表等负荷接通后,二次绕组中的电流 I_2 将产生去磁磁通。二次绕组只装在下铁芯柱上,因漏磁不同,使上下铁芯柱内的合成磁通不一样,从而造成电压分布不均匀,测量结果误差较大,准确度降低。为解决此问题,在上下铁芯柱上加装匝数相等而绕向相反的平衡绕组,并接成环路,如图 5.20 所示。当上下铁芯柱内的磁通不相等时,将在平衡线圈中感应出电动势 e_1、e_2,在电动势差作用下平衡绕组中产生平衡电流 I_{ph},使磁通较多的上铁芯柱去磁,磁通较少的下铁芯柱助磁,于是铁芯上下柱中的合成磁通基本相等,一次侧绕组Ⅰ、Ⅱ段上的电压分布趋于均匀,使测量准确度提高。

(2)电容式电压互感器

如图 5.21 所示为电容式电压互感器原理接线图。电容式电压互感器实质是一个电容分压器,在被测装置和地之间有若干相同的电容器串联。

为便于分析,将电容器串分成主电容 C_1 和分压电容 C_2 两部分。设一次侧相对地电压为 U_1,则 C_2 上的电压为

$$U_{C2} = \frac{C_1}{C_1 + C_2}U_1 = KU_1 \tag{5.8}$$

其中

$$K=\frac{C_1}{C_1+C_2}$$

式中 K——分压比。

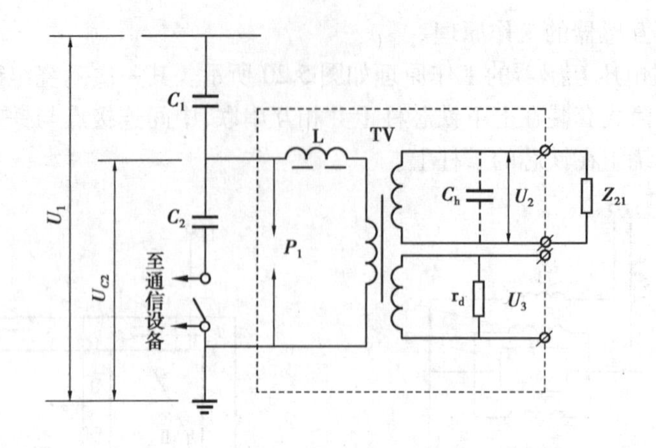

图 5.21　电容式电压互感器原理接线图

改变 C_1 和 C_2 的比值，可得到不同的分压比。因 U_{C2} 与一次电压 U_1 成正比，故测得 U_{C2} 就可得到 U_1，这就是电容式电压互感器的工作原理。

但是，当 C_2 两端接入普通电压表或其他负荷时，所测得的值小于电容分压值 U_{C2}，且负载电流越大，测得的值越小，误差也越大。这是由电容器的内阻抗 $\frac{1}{j\omega(C_1+C_2)}$ 所引起的。为减小误差，在电容分压器与二次负载间加一变压器 TV——中间变压器实际就是一台电磁式电压互感器。

中间变压器 TV 中的电感 L 是为了补偿电容器的内阻抗的，称为补偿电感。当 $\omega L=\frac{1}{\omega(C_1+C_2)}$ 时，内阻抗为零，使输出电压 U_{C2} 与二次负载无关，实际上，电感 L 中有损耗存在，接负载时仍存在误差。

在 TV 的二次侧绕组上并联一补偿电容 C_k，用来补偿 TV 的励磁电流和负载电流中的电感分量，提高负载功率因数，减少测量误差。

阻尼电阻 r_d 的作用，是防止二次侧发生短路或断路冲击时，由铁磁谐振引起的过电压。补偿电抗器 L 及中间变压器 TV 不致被过电压损坏。

电容式电压互感器与电磁式电压互感器相比，具有冲击绝缘强度高、制造简单、质量轻、体积小、成本低、运行可靠、维护方便并可兼作高频载波通信的耦合电容等优点。但是，其误差特性比电磁式电压互感器差，且输出容量较小，影响误差的因素较多。过去，电容式电压互感器的准确度不高，目前我国制造的 YDR 型电容式电压互感器，准确度已提高到 0.5 级，在 110 kV 及以上中性点直接接地系统中得到广泛应用。

5.4.7　新型互感器的发展简介

随着电力的发展，电力网已呈现出由大机组、超高压、特高压、远距离输变电的超大容量电力系统的格局。目前，数字技术几乎已经覆盖电力系统二次系统的各个领域。以往为满足电磁式、电动式仪表、继电保护和控制装置而使用的电磁式互感器，其绝缘复杂、体积大、成本高、铁芯易饱和、动态响应效果差已满足不了技术和经济、安全的要求。当前在电力系统中广泛采用的以微处理器为基础的数字式保护、测量、运行监视和控制系统，以及发电机的励磁控制装置等，不再需要较大的功率来带动，仅需要±5 V 的电压信号和 mA 或 μA 级的电流就可以了。研究和采用低功率、紧凑型电压和电流测量装置代替常规的TV、TA,将高电压、大电流变换成数字装置所需的低电压、小电流,是电力系统技术创新的重要课题。

新型互感器的研制是光电子、光纤通信和数字信号处理技术的发展和应用。新型的测量系统(即数字光电测量系统)由电压、电流变换器、数字信号处理器,以及连接它们的电缆和光缆组成。光电式互感器的原理是利用石晶材料的磁电效应和电场效应,将被测的电压、电流信号转换成光信号,经光通道传播,由接收装置进行数字化处理而进行测量,其中,电压和电流的变换是测量系统的关键,按变换原理的不同,新型电压、电流变换器可分为半常规电压及电流变换器和光电变换器两种,而后者具有发展前景。

半常规电压变换通常采用电阻或电容分压,电流变换采用带铁芯的微型TA或不带铁芯的罗柯夫斯基线圈实现。

在数字光电测量系统中,电压变换是利用石英晶体的普克尔效应测量电场强度来量测导体的对地电压;电流变换是利用石英晶体的法拉第效应,即光束通过磁场作用下的晶体产生旋转、测量光线旋转角来测量电流。

数字光电测量系统的研制在国外已进行多年,近年来研究明显加快,主要集中在性能的改进和样品的现场试验,并取得了运行经验,目前已有产品推向市场。

思考题

5.1 电流互感器和电压互感器的作用是什么?它们在一次电路中如何连接?

5.2 电流互感器和电压互感器的基本工作原理与电力变压器有什么相同的方面和不同的方面?

5.3 为什么电流互感器的二次电路在运行中不允许开路?为什么电压互感器的二次电路在运行中不允许短路?

5.4 为什么互感器会有测量误差?有哪几种误差?测量误差如何表示?测量误差都与什么因素有关?

5.5 什么是电流互感器的额定二次阻抗?什么是电压互感器的额定容量和最大容量?运行中应注意什么?

第6章 电气主接线与自用电

把发电厂和变电所中的一次设备按一定的要求和顺序连接成的电路称为电气主接线，也称主电路，又称一次接线。它把各电源送来的电能汇集起来，并分配给各用户，表明各种一次设备的数量和作用、设备间的连接方式，以及与电力系统的连接情况。电气主接线影响配电装置的布置，二次接线、继电保护及自动装置的配置等。电气主接线是发电厂和变电所电气部分的主体，对发电厂和变电所以及电力系统的安全、可靠、经济运行起着重要作用。本章从对主接线的基本要求开始，介绍主接线的基本形式、特点、适用范围以及不同发电厂和变电所电气主接线的特点。

6.1 主接线的基本要求

现代电力系统是一个巨大的严密的整体，各类发电厂和变电所，分工完成整个电力系统的发电、变电和配电任务。主接线的好坏影响发电厂、变电所和电力系统本身，同时也影响工农业生产和人民生活。发电厂和变电所的主接线必须满足可靠性、灵活性、经济性等要求。

(1)可靠性

发、供电的安全可靠，是电力生产的第一要求，主接线必须首先给予满足。电能的发、送、用必须在同一时刻进行，电力系统中任何一个环节故障，都将影响整个系统。事故停电是电力部门的损失，严重的会造成国民经济的重大损失。如炼钢厂停电 30 min，钢水就要凝固；电解铝厂停电超过 15 min，电解槽就要损坏；一台 100 MW 的发电机停电 1 h，国民经济会损失几十万元。此外，在一些部门，停电还会带来人身伤亡。重要的发电厂和变电所发生事故时，在严重的情况下可能会导致全系统事故。主接线如不能保证安全可靠地工作，发电厂和变电所就很难完成生产和输送数量、质量符合要求的电能。

主接线的可靠性并不是绝对的。同样形式的接线对某些发电厂和变电所来说是可靠的，但对另一些发电厂和变电所就不一定满足可靠性的要求。在分析主接线的可靠性时不能脱离发电厂、变电所在系统中的地位、作用及用户的负荷性质等。

衡量主接线的可靠性可以从以下 3 个方面分析：

①断路器检修时是否影响供电。

②设备和线路故障或检修时,停电线路数目的多少和停电时间的长短,以及能否保证对重要用户的供电。

③有没有使发电厂和变电所全部停止工作的可能性等。

目前,对主接线可靠性的衡量不仅可以定性分析,还可以进行定量的可靠性计算。

(2)灵活性

主接线的灵活性主要体现在正常运行或故障情况下都能迅速改变接线方式,具体情况如下:

①调度灵活、操作方便。应根据系统正常运行的需要,能方便、灵活地切除或投入线路、变压器或无功补偿装置等,使电力系统处于经济、安全的运行状态。

②检修灵活。应能方便地停运线路、变压器、开关设备等,进行安全检修或更换。复杂的接线不仅不便于操作,还会造成运行人员误操作而发生事故。但接线过于简单,既不能满足运行方式的需要,还会给运行造成不便,或造成不必要的停电。

③扩建灵活。一般发电厂和变电站都是分期建设的,从初期接线到最终接线的形成,中间要经过多次扩建。主接线设计要考虑接线过渡过程中停电范围最少,停电时间最短,一次、二次设备接线的改动最少,设备的搬迁最少或不进行设备搬迁。

④事故处理灵活。变电所内部或系统发生故障后,能迅速地隔离故障部分,尽快恢复供电,保障电网的安全稳定。

(3)经济性

主接线在保证安全可靠、操作方便的基础上,尽可能地减少与接线方式有关的投资,使发电厂和变电所尽快地发挥经济效益。

①投资省。采用简单的接线方式,少用设备,节省设备上的投资。在投产初期回路数较少时,更有条件采用设备用量较少的简化接线。另外,还可以适当地限制短路电流,以便选择轻型电器。

②年运行费用少。年运行费用包括电能损耗费,折旧费及大、小修费用等。应合理地选择设备型式和额定参数,结合工程情况恰到好处,避免以大代小、以高代低。

③占地面积小。在选择接线方式时,要考虑设备布置的占地面积大小,力求减少占地,节省配电装置征地的费用。

变电所电气主接线的可靠性、灵活性和经济性是一个综合概念,不能单独强调其中的某一特性,也不能忽略其中的某一种特性。根据变电所在系统中的地位和作用的不同,对变电所电气主接线的性能要求有不同的侧重。例如,系统中的超高压、大容量发电厂和枢纽变电所,因停电会对系统和用户造成重大损失,故对其可靠性要求特别高;系统中的中小容量发电厂和中间变电所或终端变电所,因停电对系统和用户造成的损失较小,这类变电所的数量特别大,故对其主接线的经济性要特别重视。

我国经过长期运行实践的考验,有几种典型的基本接线,目前在发电厂和变电所得到广泛应用。常用的基本接线大致可分为有母线和无母线两大类。有母线类包括单母线、双母线和一个半断路器接线等;无母线类包括桥形接线、多角形接线和单元接线。

6.2 单母线接线

(1)不分段的单母线接线

如图 6.1 所示为单母线接线。发电厂和变电所接线的基本回路是引出线(简称出线)和电源,其中,电源可以是发电机、变压器或其他电源进线。母线 WB 是引出线和电源间的中间环节,它把每一引出线和每一电源横向连接起来,使每一引出线都能从每一电源得到电能。母线的作用是汇集电能和分配电能,母线又称为汇流排。

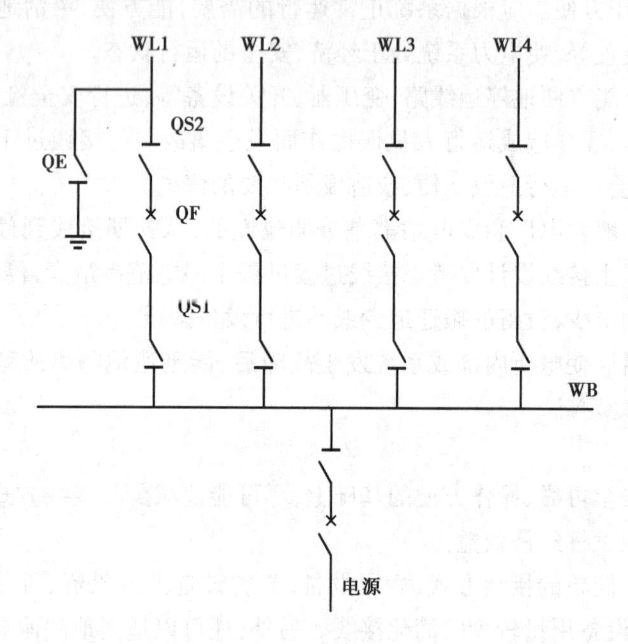

图 6.1 单母线接线

每一电源和出线回路都装有断路器 QF。在正常情况下接通或断开电路,在故障情况下自动切断故障电流。为了检修断路器,断路器两侧装有隔离开关 QS,靠近母线侧的称为母线隔离开关 QS1,出线回路中靠近线路侧的称为线路隔离开关 QS2。当用户侧没有其他电源时,线路隔离开关 QS2 可以不装。当电源回路中只要断路器断开,电源不可能再送电时,断路器与电源之间便可以不装隔离开关。接地隔离开关 QE 在检修线路时闭合,以代替安全接地线的作用。根据断路器和隔离开关的性能,电路的操作顺序为:接通电路时,应先合断路器两侧的隔离开关,再合断路器;切断电路时,应先断开断路器,再断开两侧的隔离开关。该操作顺序必须严格遵守,否则会造成误操作而发生事故。为了防止误操作,在断路器与隔离开关之间应加装闭锁装置。

单母线接线的优点是简单清晰、设备少、投资小、运行操作方便且有利于扩建,缺点是可靠性和灵活性较差,其主要缺点如下:

①当母线或任一母线隔离开关检修或发生短路故障时,各回路必须在检修和短路事故未消除之前的全部时间内停止工作。

②任一回路断路器检修,该回路要停止供电。

不分段的单母线接线一般只用在出线6~220 kV系统中只有一台发电机或一台主变压器,且出线回路数又不多的中、小型发电厂和变电所。具体适用范围如下:

①6~10 kV配电装置,出线回路数不超过5回。

②35~63 kV配电装置,出线回路数不超过3回。

③110~220 kV配电装置,出线回路数不超过2回。

为了克服母线或母线隔离开关检修或故障全部停电的缺点,提高供电可靠性,可以采取将母线分段的措施。

(2)单母线分段接线

单母线分段接线如图6.2所示,根据电源的数目和功率,用分段断路器将母线分为几段,一般为2~3段。单母线分段后,可以提高供电的可靠性和灵活性。

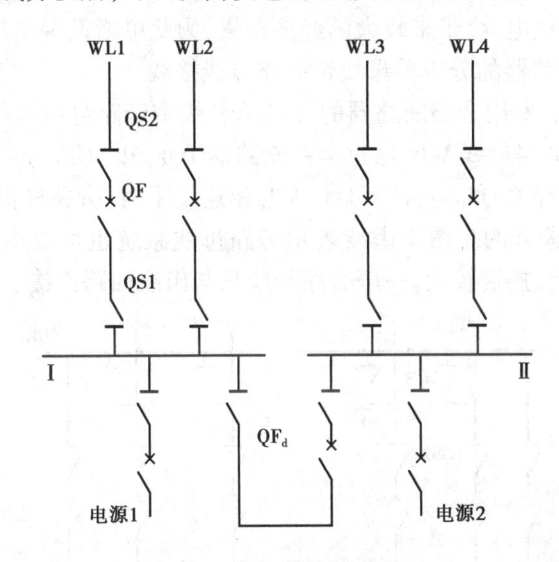

图6.2　单母线分段接线

1)单母线分段接线的正常运行方式

①分段断路器QF_d接通运行。任一段母线发生短路故障时,在继电保护的作用下,分段断路器和接在故障段上的电源回路的断路器自动分闸,这时非故障段母线可以继续工作。

②分段断路器QF_d断开运行。分段断路器除装设继电保护装置外,还应装设备用电源自动投入装置,任一电源故障,电源回路断路器自动断开,分段断路器可以自动投入,保证给全部出线供电。分段断路器断开运行时还可以起到限制短路电流的作用。

2)单母线分段接线的优点

①母线发生故障,仅故障段母线停止工作,非故障段母线可继续工作,缩小了母线故障的影响范围。

②双回路供电的重要用户,可将双回路接在不同分段上,保证对重要用户的供电。

3)单母线分段接线的缺点

①当一段母线故障或检修时,必须断开接在该分段上的全部电源和引出线,这样减少了系统的发电量,并使这段单回路供电的用户停电。

②任一出线的断路器检修时,该回线路必须停止工作。

4)适用范围

①6~10 kV 配电装置,出线回路数为 6 回及以上时,每段所接容量不宜超过 25 MW。

②35~63 kV 配电装置,出线回路数不宜超过 8 回。

③110~220 kV 配电装置,出线回路数不宜超过 4 回。

为了保证线路断路器检修时不中断对用户的供电,采用单母线分段接线时,可增设旁路母线。

(3)单母线带旁路母线的接线

断路器经过一段工作时间后,要进行检修。在前述的主接线中,当检修断路器时,将迫使用户停电,尤其电压为 35 kV 以上的线路,输送功率较大,断路器检修需用时间较长,如 110 kV少油断路器平均每年检修时间为 5 天,220 kV 少油断路器平均每年检修时间为 7 天。检修断路器时中断用户供电,会带来较大的经济损失,为此可增设旁路母线。

1)具有专用旁路断路器的分段单母线带旁路母线接线

如图 6.3 所示为具有专用旁路断路器的分段单母线带旁路母线接线。由图可知,接线中专设有旁路母线 WB_P,旁路母线 WB_P通过旁路断路器 $1QF_P$和 $2QF_P$分别与Ⅰ、Ⅱ段母线连接,每一回路装有旁路隔离开关 QS_P与旁路母线 WB_P相连。平时,旁路断路器 $1QF_P$和 $2QF_P$及各旁路隔离开关 QS_P都是断开的。图中虚线表示旁路母线系统也可以用于检修电源回路中的断路器,但这样比较复杂,投资较大,一般旁路母线只与出线回路连接。

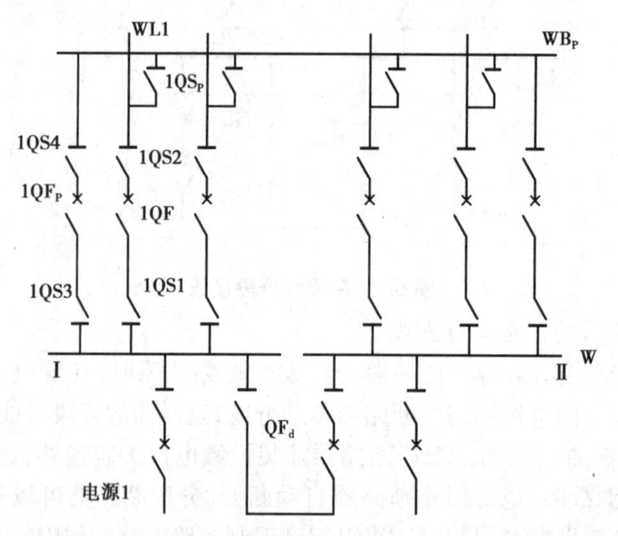

图 6.3　具有专用旁路断路器的分段单母线带旁路母线接线

旁路母线的作用是:检修任一接入旁路母线的进出线回路的断路器时,由旁路断路器代替该回路断路器工作而使该回路不停电。这也是旁路母线的主要优点。

当检修出线 WL1 回路的断路器 1QF 时,首先合上旁路断路器 $1QF_P$两侧的隔离开关,然后合上旁路断路器 $1QF_P$,检验旁路母线 WB_P有无故障,如 WB_P有故障则 $1QF_P$分闸,如 WB_P完好则 $1QF_P$不会分闸;再合上出线 WL1 的旁路隔离开关 $1QS_P$,因 $1QS_P$两端电位相等故允许合闸,然后断开断路器 1QF,断开其两侧的隔离开关 1QS2 和 1QS1,这样 $1QF_P$代替 1QF 工作,1QF 便可检修,而出线 WL1 不中断供电。

2)分段断路器兼作旁路断路器的分段单母线带旁路母线接线

为了减少投资,可不设专用旁路断路器,而用母线分段断路器 QF_d兼作旁路断路器,常用的接线如图6.4所示。

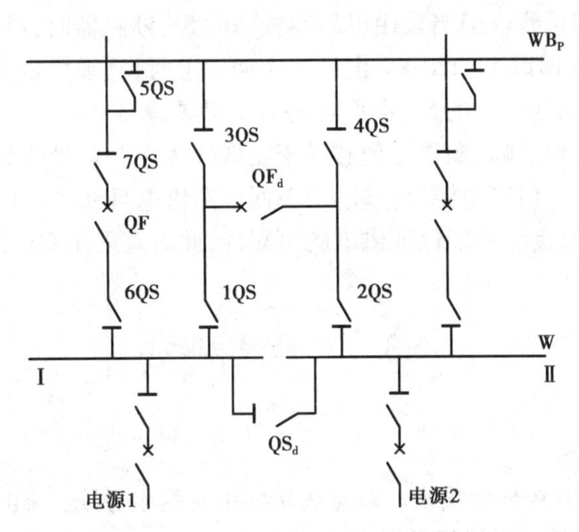

图6.4　分段断路器兼作旁路断路器的分段单母线带旁路母线接线

旁路母线可与任一段母线连接。正常工作时,旁路母线侧的隔离开关3QS、4QS断开,隔离开关1QS、2QS和断路器 QF_d接通。当检修Ⅰ段母线上的出线断路器时,利用隔离开关1QS和4QS,断路器 QF_d即可作旁路断路器使用。此时,为使Ⅰ、Ⅱ段母线并列工作,将分段隔离开关 QS_d合上。有些分段断路器 QF_d兼作旁路断路器的接线不设分段隔离开关 QS_d,其缺点是在 QF_d作旁路断路器使用时,两段母线不能并列运行。

分段兼作旁路断路器的其他接线形式如图6.5所示。其中,图6.5(a)为不装母线分段隔离开关,在用分段代替出线断路器时两分段母线分裂运行;图6.5(b)正常运行时 QF_d作分段断路器,旁路母线带电,在用分段断路器代替出线断路器时,只能从Ⅰ段供电,两段分裂运行;图6.5(c)正常运行时 QF_d作分段断路器,旁路母线带电,在用分段断路器代替出线断路器时,可以由线路原来所在段供电,两段母线分裂运行。

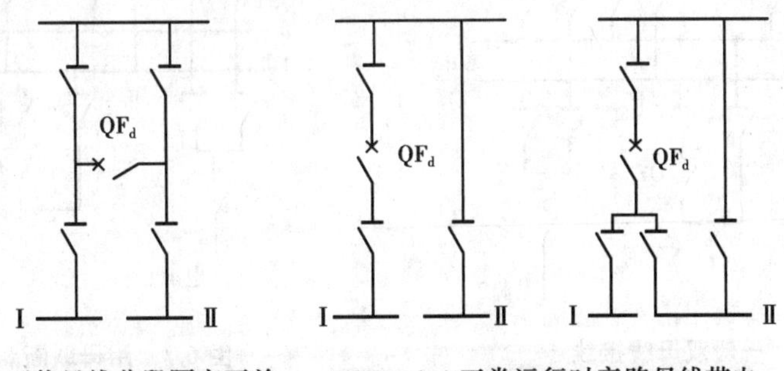

(a)不装母线分段隔离开关　(b)、(c)正常运行时旁路母线带电

图6.5　分段兼作旁路断路器的其他接线

3)分段单母线接线设置旁路母线的原则

①6~10 kV配电装置中一般不设置旁路母线,因为其负荷小,供电距离短,容易取得备用

电源，且出线大多采用电缆馈线，事故分闸次数少，断路器价格较低，检修也较方便，所以只有在不允许停电检修断路器的特殊场合下才设置旁路母线。

②35~60 kV 配电装置中采用单母线分段接线，且断路器无条件停电检修时，可设置不带专用旁路断路器的旁路母线。但当采用可靠性较高的 SF_6断路器时，可不设置旁路母线。

③110 kV 出线在 6 回以上、220 kV 出线在 4 回以上时，宜采用带专用旁路断路器的旁路母线。同样，当采用可靠性较高的 SF_6断路器时可不设置旁路母线。

单母线接线具有简单清晰、操作方便和易于发展的优点。单母线分段并设置旁路母线可以保证重要用户的供电。但当电源容量较大、单回线路供电且在系统中又无其他备用电源的用户较多时，单母线分段接线不能保证供电的可靠性，此时宜采用双母线接线。

6.3 双母线接线

(1)一般双母线接线

如图 6.6 所示为一般双母线接线。双母线接线中有两组母线：一组为工作母线；另一组为备用母线。每一电源和每一出线回路都经一台断路器和两台母线隔离开关分别与两组母线连接，这是与单母线接线的根本区别。两组母线之间通过母线联络断路器 QF_c连接。

如图 6.7 所示接线的运行方式为：母线联络断路器 QF_c断开，第Ⅰ组母线为工作母线，所有电源和出线的工作母线侧母线隔离开关接通；第Ⅱ组母线为备用母线，所有电源和出线备用母线侧母线隔离开关断开，备用母线不带电。由于双母线接线有备用母线，因此提高了接线的可靠性和灵活性。

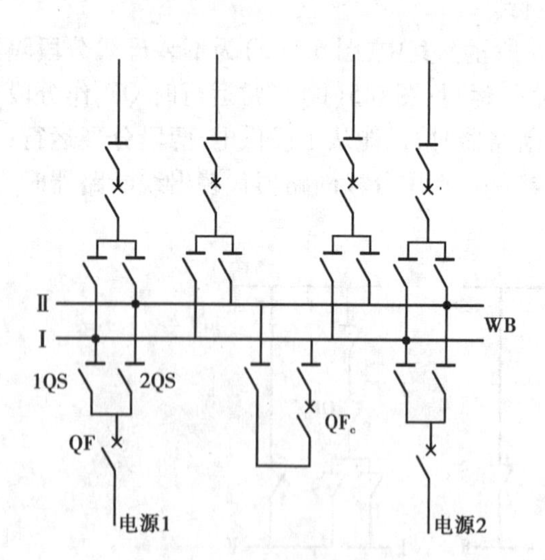

图 6.6　一般双母线接线

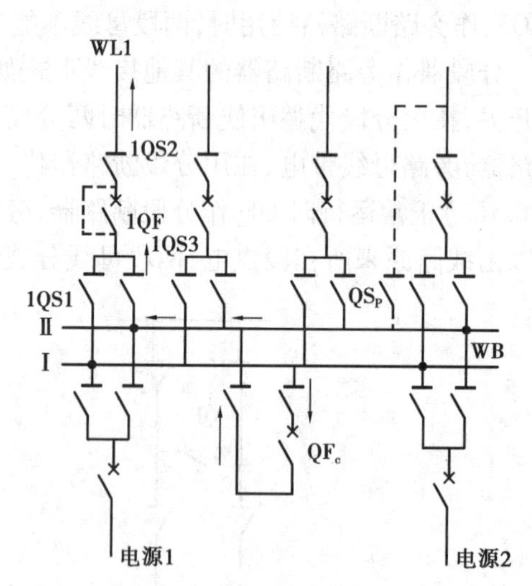

图 6.7　用母联断路器代替出线断路器时电流的途径

双母线接线的特点如下：

①检修母线时电源和出线可继续工作，不会中断对用户的供电。例如，需检修工作母线时，可将所有回路转移到备用母线上工作，这种操作称为倒母线。具体步骤如下：首先，检验

备用母线是否完好,能否使用。为此,先接通母联断路器 QF_c 两侧的隔离开关,再接通母联断路器 QF_c。如备用母线有短路故障存在,在继电保护作用下,母联断路器 QF_c 立即分闸;如备用母线是完好的,则母联断路器 QF_c 接通后不再分闸。其次,依次将备用母线侧的隔离开关合上,工作母线侧的隔离开关断开。两组母线此时电压相等,隔离开关可以分、合而不会产生电弧。最后,断开母联断路器及其两侧的隔离开关,所有回路即在第Ⅱ组母线上工作,原工作母线即可检修。由操作过程可知,任一回路均未停止工作。

②检修任一母线隔离开关时,只需断开这一回路。例如,需检修如图6.6所示接线中的母线隔离开关QS2时,首先,断开电源1回路中的断路器QF和隔离开关QS2,将电源2和全部出线转移到第Ⅰ组母线上工作。倒母线的操作步骤同上,断开母联断路器 QF_c 及其两侧的隔离开关,第Ⅱ组母线即不带电压,原来QS1为断开位置,此时QS2即完全脱离电压,便可检修。

③工作母线发生故障时,所有回路能迅速恢复工作。如工作母线发生短路故障,各电源回路的断路器自动分闸。断开各出线回路的断路器和工作母线侧的母线隔离开关,接通各回路的备用母线侧的母线隔离开关,接通各电源和出线回路的断路器,这样各回路便迅速在备用母线上恢复工作。

④在特殊需要时,可将个别回路接在备用母线上单独工作或试验,例如,某出线断路器需检修时可用母联断路器代替其工作。如图6.7所示接线,原各回路都在第Ⅰ组母线上工作,第Ⅱ组母线备用,需要检修出线WL1的断路器1QF时,其操作步骤为:首先,断开断路器1QF及其两侧的隔离开关1QS1和1QS2,将1QF两端接线拆开,并用"跨条"将缺口接通,如图6.7中1QF侧虚线所示;其次,接通隔离开关1QS2和1QS3,接通母联断路器两侧的隔离开关;最后,接通母联断路器 QF_c。这样电流即由第Ⅰ组母线经母联断路器,送至第Ⅱ组母线供给线路WL1,此时线路WL1单独在第Ⅱ组母线上工作,母联断路器代替线路WL1的断路器,线路WL1仅短时停电,并不影响其他回路。

⑤双母线接线运行方式比较灵活,母联断路器可以断开运行,一组母线工作,一组母线备用,此时运行情况相当于单母线接线。另一种运行方式是母联断路器闭合运行,双母线同时工作,一部分电源和出线在第Ⅰ组母线上工作,另一部分电源和出线在第Ⅱ组母线上工作,两组母线的功率分配均匀,此时运行情况相当于单母线分段接线。当一组母线发生故障时,只是部分电源和出线短时停电,迅速将这部分电源和出线转移到另一组母线上工作。

⑥便于扩建。双母线接线可以任意向两侧延伸扩建,不影响两组母线的电源和负荷均匀分配,扩建施工时不会引起原有回路停电。

以上均为双母线接线与单母线接线相比时的优点。但与单母线接线比较,双母线的设备增多,配电装置布置复杂,投资和占地面积增大。当母线发生故障或检修时,隔离开关作为倒换操作电器使用,容易误操作。为此,在隔离开关和断路器之间需装闭锁装置。

双母线接线目前在我国得到广泛的应用,其适用范围如下:

①6~10 kV配电装置,当短路电流较大、出线需带电抗器时。

②35~63 kV配电装置,当出线回路数超过8回或连接的电源较多、负荷较大时。

③110~220 kV配电装置,出线回路数为5回及以上或该配电装置在系统中居重要地位、出线回路数为4回及以上。

(2)双母线分段接线

为了缩小母线故障的影响范围,可将双母线中的一组分段或两组都分段。

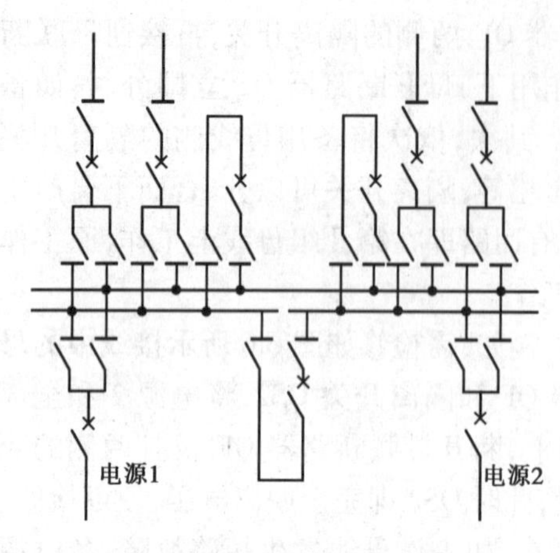

图 6.8 双母线三分段接线

1)双母线三分段接线

双母线三分段接线如图 6.8 所示。它是用分段断路器 QF_d将一般双母线中的一组母线分为两段,该接线有两种运行方式。

①上面一组母线作为备用母线,下面两段分别经一台母联断路器与备用母线相连。正常运行时,电源、线路分别接于两个分段上,分段断路器 QF_d合上,两台母联断路器均断开,相当于分段单母线运行。其具有分段单母线和一般双母线的特点,有更高的可靠性和灵活性。例如,当工作母线的任一段检修或发生故障时,可以把该段全部倒换到备用母线上,通过母联断路器维持两部分并列运行,这时,如果再发生母线故障也只影响一半左右的电源和负荷。用于发电机电压配电装置时,分段断路器两侧一般还各增加一组母线隔离开关接到备用母线上,当机组数较多时,工作母线的分段数可能超过两段。

②上面一组母线作为一个工作段,电源和负荷均分在 3 个分段上运行,母联断路器和分段断路器均合上,这种方式在一段母线发生故障时,停电范围约为 1/3。

这种接线的断路器及配电装置投资较大,用于进出线回路数较多的配电装置。

2)双母线四分段接线

双母线四分段接线如图 6.9 所示。它是用分段断路器将一般双母线中的两组母线各分为两段,并设置两台母联断路器。正常运行时,电源和线路均分在四段母线上,母联断路器和分段断路器均合上,四段母线同时运行。当任一段母线发生故障时,只有 1/4 的电源和负荷停电;当任一母联断路器或分段断路器故障时,只有 1/2 的电源和负荷停电。这种接线的断路器及配电装置投资更大,用于进出线回路数较多、电压等级较高的配电装置。

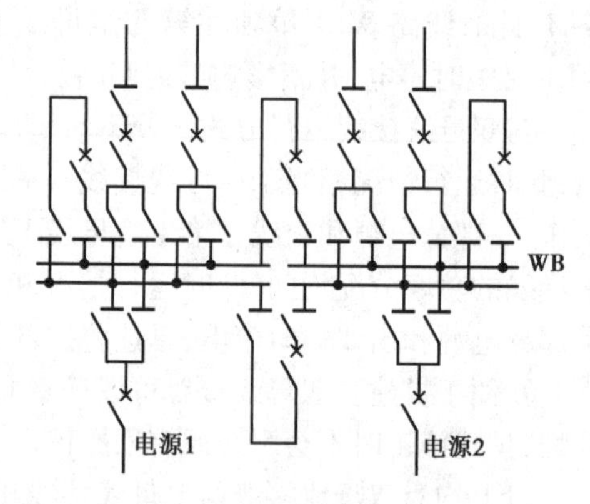

图 6.9 双母线四分段接线

双母线分段接线有较高的可靠性和灵活性,但投资增大。双母线分段接线广泛应用于大中型发电厂的发电机电压配电装置中。

(3)带旁路母线的双母线接线

双母线接线可以用母联断路器临时代替出线断路器工作,当出线数目较多时,母联断路器经常被占用,降低了双母线工作的可靠性和灵活性,为此可设置旁路母线。如图 6.10(a)所示为带旁路母线的双母线接线。为了减少断路器的数目,可不设专用的旁路断路器,用母联断路器 QF_c兼作旁路断路器,其接线如图 6.10(b)、(c)所示。如图 6.10(b)所示接线的缺点是在断路器 QF_c作母联断路器用时,旁路母线带电。如图 6.10(c)所示接线的缺点是断路器 QF_c作旁路断路器用时,只能接在一组母线上。

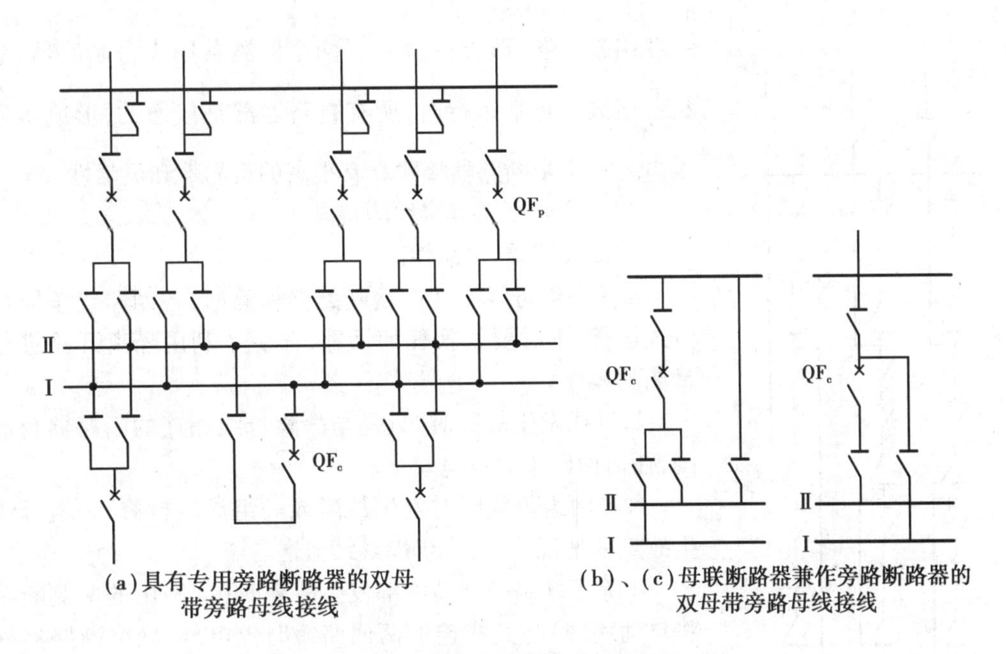

(a)具有专用旁路断路器的双母带旁路母线接线

(b)、(c)母联断路器兼作旁路断路器的双母带旁路母线接线

图 6.10　带旁路母线的双母线接线

除了一般双母线带旁路母线的接线形式外,双母线三分段或双母线四分段均有带旁路母线的接线方式。双母线四分段带旁路母线接线如图 6.11 所示,其中装设了两台母联兼作旁路断路器,即如图 6.10(c)所示的接线。

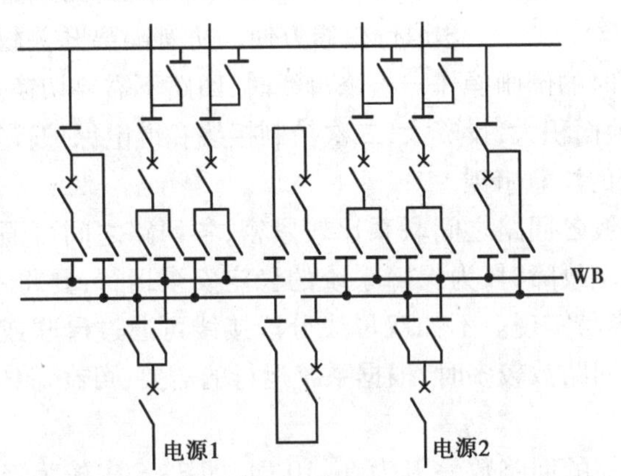

图 6.11　双母线四分段带旁路母线接线

设置旁路母线的条件与上节所述相同。当 35~60 kV 采用双母线接线时,不宜设置旁路母线,有条件时可设置旁路隔离开关,如图 6.7 虚线 QS_P 所示。110~220 kV 采用双母线分段接线时,可视具体情况设置旁路母线。

6.4　其他有母线类接线

(1)一个半断路器接线

如图 6.12 所示为一个半断路器接线。每一回路经一台断路器接至一组母线,两回路间设

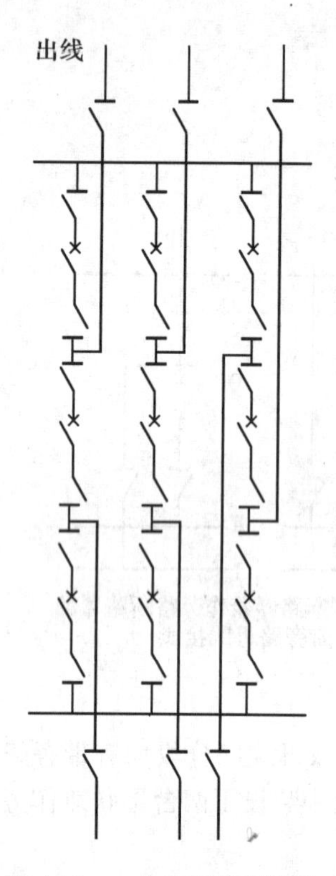

图 6.12　一个半断路器接线

一联络断路器,形成一"串"。两个回路共用 3 台断路器,故又称$\frac{3}{2}$接线。正常运行时,所有断路器都是接通的,形成多环状供电。一个半断路器接线具有很高的可靠性和灵活性。

1)一个半断路器接线的特点

①接线简单,可靠性高。

a.任一组母线或任一台断路器检修时,各回路仍按原接线方式运行,不需要切换任何回路,避免了利用隔离开关进行大量倒闸操作。

b.母线发生故障时,只是与故障母线相连的断路器自动分闸,任何回路不会停电。

c.在两组母线同时发生故障或一组母线检修,一组母线发生故障的情况下,功率仍能继续输送。

d.除了联络断路器内部发生故障时(同串中的两侧断路器将自动跳闸)与其相连的两回路短时停电外,联络断路器外部故障或其他任何断路器故障最多停一个回路。

②运行调度灵活。正常时两组母线和全部断路器投入工作,从而形成多环形供电,母线系统之间的元件可任意分配,其操作程序简单,只需操作断路器,而不需操作隔离开关。

③运行检修方便。所有隔离开关仅供检修时用,避免了将隔离开关当作操作电器时的倒闸操作。检修母线时,回路不需要切换。

④所用设备多,占地面积大,投资大,二次控制接线和继电保护较复杂。

2)选用该类型接线的注意事项

①一个半断路器接线各回路之间联系比较紧密,各回路之间可通过中间断路器、母线断路器沟通。如在系统发生故障时,为保障系统的稳定安全运行,要将系统分成几个互不连接的部分,这在接线上不容易实现。不如双母线分段接线可通过母联或分段断路器,方便地实现系统接线的分割。当回路数较多时,根据系统运行的需要,可在母线上装设分段断路器,消除上述的欠缺。

②采用一个半断路器的回路数一般为 6~10 回,即 3~5 串较为经济、合理。当少于 3 串时,在引出线的回路上要加隔离开关,这会增加配电装置的占地面积。当回路数增加时(如超过 12 回),配电装置的造价要高于双母线分段接线的造价。

③为了进一步提高一个半断路器接线的可靠性、防止同名回路(双回路或两台变压器)同时停电的缺点,可按下述原则成串配置:

a.将电源回路和负荷回路配在同一串中。

b.为防止在母线侧断路器停电检修时一回路故障同时两个元件均停电,同名的两个元件不应配在一串中。

c.对特别重要的同名回路,可考虑分别交替接入不同侧母线,即"交替布置"。这种布置可避免当一串中的中间断路器检修并发生同名回路串的母线侧断路器故障时,将配置在同侧母线的同名回路断开。由于这种同名回路同时停电的概率较小,而且一串常需占两个间隔,增加了构架和引线的复杂性,扩大了占地面积,因此在我国仅限于特别重要的同名回路。如发电厂的初期仅两个串时,才采用这种交替布置,进出线应装设隔离开关。

3)适用范围

一个半断路器接线,目前在国内已广泛用于大型发电厂和变电所的超高压配电装置中,特别重要的高压配电装置也可采用。

(2)双母线双断路器接线

双母线双断路器接线如图6.13所示。在接线中,每一回路经两台断路器分别接在两条母线上。每一回路可以方便、灵活地接在任一母线上。断路器检修和母线故障时,回路不需要停电。它具有一个半断路器接线的一些优点。当元件较多时,母线可以分段。这种接线的主要特点如下:

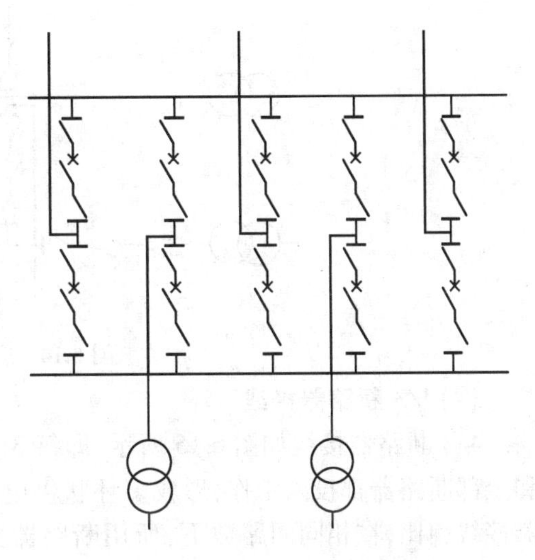

图6.13　双母线双断路器接线

①具有较高的可靠性。断路器检修、母线检修、母线隔离开关检修、母线故障时,回路均可不停电。在断路器故障时仅一回路停电。

②运行方式灵活。每一元件经两台断路器分别接在两条母线上,可根据调整系统潮流、限制短路电流、限制故障范围的需要灵活地改变接线。隔离开关不作为操作电器,处理事故、变换运行方式均用断路器,操作灵活快速、安全可靠。特别是对超高压系统中的枢纽变电所,这种灵活性有利于快速处理系统故障,增加系统的安全性。

③分期扩建方便。可经过线路—变压器组、四角形接线、母线—变压器组等接线,过渡到双母线双断路器接线。

④有利于运行维护。与一个半断路器接线相比,二次回路接线较简单,单元性强,有利于运行维护。

⑤设备投资大。在相同回路数的情况下,使用断路器数量比一个半断路器接线及双母线接线都多,采用常规设备户外布置时,配电装置造价高。如采用组合电器,减少设备占地,在地价高的地区配电装置综合造价可能降低。

(3)变压器—母线接线

变压器—母线接线如图6.14所示,考虑变压器是静止的设备,其运行可靠性较高,故障率低,切换操作的次数也少的特点,在采用双断路器接线或一个半断路器接线时,为节省投资,变压器不接在串内,而经隔离开关接到母线上。当变压器故障时,保护动作,断开各母线侧断路器。接线的回路数较多时,变压器故障要断开较多断路器(如5台),也可将变压器经一台断路器接到母线上。当变压器故障时,只断开一台断路器。

变压器台数较多的超高压变电所(如有4台变压器),可将两台变压器接在母线上,而另两台变压器接在串内。这种接线不仅可靠性、灵活性都较高,而且布置也较方便。

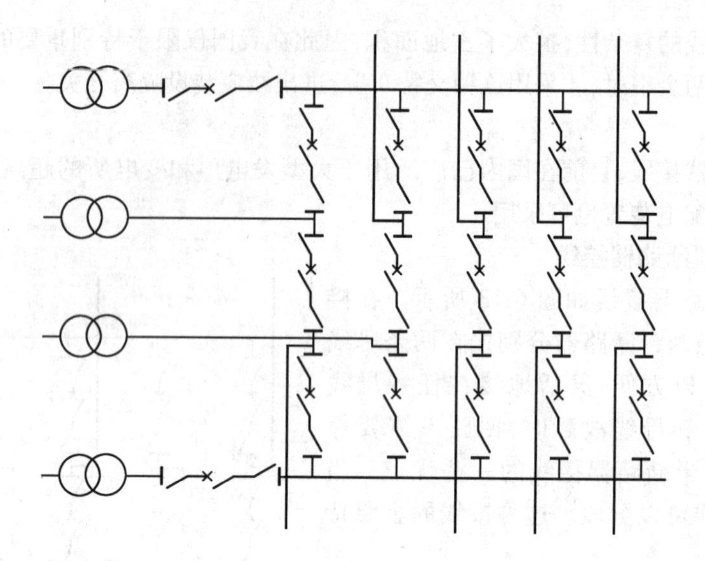

图 6.14　变压器—母线接线

(4)4/3 断路器接线

4/3 断路器接线如图 6.15 所示,即每 3 条回路共用 4 台断路器。正常运行时,两组母线和全部断路器都投入工作,形成多环状供电,其具有很高的可靠性和灵活性。与一台半断路器接线相比,在相同回路数下,所用断路器更少,投资较省,但可靠性有所降低,布置比较复杂,且要求同串的 3 个回路中,电源和负荷容量相匹配。目前仅加拿大的皮斯河叔姆水电厂采用,其他很少采用。

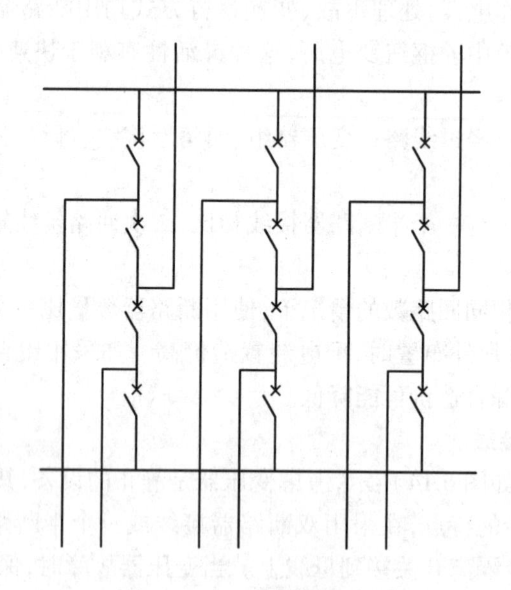

图 6.15　4/3 断路器接线

6.5　无母线类接线

无母线类接线的特点是在电源与引出线之间,或接线中各元件之间,没有母线连接。常见的有桥形接线、多角形接线和单元接线。

(1)桥形接线

当仅有两台变压器和两条线路时,采用桥形接线。桥形接线仅有3台断路器QF1、QF2和QF3,数量最少。根据桥断路器QF3的位置,桥形接线可分为内桥接线和外桥接线。

1)内桥接线

内桥接线如图6.16(a)所示,桥断路器QF3接在变压器侧,断路器QF1和QF2接在引出线上。内桥接线主要运行特点:线路投入和切除时操作方便,变压器操作比较复杂。当线路故障时,仅故障线路侧的断路器自动分闸,其余3条回路可继续工作。当变压器T1故障时,则需要QF1和QF3自动分闸,无故障线路WL1供电受影响。将隔离开关QS1断开,再接通QF1和QF3,方可恢复WL1供电。正常运行情况也是如此,如需要切除变压器T1时,必须首先断开QF1和QF3以及变压器低压侧的断路器,然后断开隔离开关QS1,再接通QF1和QF3,恢复线路WL1供电。内桥接线一般仅适用于线路较长、变压器不需要经常切换操作的情况。

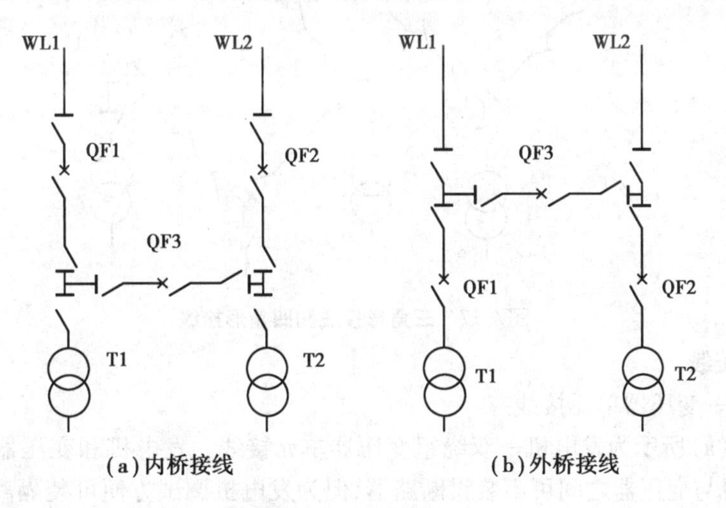

(a)内桥接线　　(b)外桥接线

图6.16　桥形接线

2)外桥接线

外桥接线是桥断路器QF3接在线路侧,QF1和QF2接在变压器回路中,如图6.16(b)所示。其运行特点与内桥接线相反,线路投入和切除时操作复杂,变压器的操作简单。例如,当线路WL1故障时,断路器QF1和QF3自动分闸,然后断开隔离开关QS2,再合上QF1和QF3后恢复供电。变压器故障时仅变压器两侧的断路器自动分闸即可。外桥接线一般适用于线路较短,变压器需要经常切换操作的情况。当系统中有穿越功率通过发电厂和变电所高压侧时,或当两回线接入环形电网时,也可采用外桥接线,这时穿越功率仅通过一台桥断路器。此时如采用内桥接线,穿越功率需通过3台断路器。其中任一台断路器故障或检修时,将影响系统穿越功率的通过或迫使环形电网开环运行。采用外桥接线时,为避免在检修桥断路器时使环形电网开环,可在桥断路器外侧加一跨条,如图 6.16(b)所示。

桥形接线简单、使用设备少、建造费用低,易于发展成为单母线接线或双母线接线。发电厂和变电所在建设初期,负荷小、出线少时,可先采用桥形接线,预留位置。当负荷增大、出线数目增多时,再发展成为单母线分段或双母线接线。

桥形接线一般仅用于中、小容量发电厂和变电所的 35~110 kV 配电装置中。

(2)多角形接线

多角形接线相当于将单母线用断路器按电源和引出线数目分段,然后连接成环形的接线。目前比较常用的有三角形和四角形接线,如图 6.17 所示。在多角形接线中,断路器数与回路数相等,且每一回路与两台断路器相连接,检修任一台断路器时不致中断供电,隔离开关仅用于检修操作。这种接线有较高的可靠性和灵活性,运行操作方便,容易实现自动控制。但在检修断路器时,接线须开环运行。多角形接线在闭环和开环运行状态时,各设备通过的电流差别很大,使设备选择困难,继电保护复杂化。此外,多角形接线不便于扩建。多角形接线多用于最终容量已确定的 110 kV 及以上的配电装置中,且不宜超过六角形,如水电厂及无扩建要求的变电所等。

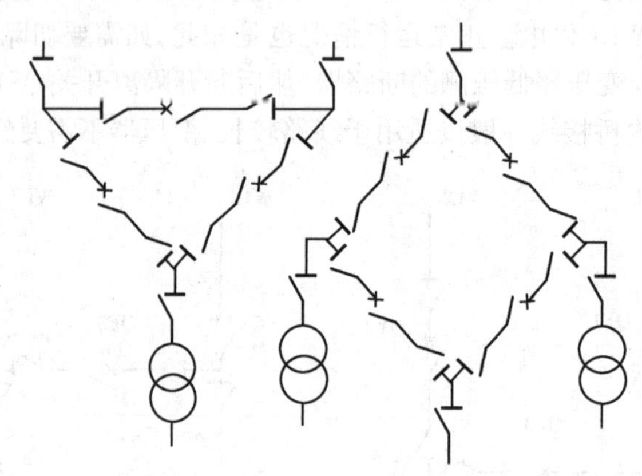

图 6.17　三角形接线和四角形接线

(3)单元接线

1)发电机—变压器单元接线

如图 6.18(a)所示为发电机—双绕组变压器单元接线。发电机和变压器容量相同、同时工作,在发电机与变压器之间可不装设断路器,但为发电机调试方便可装隔离开关。200 MW 及以上的发电机,采用分相封闭母线,不宜装隔离开关,但应有可拆连接点。

如图 6.18(b)所示为发电机—三绕组变压器单元接线。为了在发电机停止工作时,变压器高压和中压侧仍能保持联系,在发电机与变压器之间装设断路器。但对大容量机组,断路器的选择困难,而且采用分相封闭母线后安装也较复杂,目前国内极少采用这种接线。

2)扩大单元接线

为了减少变压器和断路器的台数,节省配电装置的占地面积,或者大型变压器暂时没有相应容量的发电机配套,或单机容量偏小,而发电厂与系统的连接电压又较高,考虑用一般的单元接线在经济上不合算,可以将 2 台或 4 台发电机与一台变压器连接在一起,成为扩大单元接线。如图 6.18(c)所示为发电机—变压器扩大单元接线;如图 6.18(d)所示为发电机—分裂绕组变压器扩大单元接线。

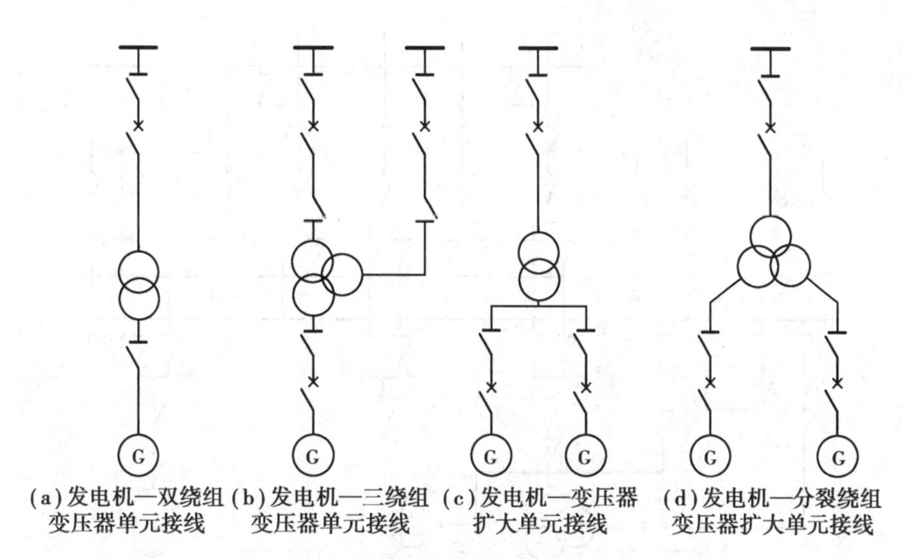

(a) 发电机—双绕组变压器单元接线　(b) 发电机—三绕组变压器单元接线　(c) 发电机—变压器扩大单元接线　(d) 发电机—分裂绕组变压器扩大单元接线

图 6.18　发电机—变压器单元接线

单元接线具有接线简单,设备少,操作简便,没有发电机电压母线,可减小发电机出口侧的短路电流等优点,目前在大容量机组的水力和火力发电厂中得到广泛应用,但电力系统中应有一定的备用容量。

6.6　发电厂电气主接线举例

发电厂的电气主接线,与发电厂的类型、容量、地理位置,以及发电厂在电力系统中的地位、作用,用户的性质及出线数目的多少,发电厂和系统的连接方式,给用户供电的电压等因素有关。需要根据发电厂的具体情况,综合考虑各种因素,经过技术经济比较后确定。

(1) 火力发电厂的电气主接线

火力发电厂的燃料主要是煤炭,所生产的电能除厂用电和直接供地方负荷使用外,其余都通过升压变压器送往电力系统。厂址的决定应从以下两个方面考虑:其一,为了减少燃料的运输,发电厂要建在动力资源较丰富的地方,如煤矿附近的矿口电厂,其电能主要以升高电压送往系统;其二,为了减少电能输送损耗,发电厂建设在城市附近或工业负荷中心,电能大部分都用发电机电压母线直接馈送给地方用户,只将剩余的电能以升高电压送往电力系统。

1) 中小型热电厂的电气主接线

目前我国的中小型发电厂,一般是指单机容量为 200 MW 及以下、总容量在 1 000 MW 以下的发电厂。这类电厂一般靠近城市或工业负荷中心,电能大部分都用发电机电压母线直接馈送给地方用户,只将剩余的电能以升高电压送往电力系统。

发电机电压侧的接线,根据发电机容量及出线多少,可采用单母线分段、双母线或双母线分段接线。为了限制短路电流,可在母线分段回路中或引出线上安装电抗器。升高电压侧应根据情况具体分析,采用适当的接线。如图 6.19 所示为某中型热电厂电气主接线,该厂有 4 台 25 MW 机组和 1 台 135MW 机组,110 kV 出线有 4 回,35 kV 出线有 4 回,10 kV 机端负荷有 20 回。

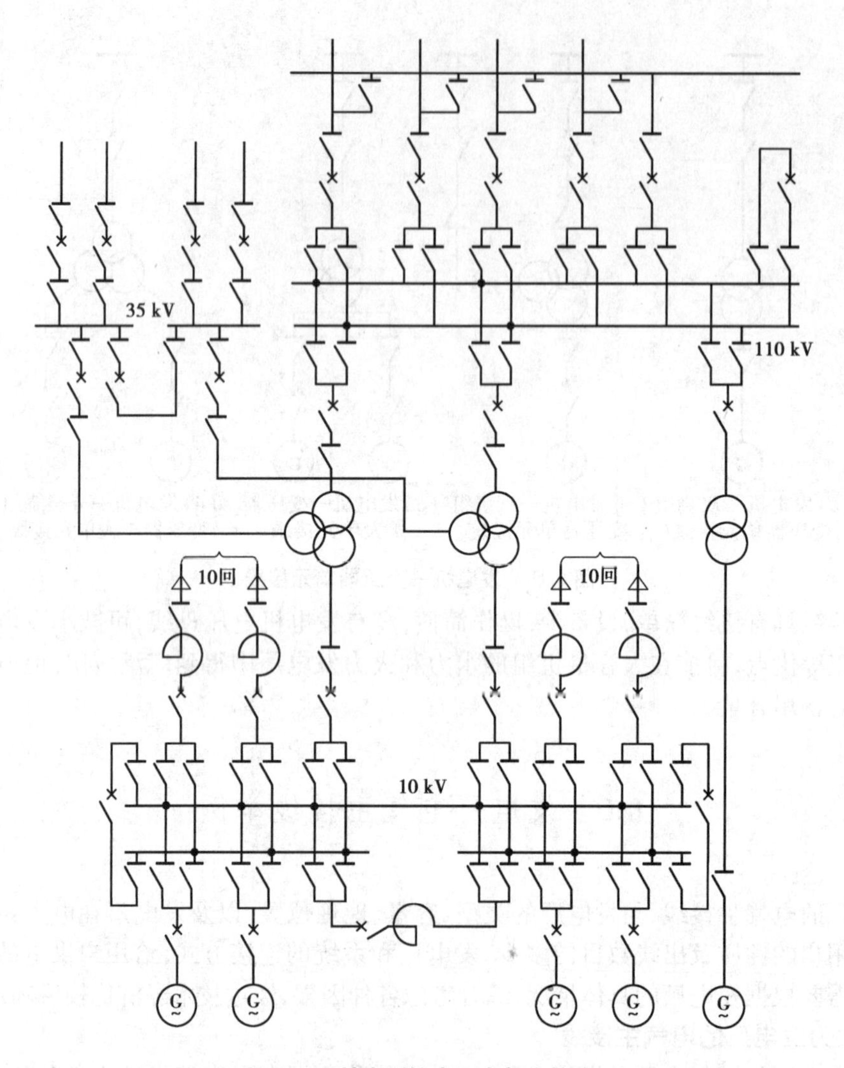

图 6.19　某中型热电厂电气主接线

该厂近区负荷比较大,生产的电能大部分通过 10 kV 馈线供给发电厂附近用户。规程规定,当容量为 25 MW 及以上时应采用双母线接线,考虑 10 kV 出线回路很多,发电机母线增设分段断路器,即实际形成三段结构可以保证对重要负荷的供电可靠性和运行灵活性等要求。

接在发电机电压母线上的发电机台数和容量,应保证满足其余全部机端负荷的供电需要(并考虑远期发展),为了限制短路电流,装有母线分段电抗器,以便能选用轻型断路器。母线分段电抗器主要用来限制发电厂内部的短路电流,正常工作时分段断路器接通,各母线分段上的负荷应分配均衡。

该厂升高电压有 35 kV 和 110 kV 两种等级,采用两台三绕组变压器,把 10 kV、35 kV 及 110 kV 三种电压的母线,相互连接起来,以提高供电的可靠性和灵活性。在正常运行时,发电机除供电给附近用户外,通过两台三绕组变压器向 35 kV 中距离负荷供电,然后将剩余功率送入 110 kV 电网。另一台机组直接接于 110 kV 母线。110 kV 采用双母线接线,正常运行时,双母线同时工作,并列运行。35 kV 侧采用单母线分段接线。

2)大型火电厂的电气主接线

大型发电厂一般是指总容量在1 000 MW及以上,安装的单机容量为200 MW以上大机组的发电厂。我国20世纪80年代以来,建成了较多的单机容量为200~1 000 MW的大型发电厂。

大型发电厂一般都建在煤炭生产基地附近,如我国山西、东北、河南等地的大型火电厂。大型发电厂一般距负荷中心较远,全部电能用110 kV以上的高压或超高压线路输送至远方,又称为区域性电厂。大型发电厂在系统中占有重要地位,担负着系统的基本负荷,其工作情况对系统影响较大,要求电气主接线要有较高的可靠性。如图6.20(a)所示为某大型火电厂的电气主接线。发电机和变压器采用最简单、最可靠的单元接线,直接接入220 kV和500 kV配电装置。220 kV侧采用带旁路母线的双母线接线,并设置专用旁路断路器。500 kV配电装置采用一个半断路器接线,用自耦变压器作为两级电压间的联络变压器,其低压绕组兼作厂用电的备用电源或起动电源。如图6.20(b)所示为另一大型火电厂较详细的主接线图(配置了互感器和避雷器)。该厂的电气主接线图与图6.20(a)大致相同,联络变压器由3台单相变压器组成,每台容量为167 MV·A。

低压侧35 kV经高压厂用启动/备用变压器降压为6.3 kV供两段备用电源。500 kV侧采用一个半断路器接线方式;220 kV侧采用带旁路母线的双母线接线方式。发电机侧均采用单元接线。

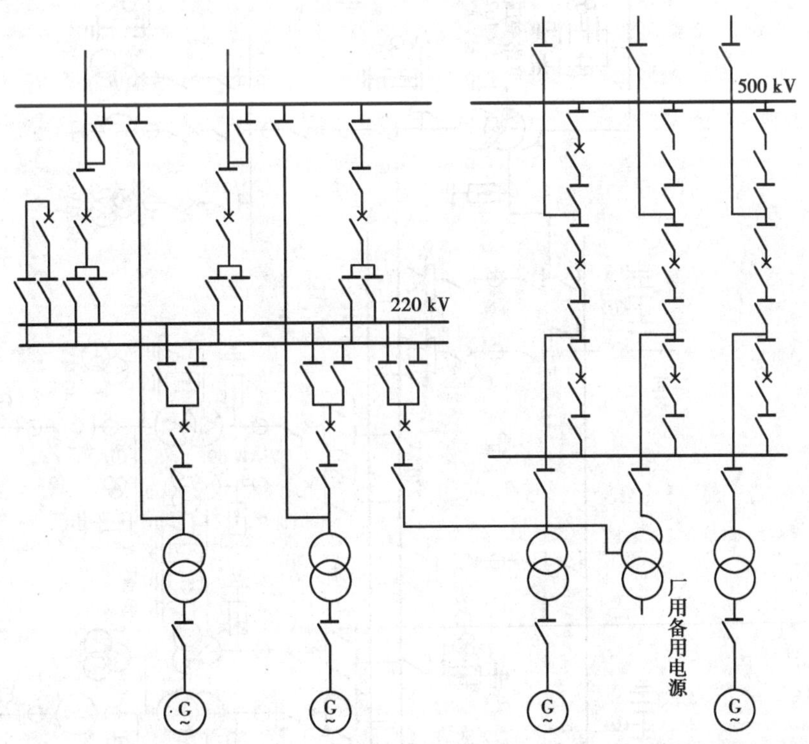

(a)某大型火电厂的电气主接线

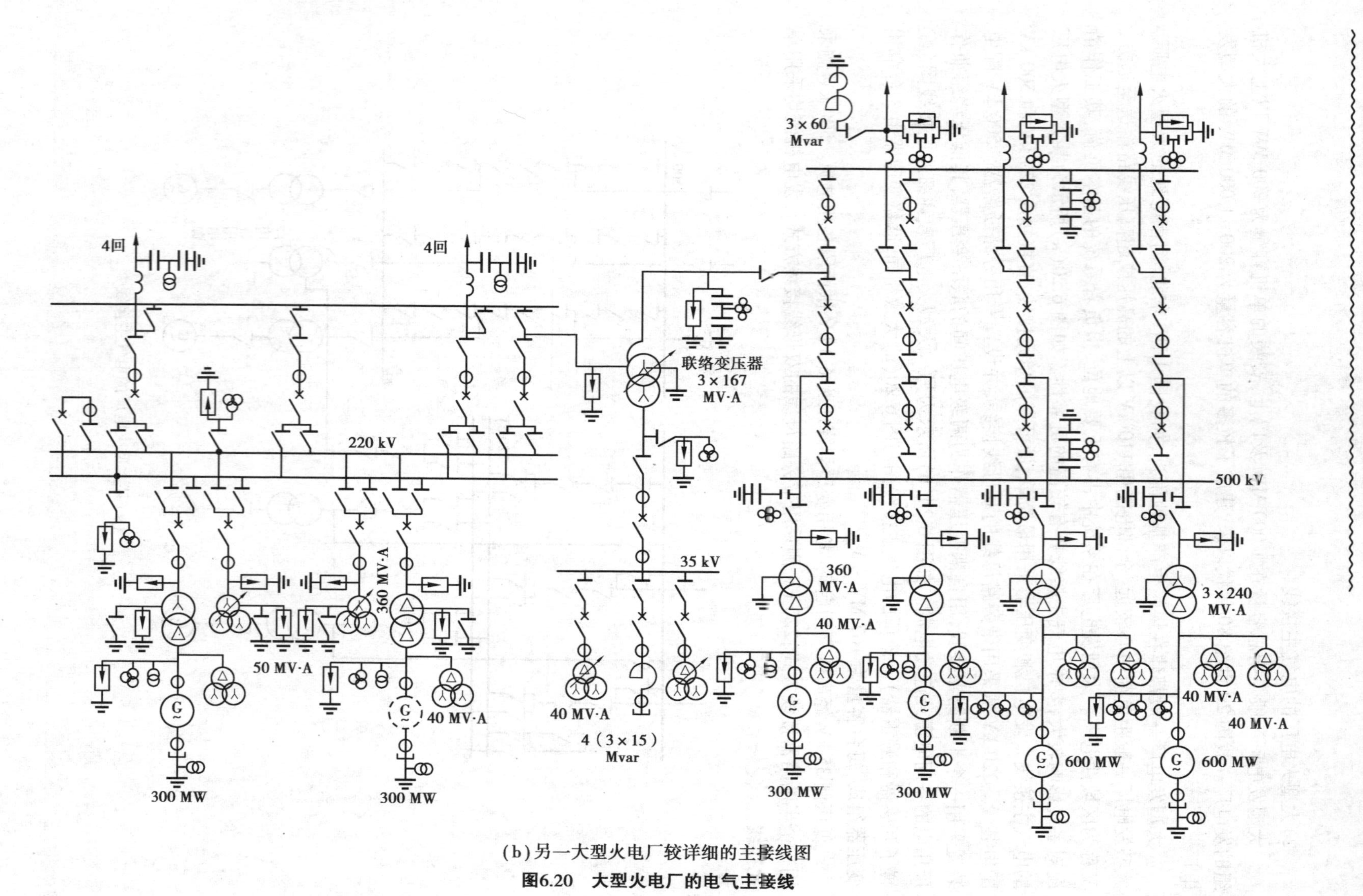

（b）另一大型火电厂较详细的主接线图

图6.20　大型火电厂的电气主接线

(2)水力发电厂的电气主接线

水力发电厂建在水力资源附近,一般距负荷中心较远,基本上没有发电机电压负荷,几乎全部电能用升高电压送入系统。发电厂的装机台数和容量是根据水能利用条件一次确定的,不考虑发展和扩建。水电厂附近一般地形复杂,为了缩小占地面积,电气主接线应尽可能地简单,使配电布置紧凑。水轮发电机组启动迅速,灵活方便,从启动到带满负荷,正常时只需4~5 min,事故情况下不到1 min。水电厂常被用作系统的事故备用和检修备用。对具有水库调节的水电厂,通常在洪水期承担系统基荷,枯水期多带尖峰负荷。很多水电厂还担负着系统的调频、调相任务。水电厂的负荷曲线变化较大、机组开停频繁、设备利用小时数相对火电厂较小,其接线应具有较好的灵活性。

根据水电厂的生产过程和设备特点,比较容易实现自动化和远动化。电气主接线应尽可能地避免采用具有烦琐倒闸操作的接线形式。

根据以上特点,水电厂的主接线常采用单元接线、扩大单元接线;当进出线回路不多时,宜采用桥形接线和多角形接线;当回路数较多时,根据电压等级、传输容量、重要程度,可采用单母线、双母线和一台半断路器接线形式。

如图6.21所示为中型水电厂的电气主接线。没有发电机电压负荷,发电机与变压器采用扩大单元接线。水电厂扩建的可能性小,其高压侧采用四角形接线,隔离开关只作为检修时隔离电压之用,容易实现自动化。大型水电厂的电气主接线与大型火电厂接线基本相同。

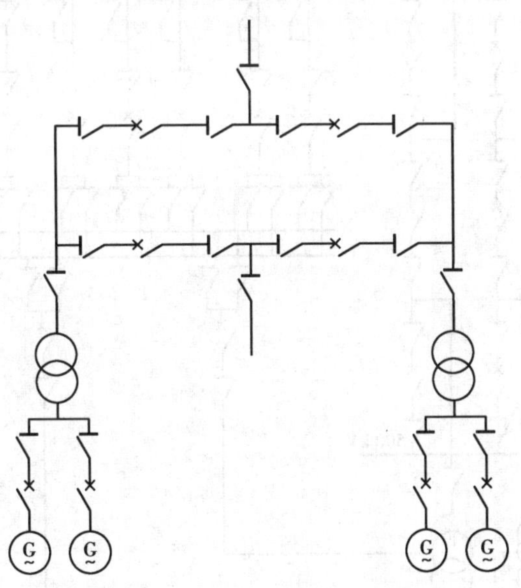

图6.21 中型水电厂的电气主接线

6.7 变电所电气主接线举例

变电所电气主接线的选择,主要取决于变电所在电力系统中的地位、作用、负荷的性质、出线数目的多少、电网的结构等。变电所变压器的台数,一般宜装设两台,当一台变压器停止工作时,另一台变压器能保证变电所70%的最大负荷,以保证对一、二类负荷供电。当变电所只有一个电源时,装设一台变压器。当变电所有3个电压等级时,一般采用三绕组变压器或自耦变器,与三绕组变压器比较,自耦变压器有电能损耗少、投资少及便于运输等优点。

(1)枢纽变电所的电气主接线

枢纽变电所在电力系统中占有重要地位,它往往是电力系统中几个大型发电厂的联络点。我国现今建设的枢纽变电所,一般为500 kV或330 kV的电压等级,出线多为电力系统的主干线和给较大区域供电的110~220 kV线路。如图6.22所示为枢纽变电所电气主接线的一例。该变电所采用两台三绕组自耦变压器。220 kV侧出线较多,采用带旁路母线的双母线接线,并设置专用旁路断路器。500 kV为一个半断路器接线。为了满足系统补偿无功负荷的要求,在自耦变压器第三绕组侧,连接无功补偿装置,另外还接有变电所自用变压器。枢纽变电所中的无功补偿装置,目前有3种:调相机;分组切、合的电容器及电抗器;由可控硅控制的电容器和电抗器组成的静止补偿装置。由于调相机造价高、损耗大、维护麻烦等缺点,而静止补偿装置具有调节性能好、电容器损耗小、年运行费用小、管理简单等优点,因此调相机将被静止补偿装置代替。

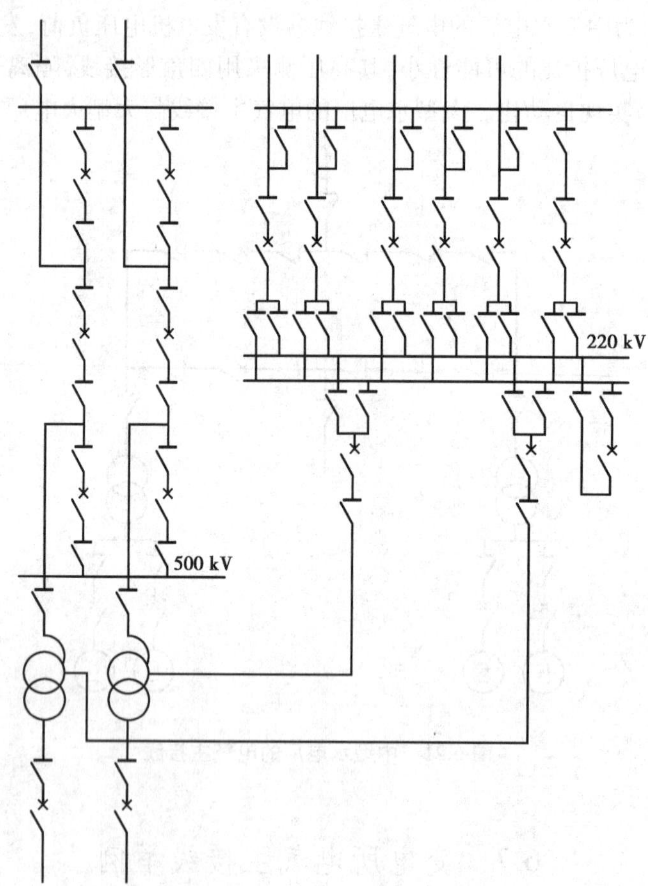

图6.22　枢纽变电所电气主接线

(2)地区变电所电气主接线

如图6.23所示为地区变电所电气主接线一例。该变电所的负荷主要是地区性负荷。变电所110 kV侧采用双母线接线,10 kV侧出线数目较多,断路器的检修机会也多,采用具有专用旁路断路器的单母分段带旁路母线接线。

(3)终端变电所电气主接线

终端变电所的容量较小,一般是给某负荷点供电。如图6.24所示为只有一台变压器的终端变电所接线,高压侧用高压熔断器保护,低压侧采用单母线接线。如变电所的低压侧没有其他电源时,在变压器与低压母线之间可不装设隔离开关和断路器。

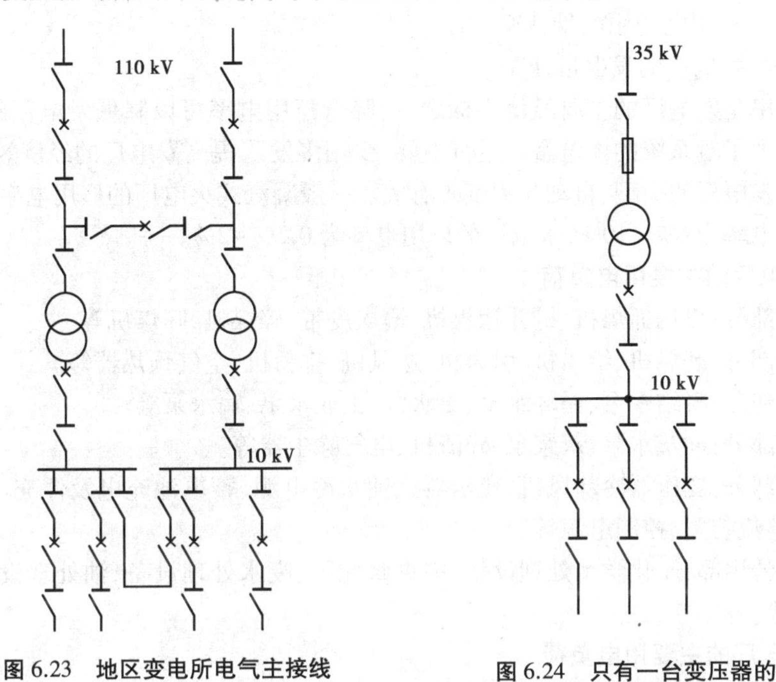

图6.23　地区变电所电气主接线

图6.24　只有一台变压器的终端变电所接线

6.8　发电厂和变电站的自用电

发电厂和变电站的自用电,是指发电厂和变电站在生产、运行过程中自身的用电,在发电厂中称为厂用电,在变电站中称为站用电。给自用电供电的电源、接线和设备必须可靠,保证发电厂和变电站的正常运行。自用电的耗电量要尽可能少,以提高发电厂和变电站运行的经济性。自用电是影响发电厂和变电站可靠、经济运行的重要因素。各类发电厂和变电站自用电的重要程度不同,其自用电接线也不同。在此重点介绍火电厂的厂用电及其接线情况。

6.8.1　发电厂的厂用电

(1)厂用电和厂用电率

在火电厂和水电厂的生产过程中,需要许多机械为主要设备和辅助设备服务,以保证发电厂的正常生产,这些机械称为厂用机械。厂用机械除极少数外(如气动给水泵),都用电动机拖动。所有厂用电动机的用电以及全厂其他方面,如运行操作、试验、修配、照明等的用电,统称为厂用电或自用电。为了维持发电厂的正常运行,必须保证厂用电的可靠性。

在一定时间内,如一月或一年内,厂用电的耗电量占发电厂总发电量的百分数,称为发电厂的厂用电率,用K_{cy}表示为

$$K_{cy}=\frac{A_{cy}}{A_{fc}}\times 100\%$$

式中 K_{cy}——厂用电率,%;

A_{cy}——厂用电的用电量,kW·h;

A_{fc}——发电厂的发电量,kW·h。

厂用电率是发电厂的主要经济指标之一,降低厂用电率可以降低发电厂的发电成本,同时相应地增大了对系统的供电量。运行中要“少用多发”,提高发电厂的经济效益。发电厂的厂用电率与发电厂的类型、自动化程度等有关。一般凝汽式火电厂的厂用电率为4%~8%,热电厂的厂用电率为8%~10%,水电厂的厂用电率为0.2%~2%。

(2)火电厂的主要用电负荷

①输煤部分:煤场抓煤机、链斗运煤机、输煤皮带、碎煤机、筛煤机等。

②锅炉部分:磨煤机、给粉机、引风机、送风机、排粉机、空气预热器等。

③汽机部分:凝结水泵、循环水泵、给水泵、工业水泵、输水泵等。

④除灰部分:冲灰水泵、灰浆泵、碎渣机、电气除尘器等。

⑤电气部分:变压器冷却风机、变压器强油水冷电源、蓄电池充电及浮充电装置、备用励磁电源、硅整流装置、控制电源等。

⑥其他公用部分:化学水处理设备、中央修配厂、废水处理设备、油处理设备、起重机、试验室、照明等。

(3)水电厂的主要用电负荷

①机组自用电部分:压油装置油泵、机组调速和轴承润滑系统用油泵、水内冷系统水泵、水轮机顶盖排水泵、漏油泵、主变压器冷却设备等。

②全厂公用电部分:厂房吊车、快速闸门启闭设备、闸门室吊车、尾水闸门吊车、蓄电池组和浮充电装置、空气压缩机、中央修配厂、滤油机、全厂照明等。

(4)厂用电负荷的分类

厂用电负荷根据其用电设备在生产中的作用,以及中断供电时对设备、人身造成的危害程度,按其重要性一般分为以下4类:

①Ⅰ类负荷。凡短时(包括手动切换恢复供电所需的时间)停电,可能影响人身和设备安全,使主设备生产停顿或发电量大量下降的负荷都属于Ⅰ类负荷,如火电厂的给水泵、凝结水泵、循环水泵、引风机、送风机、给粉机、主变压器的强油水冷电源等,以及水电厂的水轮发电机组的调速和润滑油泵、空气压缩机等。对Ⅰ类负荷,应有两个独立电源的母线供电,当一个电源失去后,另一个电源应立即自动投入。对Ⅰ类厂用电动机应保证自启动。

②Ⅱ类负荷。允许短时停电(几秒至几分钟),停电时间过长可能损坏设备或引起生产混乱的负荷都属于Ⅱ类负荷,如火电厂的工业水泵、疏水泵、灰浆泵、输煤机械和化学水处理设备等,以及水电厂的大部分厂用电负荷。对Ⅱ类负荷,应由两个独立电源供电的母线供电,一般允许采用手动切换。

③Ⅲ类负荷。长时间停电不会直接影响生产的负荷都属于Ⅲ类负荷,如中央修配厂、试验室、油处理室等的用电设备。对Ⅲ类负荷,一般由一个电源供电。

④事故保安负荷。在事故停机过程中及停机后的一段时间内，仍应保证供电，否则可能引起主要设备损坏、重要的自动控制失灵或危及人身安全的负荷称为事故保安负荷。如汽机的盘车电动机、发电机组的直流润滑油泵等。根据对电源的不同要求，事故保安负荷又分为以下3种：

a.直流保安负荷，由蓄电池组供电，如发电机的直流润滑油泵、事故照明等。

b.交流不停电保安负荷，一般由接于蓄电池组的逆变装置供电，如实时控制用计算机。

c.允许短时停电的交流保安负荷，如200 MW机组的盘车电动机。厂用电中断时，必须保证给事故保安负荷供电，大容量机组应设置事故保安负荷电源。

发电厂的类型不同，厂用电的重要程度也不相同，一般来说，水电厂的厂用电不如火电厂重要。不同的技术条件对厂用电的供电提出了不同的要求，如超高压高温蒸汽的火电厂、采用新型冷却方式的大容量发电机组。采用计算机控制及全盘自动化和远动化时，对厂用电的供电质量和可靠性有更严格的要求。

为了保证厂用电的可靠性和经济性，一方面要正确地选择厂用电电源、电压、供电的接线方式、厂用电动机和继电保护等；另一方面在运行中必须正确使用和科学管理。

6.8.2　发电厂的厂用电接线

(1)厂用供电电压的确定

发电厂的厂用电负荷主要是电动机和照明。给厂用负荷供电的电压主要取决于厂用负荷的电压、供电网络、发电机组的容量和额定电压等因素。

目前生产的电动机，电压为380 V时，额定功率在200 kW以下；3～6 kV时，最小额定功率分别为75 kW和200 kW；1 000 kW及以上的电动机，电压一般为6 kV或10 kV。同功率的电动机，一般当电压高时，尺寸和质量大，价格高，效率低，功率因数也低。但从供电网各方面来看，电压高时可以减小供电电缆的截面，减少变压器和线路等元件的电能损耗，使运行费用减小。发电厂中厂用电动机的功率范围很大，可从几千瓦到几兆瓦。发电容量越大，所需厂用电动机的功率也越大，选用一种电压等级的电动机，往往不能满足要求。

经过综合比较，为了给厂用电动机和照明供电，厂用电供电电压一般选用高压和低压两级。我国有关规程规定，火电厂可采用3 kV、6 kV、10 kV作为高压厂用电的电压。当发电机单机容量为60 MW及以下、发电机电压为10.5 kV时，可采用3 kV；容量为100～300 MW的机组，宜采用6 kV；容量为300 MW以上的机组，当技术经济合理时，可采用两种高压厂用电电压。

火电厂低压厂用电电压，动力宜采用380 V，照明采用220 V。200 MW及以上的机组，主厂房内的低压厂用电系统应采用动力与照明分开供电的方式。其他可采用动力和照明共用的380/220 V网络供电。

低压厂用电系统中性点宜采用高电阻接地方式，以三相三线制供电，也可采用动力和照明网络共用的中性点直接接地方式。

当厂用电压为6 kV时，200 kW以上的电动机宜用6 kV，200 kW以下宜用380 V。当厂用电压为3 kV时，100 kW以上的电动机宜用3 kV，100 kW以下宜用380 V。

对水电厂，水轮发电机组辅助设备使用的电动机功率不大，一般只用380/220 V一级电压，采用动力和照明共用的三相四线制系统供电。但坝区和水利枢纽，距厂区较远，有些大型机械需要另设专用变压器,可由 6~10 kV 供电。

当发电机额定电压与厂用高压一致时,可由发电机出口或发电机电压母线直接引线取得厂用高压。为了限制短路电流,引线上可加装电抗器。当发电机额定电压高于厂用高压时,则用高压厂用降压变压器,简称高厂变,取得厂用高压。380/220 V 厂用低压,则用低压厂用降压变压器取得。

(2)厂用母线接线方式

发电厂的厂用电系统,通常采用单母线接线。在火电厂中,因为锅炉的辅助设备多、容量大,所以高压厂用母线都按锅炉台数分段。凡属同一台锅炉的厂用电动机,都接在同一段母线上。与锅炉同组的汽轮机的厂用电动机,一般也接在该段母线上。但当每台汽轮机组有两台循环水泵和两台凝结水泵时,其中一台纯属备用,允许分别接在不同分段上。锅炉容量为 400~1 000 t/h 时,每台锅炉应由两段母线供电,并将相同两套辅助设备的电动机分别接在两段母线上。锅炉容量为 1 000 t/h 以上时,每一种高压厂用的母线应为两段。

厂用母线按锅炉分段的优点:

①当一段母线故障时,仅影响一台锅炉运行。

②锅炉的辅助机械可与锅炉同时检修。

③因各段母线分开运行,故可限制厂用电路内的短路电流。

低压厂用母线,当锅炉容量在 230 t/h 及以下时,一般也按机炉数对应分段,并用隔离开关将母线分为两段;锅炉容量在 400 t/h 及以上时,每台锅炉一般由两段母线供电,两段母线可由同一台变压器供电。锅炉容量为 1 000 t/h 时,每段母线可由一台变压器供电。

当公用负荷较多、容量又较大时,如果采用集中供电方式合理,可设置公用母线段,但应保证重要公用负荷的供电可靠性。

厂用接线为单母线接线时,高压采用成套配电装置,低压采用配电盘,这样不仅工作可靠,运行维护也比较方便。

(3)厂用供电电源及其引接方式

发电厂的厂用电电源必须供电可靠,除有正常工作电源外,应设有备用电源或启动电源。对机组容量在 200 MW 及以上的发电厂,还应设置交流事故保安电源,以满足厂用电系统在各种工作状态下的要求。

1)工作电源及其引接方式

工作电源是保证各段厂用母线正常工作的电源。它不但要保证供电的可靠性,还要满足该段厂用负荷功率和电压的要求。发电厂都接入电力系统运行,厂用高压工作电源广泛采用发电机电压回路引接的方式。这种引接方式的优点是,在发电机组全部停止运行时,仍能从电力系统取得厂用电源,并且操作简单,费用较低。

厂用高压工作电源从发电机回路引接的方式,与发电厂主接线的情况有关。具体情况如下:

①当有发电机电压母线时,由各段母线引接,如图 6.25(a)、(b)所示。

②当发电机和主变压器采用单元接线时,厂用工作电源可从主变压器低压侧引接,如图 6.25(c)所示。

③当发电机和主变压器采用扩大单元接线时,厂用工作电源可从发电机出口或主变压器低压侧引接,如图 6.25(d)中的实线或虚线所示。

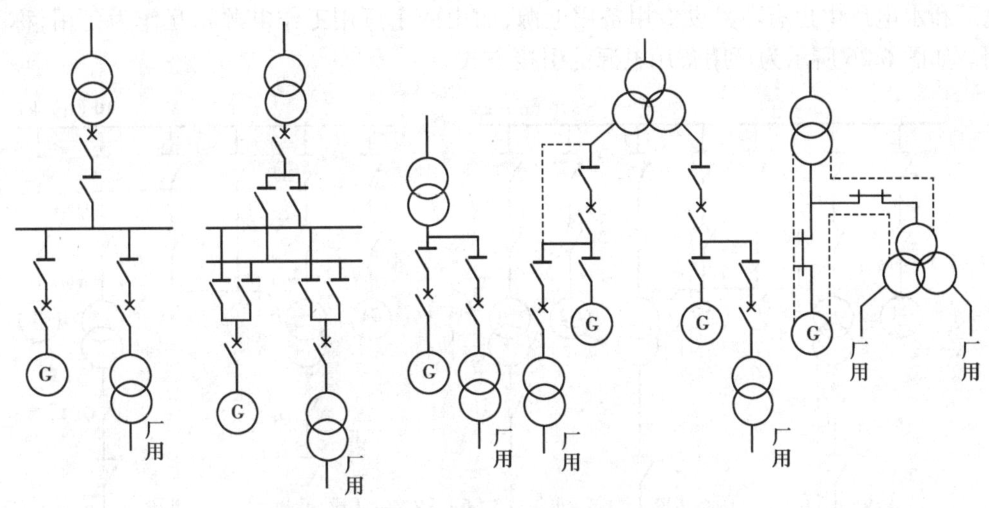

图6.25　厂用工作电源的引接方式

厂用工作电源分支上一般应装设断路器，当机组容量较大时，断路器的开断能力不足，往往选不到合适的断路器。此时，可用负荷开关或用断路器只断开负荷电流，不断开短路电流来代替，也可用隔离开关或可拆连接片代替，此时工作电源回路故障时需停机。对容量为200 MW及以上的发电机组，当厂用分支采用分相封闭母线时，故障机会较少，可不装断路器，但应有可拆连接点，以便于检修或试验，如图6.25(e)所示。

厂用低压工作电源由厂用高压母线段引接到厂用低压变压器取得。小容量发电厂也可从发电机电压母线或发电机出口直接引接到厂用低压变压器取得。

2)备用电源或启动电源及其引接方式

备用电源是指在事故情况下失去工作电源时，保证给厂用电供电的电源。要求备用电源供电应可靠，并有足够大的容量。

启动电源是指在厂用工作电源完全消失的情况下，保证使机组快速启动时向必需的辅助设备供电的电源。启动电源实质上是一个备用电源，对供电的可靠性要求更高。目前我国仅在200 MW及以上大容量机组的发电厂中，为了机组的安全和厂用电的可靠，才设置厂用启动电源，并兼作厂用备用电源。125 MW及以下机组的厂用备用电源兼作启动电源。

高压厂用备用电源或启动电源，可采用下列引接方式：

①当有发电机电压母线时，由该母线引接一个备用电源。

②当无发电机电压母线时，由升高电源母线中电源可靠的最低一级电压母线或由联络变压器的低压绕组引接，并能保证在全厂停电的情况下，从外部电力系统取得足够的电源。

③当技术经济合理时，可由外部电网引接专用线路供给。

低压厂用备用电源，一般从高压厂用母线的不同分段上引接，经专门的厂用低压备用变压器获得厂用低压备用电源，但应尽量避免同低压厂用工作变压器接在同一段高压厂用母线上。

火电厂中一般均装设专门的备用电源，称为明备用。此类备用电源在正常情况下不工作或只带少量的公用负荷，而当某一工作电源失去时，它就能自动投入并完全代替。但在小型火电厂和水电厂中也有不另设专用备用电源,而由两个厂用工作电源相互作为备用,称为暗备用。如图 6.26 所示为厂用备用电源的引接方式。

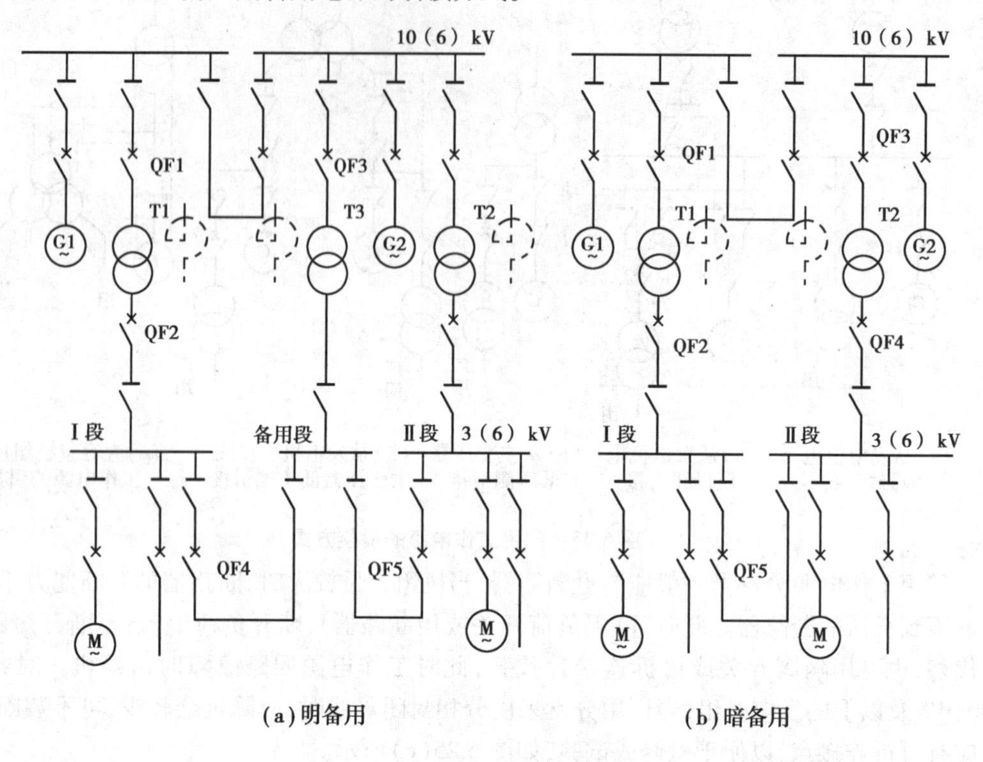

图 6.26　厂用备用电源的引接方式

在火力发电厂中,高、低压备用电源的数量与发电厂装机台数、单机容量、主接线形式及控制方式等因素有关,一般按表 6.1 原则配置。

表 6.1　发电厂备用厂用变压器台数配置原则

电厂类型	厂用高压变压器	厂用低压变压器
100 MW 及以下机组	6 台以下设 1 台备用 6 台及以上设 2 台备用	8 台以下设 1 台备用 8 台及以上设 2 台备用
100~125 MW 机组	5 台以下设 1 台备用 5 台及以上设 2 台备用	8 台以下设 1 台备用 8 台及以上设 2 台备用
200~300 MW 机组	每 2 台设 1 台备用	200 MW 机组,每 2 台设 1 台备用 300 MW 机组,每台设 1 台备用
600 MW 机组	每 2 台设 1 台或 2 台备用	每台设 1 台备用

当工作电源断开或厂用电压降低时,厂用母线上电动机的转速即下降,甚至停止运行。但惯性原因使转速下降有一惰行过程,电动机不会立即停转。若失去电压后,电动机不与厂用母线断开,经过很短的时间,一般为 0.5~1.5 s,厂用电压又恢复或备用电源自动投入,此时

电动机还在惰行过程中，电动机便会自动启动恢复到稳定运行状态，这一过程称为电动机的自启动。自启动过程中会出现两个方面的问题：一是同时参加自启动的电动机数目多，很大的启动电流在厂用变压器和线路等元件中引起电压降，使厂用母线电压大大降低，危及厂用电系统的稳定运行；二是厂用母线电压降低，使电动机启动过程时间增长，电动机绕组发热，影响电动机的寿命和安全。

电动机的转矩与外加电压的二次方成正比。自启动时厂用母线电压越低，越不利于电动机自启动。当自启动时厂用高压母线电压低于额定电压的 60%～70%，低压母线电压低于额定电压的 55%～60%时，便不能保证电动机自启动。同时，参加自启动电动机总的启动电流越大，厂用变压器的阻抗越大，厂用母线电压就越低。为了保证使 I 类厂用负荷重要电动机能自启动，一般采用的方法是限制同时参加自启动电动机的台数，即对不重要电动机加装低电压保护装置，先断开，不参加自启动；对重要的电动机，加装低电压保护和自动重合闸装置，分批自启动，这样便改善了重要电动机的自启动条件。

3）交流事故保安电源及其引接方式

对 200 MW 及以上的发电机组，当厂用电源完全消失时，为确保在事故状态下能安全停机，应设置交流事故保安电源，并能自动投入，保证事故保安负荷用电。交流事故保安电源宜采用快速启动的柴油发电机组，或由外部引来可靠的交流电源，此外，还应设置交流不停电电源。交流不停电电源，宜采用接于直流母线上的电动发电机组或静态逆变装置。如图 6.27 为交流事故保安电源接线示意图。

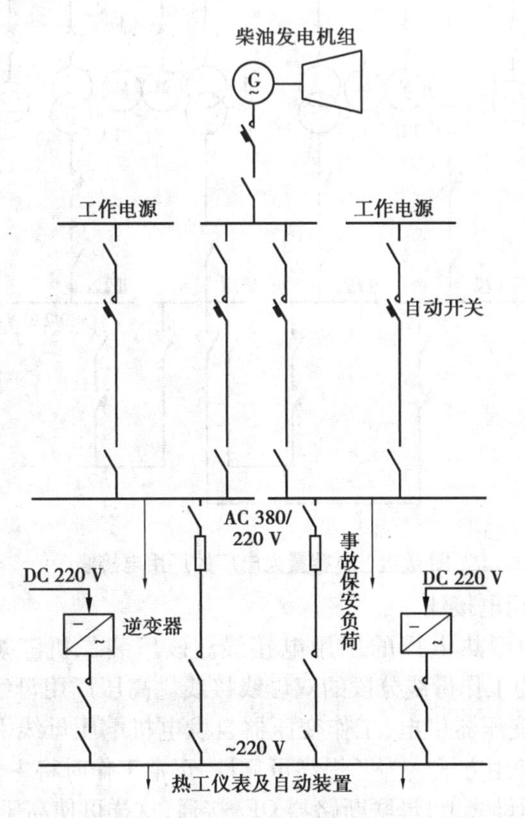

图 6.27　交流事故保安电源的引接方式

(4)发电厂厂用电接线举例

发电厂的厂用电接线,主要取决于发电厂的类型、容量以及发电厂在系统中的地位。以下举例说明几种发电厂厂用电接线。

1)小容量火力发电厂的厂用电接线

如图 6.28 所示为小容量火力发电厂的厂用电接线。该厂装二机三炉,其中一台锅炉备用。因机组的容量不大,大功率的厂用电动机数量很少,故没有高压厂用母线。大功率的厂用电动机 M 直接由发电机电压母线供电。小功率的厂用电动机及照明由 380/220 V 电压母线供电。380/220 V 低压厂用母线,按锅炉台数分为 3 段,每段母线由一台厂用工作变压器 T1 或 T2、T3 供电,接自发电机电压母线。专设一台厂用备用变压器 T4,采用明备用方式。

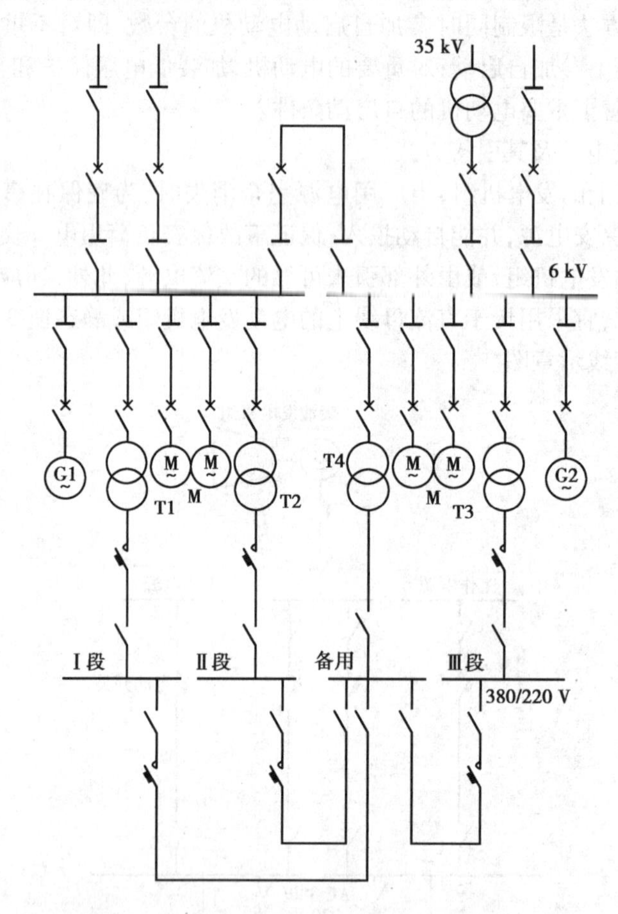

图 6.28　小容量火电厂的厂用电接线

2)中型热电厂的厂用电接线

如图 6.29 所示为中型热电厂的厂用电接线。该厂装二机三炉。发电机额定电压为 10.5 kV,发电机电压侧为工作母线分段的双母线接线。高压厂用母线按锅炉台数分为 3 段,每段各由一台厂用工作变压器供电,工作变压器自发电机电压母线引接,专设一台高压厂用备用变压器 T6,采用明备用方式。为了提高可靠性,正常工作时将主变压器 T2 和高压厂用备用变压器 T6 都接在备用母线上,母联断路器 QF_c 接通,这样可使高压厂用备用变压器与系统联系更加紧密。

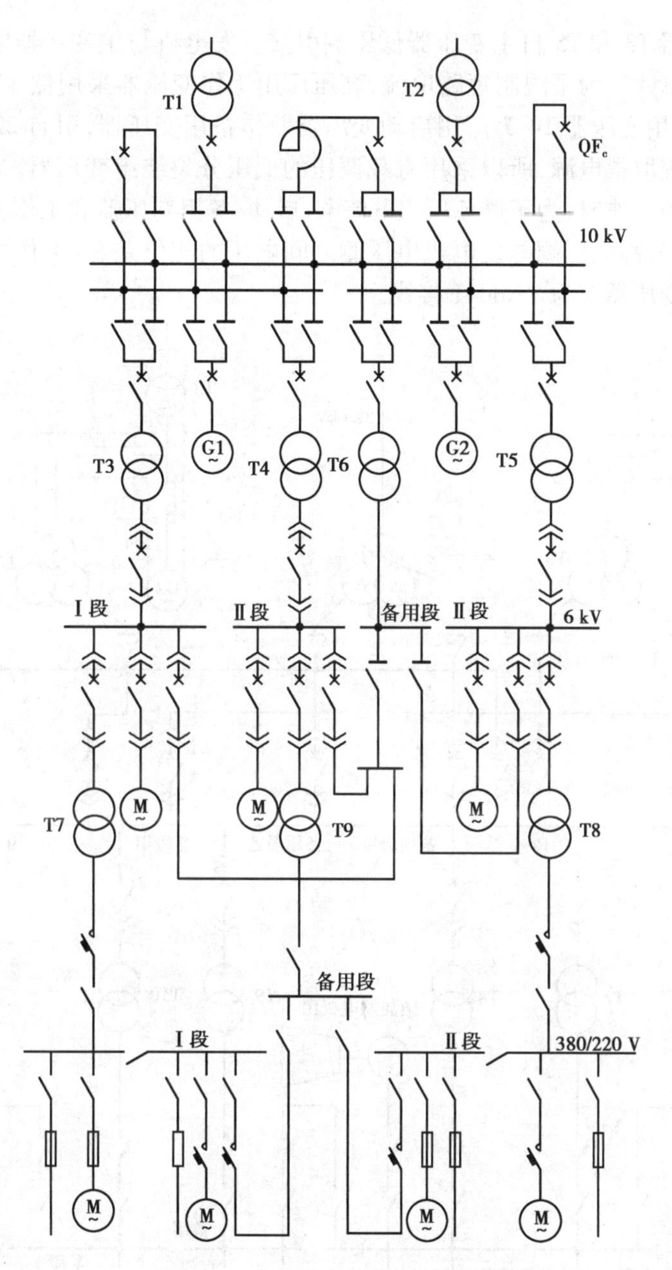

图6.29　中型热电厂的厂用电接线

低压厂用母线按机组台数分为两段，各由T7、T8供电，每段母线用断路器分为两个半段。T9为低压厂用备用变压器。

厂用电动机的供电方式有两种：个别供电和成组供电。5.5 kW及以上的Ⅰ类厂用负荷的电动机，以及45 kW以上的Ⅱ、Ⅲ类厂用负荷重要机械的电动机采用个别供电方式，如图6.29所示中厂用母线上所接电动机；小功率的厂用电动机，或距厂用配电装置较远的车间，如中央水泵房，采用成组供电的方式，即用线路自厂用母线送至车间专用盘，由车间专用盘再引至各电动机。

3）大机组区域火电厂的厂用电接线

如图6.30所示为大机组区域火电厂的厂用电接线。发电机与主变压器采用单元接线，高压厂用工作变压器 T3 和 T5 自主变压器低压侧引接。发电机与主变压器之间以及厂用分支均采用分相封闭母线。为了限制短路电流,高压厂用工作变压器采用低压分裂绕组变压器。高压厂用启动/备用变压器 T4 为厂用启动变压器兼作备用变压器,引自 220 kV 母线。因为工作时必须从系统取得电源,所以采用有载调压的低压分裂绕组变压器。在启动/备用变压器代替工作变压器工作时,为了避免厂用电停电,启动/备用变压器和工作变压器有短时间并联工作,为了补偿升高电压侧与发电机电压侧之间电压的相位差,当工作变压器为 Yyy12 接线时,启动/备用变压器应为 YNdd11 接线。

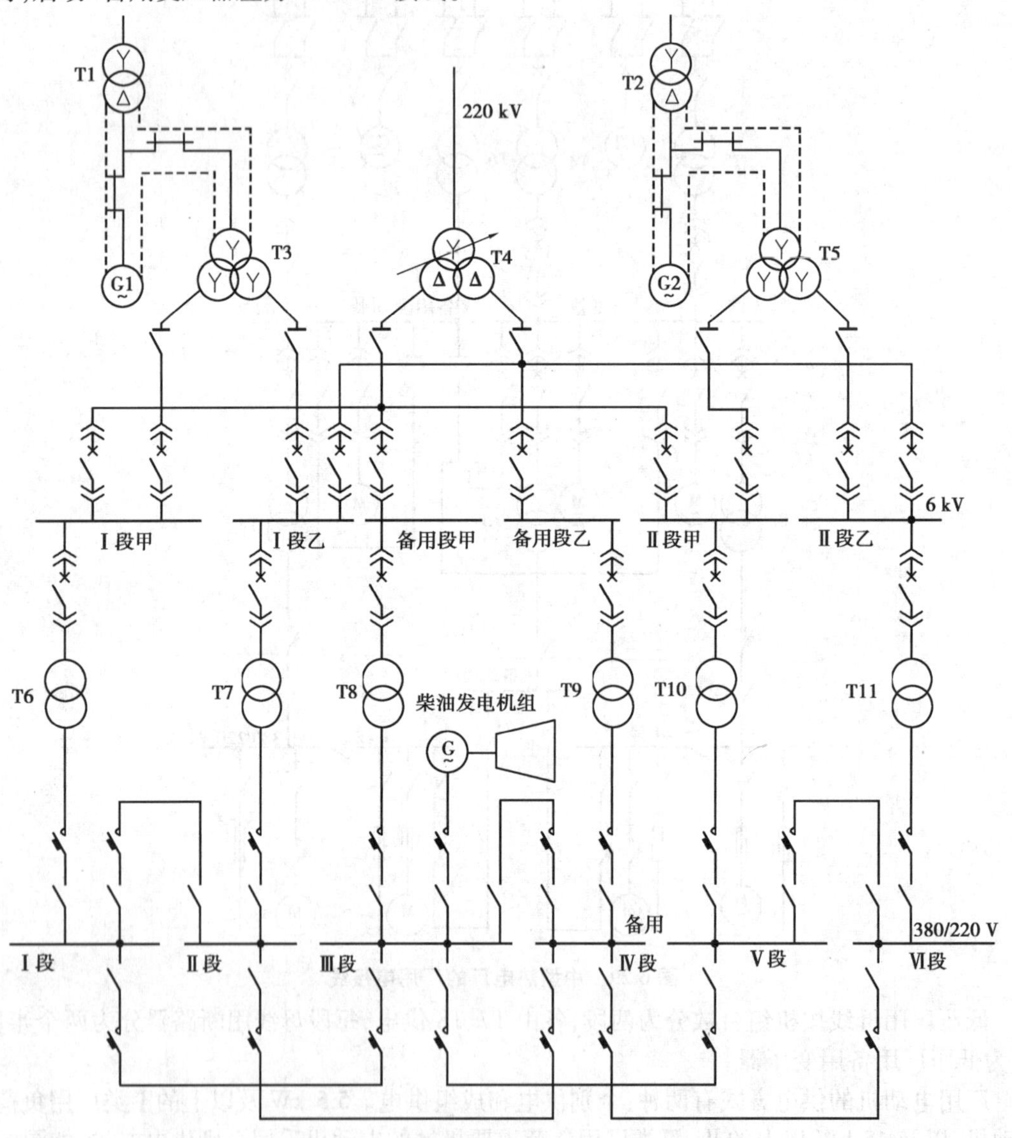

图 6.30　大机组区域火电厂的厂用电接线

6 kV 厂用高压母线,每台锅炉分为两段,启动/备用变压器低压绕组分别接到备用甲、乙两段上,在这两段上还接有公用负荷,又称为公用段。6 kV 高压母线上接有 6 台厂用低压变压器。380/220 V 厂用低压母线,每台机组分为两段。在Ⅲ段母线上连接交流事故保安电源快速启动的柴油发电机组,以保证在厂用电源中断时主机能安全地停下来。

4）大型水电厂的厂用电接线

大型水电厂的机组容量大，机组厂用负荷和全厂性公用负荷分别由不同的变压器供电，如图 6.31 所示。每台机组的厂用负荷分别由变压器 T5、T6、T7 和 T8 用电压 380/220 V 供电，变压器由发电机出口引接。备用电源由全厂性公用厂用配电装置的低压母线上引接。全厂性公用厂用电系统采用单母线分段接线，由两台变压器 T9、T10 分别为 6 kV 供电，采用暗备用方式工作，两台变压器分别由发电机—变压器单元接线的变压器低压侧引接。为了提高供电可靠性，在厂用变压器回路中装设断路器 QF3 和 QF4，在发电机回路中装设断路器 QF1 和 QF2，这样即使在全部发电机停止工作时，也可由系统供给厂用电。

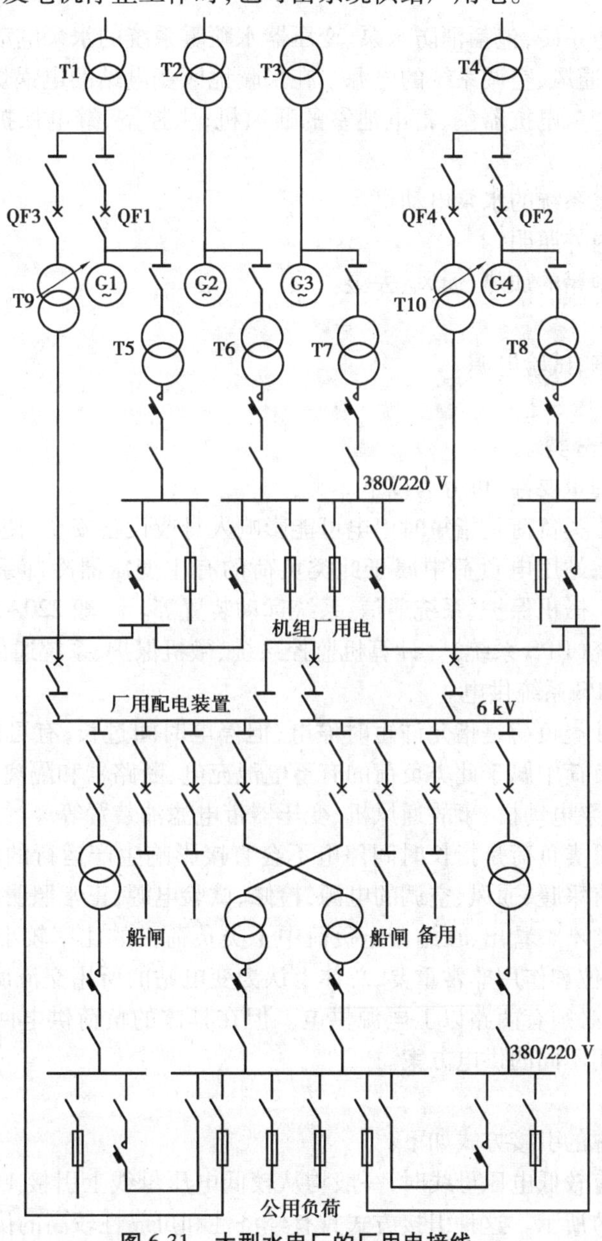

图 6.31　大型水电厂的厂用电接线

中小型水电厂的厂用负荷较少,重要机械不多,一般全厂厂用电母线只分两段,电压为380/220 V。

6.8.3 变电站的站用电

(1)站用电负荷

变电站站用负荷的用电称为站用电。站用电负荷很少,主要负荷如下:

①主变压器冷却系统、强迫油循环油泵电动机、冷却器风扇电动机、水冷变压器的水循环系统电动机。

②变电站的消防系统,包括消防水泵、变压器水喷雾系统的水泵电动机。

③变电站采暖、通风、空调系统的电源。在采暖地区变电站的电锅炉、电暖气等电采暖设备;各户内配电装置室,电抗器室、蓄电池室的通风机;主控室、继电保护小室、值班人员休息室的空调。

④变电站给排水系统的水泵电动机。

⑤变电站的户内外照明。

⑥电器设备控制箱的加热、通风、去湿。

⑦蓄电池充电。

⑧变电站的检修、试验电源。

⑨生活用电。

(2)站用电负荷分类

按站用电负荷的重要性,可分为以下3类:

①Ⅰ类负荷。Ⅰ类负荷是指短时停电可能影响人身或设备安全,使生产运行停顿或主变压器减载的负荷。在站用电负荷中属于此类负荷的有主变压器冷却系统、变电站的消防系统、计算机监控系统、微机保护、系统通信、系统远动装置等。一般220~500 kV变电站都设有不间断交流电源系统(UPS系统)。计算机监控系统、微机保护、系统通信、系统远动装置所需的交流负荷,都由UPS系统供电。

②Ⅱ类负荷。Ⅱ类负荷是指允许短时停电,但停电时间过长,有可能影响正常生产运行的负荷。在站用电负荷中属于此类负荷的有蓄电池充电、断路器和隔离开关的操作及加热电源、给排水系统的水泵电动机、事故通风机、变压器带电滤油装置等。

③Ⅲ类负荷。Ⅲ类负荷是指长时间停电不会直接影响生产运行的负荷。在站用电负荷中属于此类负荷的有采暖、通风、空调的电源,检修、试验电源,正常照明和生活用电。

从上述负荷分类不难看出,在站用电负荷中Ⅰ类负荷占的比率较小。对220~500 kV变电站,在系统中的地位和作用非常重要,总体上认为变电站的所用交流属于Ⅰ类负荷,在任何情况下不允许停电,必须有两路以上电源供电。但在具体的负荷供电回路设计上,要根据其重要性的不同而采用不同的供电方案。

(3)站用电源

变电站站用电源的引接方式如下:

①当变电站内有较低电压母线时,一般均从较低电压母线上引接1~2台站用变压器,如图6.32(a)、(b)、(c)所示。这种引接方式具有经济性和可靠性较高的优点。

②当有可靠的6~35 kV电源联络线,将一台站用变压器接于联络线断路器外侧时,更能保证站用电的不间断供电,如图6.32(d)所示。这种引接方式对采用交流操作的变电站及取

消蓄电池而采用硅整流或复式整流装置取得直流电源的变电所尤为必要。

③由主变压器第三绕组引接,如图6.32(e)所示中的1号站用变压器。站用变压器的高压侧要选用断流容量大的开关设备,否则要加装限流电抗器。图中的2号站用变压器及调相机的启动变压器由站外电源引接。

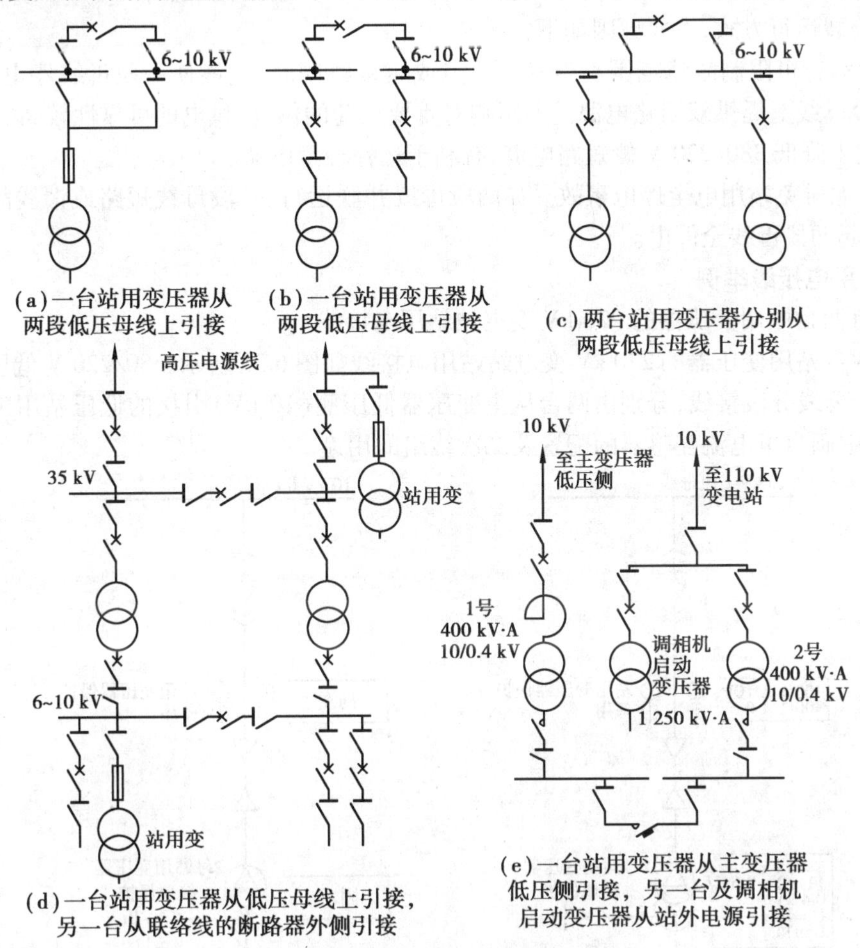

图6.32　站用变压器的引接方式

(4)站用电接线

变电站站用电一般采用380/220 V中性点直接接地的三相四线制,系统中性点直接接地。380 V作为动力电源供各种电动机,220 V主要供照明和加热。

1)中小型变电站

一般采用20 kV · A所用变压器即能满足要求。站用电接线很简单,一般用一台站用变压器。

2)大型变电站

所用电较多,一般装设两台或3台站用变压器。380/220 V侧通常采用分为两段的单母线接线。每台站用变压器接一段母线,两段母线之间设分段断路器正常分裂运行。

①当只有两台站用变压器时,每台站用变压器各接一段工作母线,两台变压器互为备用,当任一台站用变压器故障退出运行时,可合上分段断路器,由一台变压器供电给两段工作母线。分段断路器通常采用手动合闸方式。对无人值班变电站,可通过自动装置或远方遥控合闸。

②当有3台站用变压器时,其中一台接站外电源作为专用备用变压器,站用电工作母线

也分成两段,每一段接一台工作变压器,备用变压器低压侧分别经断路器接到两段母线上。备用变压器接到工作母线上的断路器正常断开。当任一台工作变压器退出运行时,专用变压器能自动地接入工作母线段。

③无论两台站用变压器还是有专用备用变压器的 3 台站用变压器,380/220 V 站用母线都宜采用分裂运行方式,主要原因如下:

a.分裂运行可限制故障范围。当发生故障或越级跳闸时,只能使一段母线停电,重要负荷都从两段母线上提供双回路电源。不影响对重要负荷的供电,供电的可靠性较高。

b.有利于降低 380/220 V 侧短路电流,有利于选择轻型电器。

c.有效地避免站用电全停电事故。如两段母线并联运行,一段母线短路或馈线故障越级跳闸,可引起两段母线全停电。

(5)站用电接线举例

1)装有两台站用变压器的 220 kV 变电站站用电接线

装有两台站用变压器的 220 kV 变电站站用电接线如图 6.33 所示,380/220 V 低压站用电系统采用单母线分段接线,分别由两台从主变压器低压侧(10 kV)引接的低压站用工作变压器供电,图中画出了电流互感器的配置及二次绕组的用途。

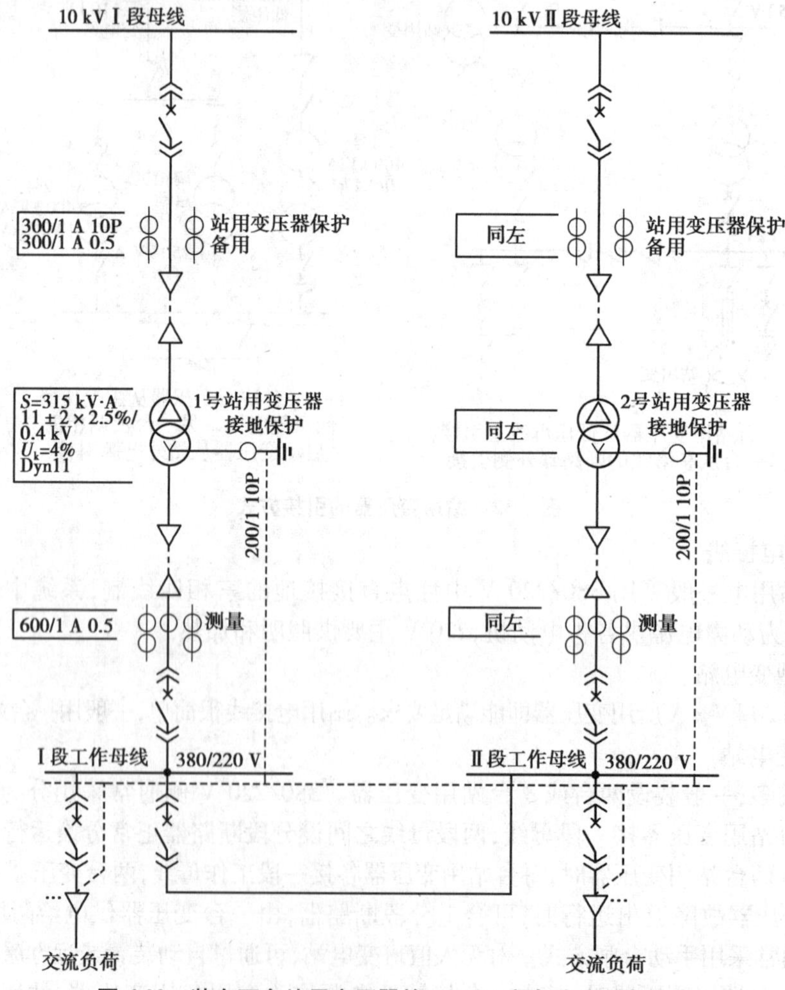

图 6.33　装有两台站用变压器的 220 kV 变电站站用电接线

2)装有 3 台站用变压器的 500 kV 变电站站用电接线

装有 3 台站用变压器的 500 kV 变电站站用电接线如图 6.34 所示。380/220 V 侧站用电接线采用单母线分段接线。2 台工作变压器分别从变电站主变压器的低压侧(35 kV)引接,一台备用变压器从站外电源引接,其低压侧接至备用段母线,备用段母线分别通过分段断路器与两工作母线段相连,所用重要负荷均采用双回路电源供电。图中还画出了电流互感器、避雷器及接地开关的配置。

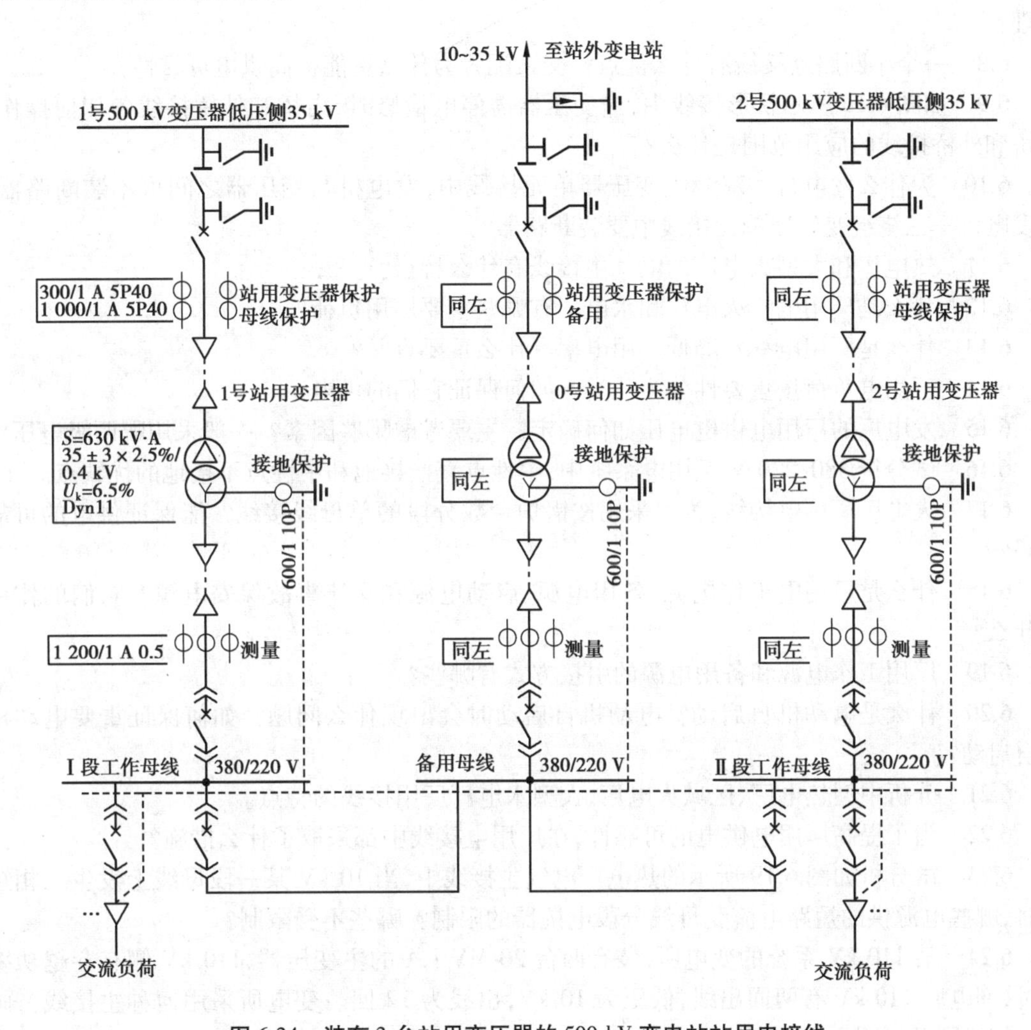

图 6.34　装有 3 台站用变压器的 500 kV 变电站站用电接线

思考题

6.1　对电气主接线有哪些基本要求？为什么说可靠性不是绝对的？

6.2　有母线类接线和无母线类接线分别包括哪些基本接线形式？

6.3　主母线和旁路母线的作用是什么？回路中断路器和隔离开关的作用是什么？

6.4　给用户送电和停电时线路的操作步骤是什么？为什么必须这样操作？不这样操作

会发生什么问题?

6.5 如图 6.2 所示的单母线分段接线中,分段断路器 QF_d 接通运行时,需检修电源 1 的母线隔离开关,如何操作?

6.6 如图 6.4 所示分段断路器兼作旁路断路器接线中,当需检修出线断路器时,如何操作?

6.7 如图 6.6 所示双母线接线中,如出线的断路器运行中触头熔焊不能断开时,如何处理?

6.8 一个半断路器接线有什么优点?交叉配置为什么更能提高供电可靠性?

6.9 如图 6.16 所示桥形接线中,当变压器需停电检修时,内桥和外桥接线各如何操作?内桥和外桥接线的应用范围是什么?

6.10 为什么发电机—双绕组变压器单元接线中,发电机与变压器之间可不装断路器,而发电机—三绕组变压器单元接线中要装断路器?

6.11 热电厂和大型火电厂的电气主接线有什么特点?

6.12 什么是厂用电?火电厂和水电厂有哪些主要厂用负荷?

6.13 什么是厂用电率?降低厂用电率有什么重要意义?

6.14 厂用电负荷按重要性分为几类?如何保证它们的供电?

6.15 发电厂的厂用电供电电压如何确定?主要考虑哪些因素?一般采用哪两级电压?

6.16 试分析 380/220 V 厂用电系统中,中性点直接接地和中性点不接地的优缺点。

6.17 火电厂厂用电接线,为何采用按锅炉台数分段的单母线接线?能保证供电的可靠性吗?

6.18 什么是厂用电工作电源、备用电源、启动电源和交流事故保安电源?它们的作用是什么?

6.19 厂用工作电源和备用电源的引接方式有哪些?

6.20 什么是电动机自启动?电动机自启动时会出现什么问题?如何保证重要电动机的自启动?

6.21 分析中型热电厂、区域火电厂、大型水电厂厂用接线的特点。

6.22 为了提高厂用电供电的可靠性,在厂用电接线中都采取了什么措施?

6.23 试分析如图 6.19 所示的热电厂电气主接线中,当 10 kV 某一段母线上发生三相短路时,哪些电源供的短路电流受母线分段电抗器的限制?哪些不受限制?

6.24 某 110 kV 系统的变电所,装有两台 20 MV · A 的主变压器,110 kV 侧有穿越功率通过,变电所 110 kV 有两回出线,低压为 10 kV,出线为 12 回。变电所采用何种主接线?画出主接线图并说明。

第 7 章 电气设备选择及短路电流限制

电气装置中的电气设备的选择是发电厂和变电所规划的主要内容之一,在正常运行和发生短路故障时,都必须可靠地工作。为了保障电气装置的可靠性和经济性,每种电气设备和载流导体选择时都应有具体的选择条件和校验项目,以便保证它们在允许条件下可靠地工作。正确地选择电气设备对供电的可靠性、安全性、经济性有着十分重要的意义。在进行设备选择时,必须执行国家有关技术经济政策,根据工程实际情况,在保证电气设备能安全、可靠地工作的前提下,选择电气设备时应做到技术先进、经济合理、运行方便。本章从短路电流的效应开始,介绍电气设备和载流导体的一般选择条件及具体条件。

7.1 概　述

电气设备在运行中有两种工作状态:正常的工作状态,指运行参数不超过额定值,电气设备能够长期而经济地工作的状态;短路时的工作状态,当电力系统中发生短路故障时,电气设备要流过很大的短路电流,在短路故障被切除前的短时间内,电气设备要承受短路电流产生的发热和电动力的作用。

电气设备在工作中将产生各种损耗,例如,“铜损”,即电流在导体电阻中的损耗;“铁损”,即在导体周围的金属构件中产生的磁滞和涡流损耗;“介损”,即绝缘材料在电场作用下产生的损耗。这些损耗都转换为热能,使电气设备的温度升高。本节主要讨论铜损发热问题。

电气设备由正常工作电流引起的发热称为长期发热,由短路电流引起的发热称为短时发热。发热不仅消耗能量,还会导致电气设备的温度升高,从而产生以下不良的影响:

①机械强度下降。金属材料的温度升高,会使材料退火软化,机械强度下降。

②接触电阻增大。发热导致接触电阻增大的原因主要有两个方面:一是发热影响接触导体及其弹性元件的机械性能,使接触压力下降,导致接触电阻增大,并引起发热的进一步加剧;二是温度的升高加剧了接触面的氧化,其氧化层又使接触电阻和发热增大。当接触面的温度过高时,可能导致引起温度升高的恶性循环,即温度升高→接触电阻增大→温度升高,最后使接触连接部分迅速遭到破坏,引发事故。

③绝缘性能下降。在电场强度和温度的作用下,绝缘材料将逐渐老化。当温度超过材料的允许温度时,将加速其绝缘的老化,缩短电气设备的正常使用年限。严重时,可能会造成绝缘烧损。

绝缘部件是电气设备中耐热能力最差的部件,成为限制电气设备允许工作温度的重要条件。

为了保证电气设备可靠地工作,无论是在长期发热还是在短时发热情况下,其发热温度都不能超过各自规定的最高温度,即长期最高允许温度和短时最高允许温度。

按照有关规定:铝导体的长期最高允许温度,一般不超过 70 ℃;在计及太阳辐射(日照)的影响时,钢芯铝绞线及管型导体,可按不超过 80 ℃来考虑;当导体接触面处有镀(搪)锡的可靠覆盖层时,可提高到 85 ℃。

电气设备通过短路电流时,短路电流所产生的巨大电动力对电气设备具有很大的危害性。例如,载流部分可能因电动力而振动,或者因电动力所产生的应力大于其材料允许应力而变形,甚至使绝缘部件(如绝缘子)或载流部件损坏。电气设备的电磁绕组受到巨大的电动力作用,可能使绕组变形或损坏。巨大的电动力可能使开关电器的触头瞬间解除接触压力,甚至发生斥开现象,导致设备故障。

电气设备必须具备足够的动稳定性,以承受短路电流所产生的电动力的作用。

7.2 短路电流的效应

当电气设备和载流导体在短时间内通过短路电流时,会同时产生电动力和发热两种效应。这样,一方面使电气设备和载流导体受到很大的电动力作用;另一方面使它们的温度急剧升高,可能使电气设备及其绝缘损坏。为了正确进行电气设备和载流导体的选择,必须对短路电流的电动力和发热进行计算。

7.2.1 短路电流的电动力效应

短路电流的电动力效应,是指在短路电流通过三相导体时,各相导体都处在邻相电流所产生的磁场中,导体将受到巨大的电动力的作用。尤其当通过短路冲击电流时,电动力可达到很大数值。如果导体的机械强度不够,导体将变形或损坏。电气设备和载流导体必须具有足够的机械强度,能承受短路时电动力的作用。一般将电气设备和载流导体能够承受短路电流电动力作用的能力,称为电动稳定度,简称动稳定。

当任意截面的两根平行导体中分别通过电流 i_1 和 i_2 时,考虑导体截面的尺寸和形状的影响,导体间相互作用电动力的大小,可计算为

$$F = 2K_x i_1 i_2 \frac{l}{a} \times 10^{-7} \tag{7.1}$$

式中 i_1、i_2——两根平行导体中电流的瞬时值,A;

l——平行导体的长度,m;

a——导体轴线间的距离,m;

K_x——形状系数;

F——电动力,N。

电动力的方向与两电流的方向有关,电流同向时,电动力相吸引使 a 减小;电流反向时,电动力相排斥使 a 增大。两平行导体间的电动力如图 7.1 所示。电动力实际是沿导体长度均匀分布的,图中 F 是作用于长度中点的合力。

形状系数 K_x 与导体截面形状、尺寸及相互间的距离有关。对矩形截面的导体,如截面宽

度为 h,厚度为 b,则对不同的厚度与宽度的比值 $m=\frac{b}{h}$,形状系数 K_x 随$\frac{a-b}{b+h}$而不同,变化曲线如图 7.2 所示。由图可知,当 $m<1$ 时,$K_x<1$;当$\frac{a-b}{b+h}$增大,即导体间的净距增大时,K_x 趋近于 1;当导体间的净距足够大,即当$\frac{a-b}{b+h}\geqslant 2$ 时,$K_x=1$,这相当于电流集中在导体的轴线上,导体的截面形状对电动力无影响。

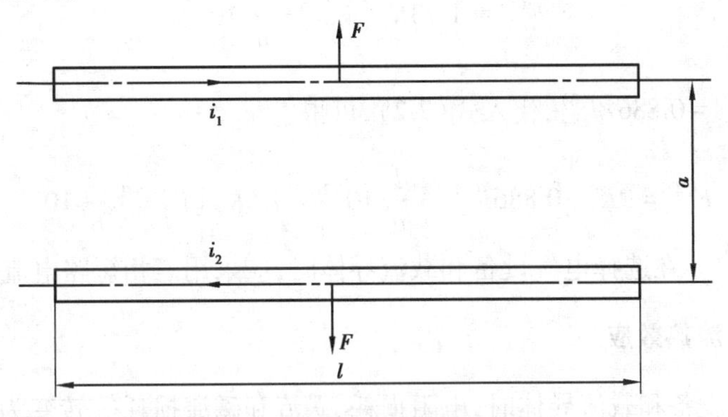

图 7.1　两平行导体间的电动力

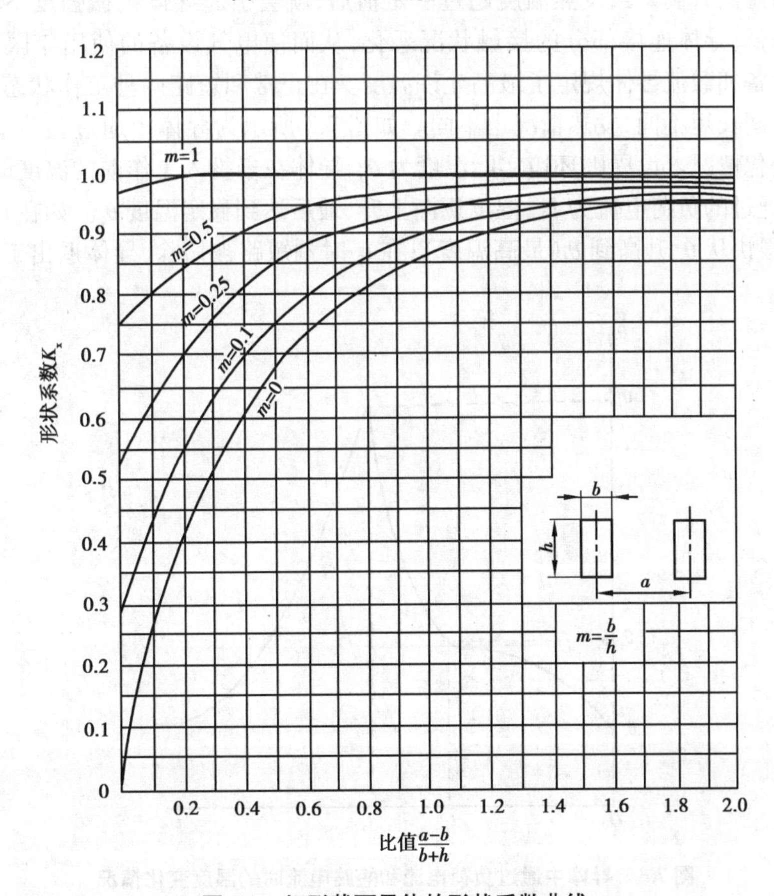

图 7.2　矩形截面导体的形状系数曲线

对圆形截面导体，形状系数 $K_x=1$。

两相短路时，故障两相导体中短路电流大小相等、方向相反。当导体平行布置时，故障相两导体间的电动力为排斥力，则通过短路冲击电流 i_{ch} 时电动力的最大值为

$$F^{(2)} = 2K_x [i_{ch}^{(2)}]^2 \frac{l}{a} 10^{-7} \tag{7.2}$$

三相短路时，如三相导体平行布置在同一平面内，中间相所受的电动力最大，其值为

$$F^{(3)} = 1.73K_x [i_{ch}^{(3)}]^2 \frac{l}{a} 10^{-7} \tag{7.3}$$

将 $i_{ch}^{(2)} = \frac{\sqrt{3}}{2} i_{ch}^{(3)} = 0.886 \times i_{ch}^{(3)}$，代入式(7.2)，可得

$$F^{(2)} = 2K_x [0.886 i_{ch}^{(3)}]^2 \frac{l}{a} 10^{-7} = 1.5K_x [i_{ch}^{(3)}]^2 \frac{l}{a} 10^{-7}$$

可见，$F^{(3)} > F^{(2)}$。在选择电气设备和载流导体时，应采用三相短路电流进行动稳定校验。

7.2.2 短路电流热效应

电流通过电气设备和载流导体时，电阻损耗、涡流和磁滞损耗等转变为热能，使电气设备和载流导体的温度升高。当发热温度超过一定值后，就会引起导体机械强度下降，绝缘材料的绝缘强度降低，导体连接部分的接触状况恶化，从而使电气设备的使用年限缩短，甚至损坏。对电气设备和载流导体规定了最高允许温度。在正常和短路两种工作状态下，电流的大小及通过的时间长短不同，发热情况也不同。如图 7.3 所示为导体中通过负荷电流和短路电流时的温度变化情况。设周围环境实际温度为 θ_0，导体在未投入工作前的温度即为 θ_0。导体投入工作后，通过的负荷电流为 I_{fh}，温度逐渐上升，最后达到稳定温度 θ_i。如在 t_1 时刻发生短路，导体温度很快从 θ_i 升高到 θ_f(最高温度)；在 t_2 时刻短路被切除，导体退出工作，温度从 θ_f 逐渐下降到 θ_0。

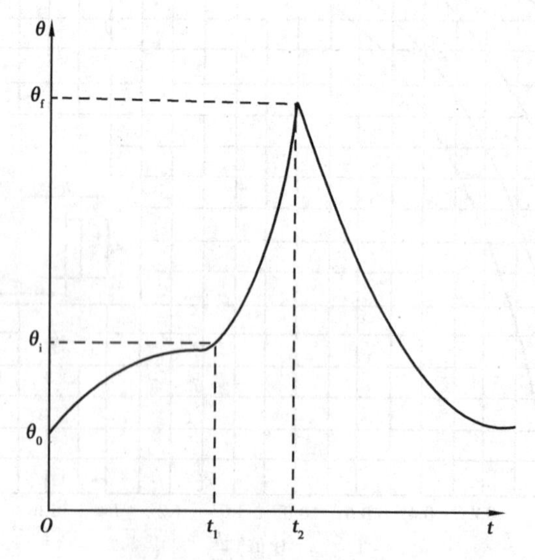

图 7.3 导体中通过负荷电流和短路电流时的温度变化情况

导体在通过负荷电流和短路电流时的发热情况如下：

(1)长期负荷电流的发热

导体长期通过负荷电流时，导体的发热量一部分被导体自身吸收，使温度升高；另一部分散入周围介质。散入周围介质的热量与导体周围介质的温度差有关，温度差越大，导体传出的热量越多。当导体中产生的热量与传出的热量相等时，即达到热平衡状态，导体温度便达到稳定值 θ_i。温度差$(\theta_i-\theta_0)$与导体长期通过的电流的二次方成正比。如果此稳定温度 θ_i 不大于电气设备和导体的长期最高允许温度，电气设备和载流导体在正常工作时将不会损坏。

实际环境温度为 θ_0，通过载流导体的负荷电流为 I_{fh}时，稳定温度 θ_i 可计算为

$$\theta_i = \theta_0 + (\theta_{al} - \theta_0)\left(\frac{I_{fh}}{I_{al}}\right)^2 \tag{7.4}$$

式中 θ_{al}——长期最高允许温度，℃；

I_{al}——按 θ_0 时校正后的长期允许电流，A；

I_{fh}——导体长期通过的负荷电流，A。

目前我国生产的各种电气设备，除熔断器、消弧线圈和避雷器外，基准环境温度为 40 ℃，长期最高允许温度可按 80 ℃考虑。一般裸导体，如矩形母线、管形母线等，基准环境温度为25 ℃，长期最高允许温度为 70 ℃，计及日照时长期最高允许温度为 80 ℃，导体接触面有镀锡层可提高到 85 ℃。各类电力电缆为 50~90 ℃。

(2)短路电流的发热

短路电流通过导体的时间很短，该段时间为自短路开始到短路切除为止，如图 7.3 所示中从 t_1 到 t_2，这段时间等于继电保护动作时间与断路器的全分闸时间之和。在这样短的时间内，导体产生的热量来不及向四周散出，全部用于使导体自身的温度升高，如图 7.3 所示中由 θ_i 升高到 θ_f。如果短路时的最高温度超过电气设备和载流导体的短时最高允许温度，它们将被损坏。一般把电气设备和载流导体在短路时，能承受短路电流发热的能力称为热稳定度，简称热稳定。

载流导体的短时最高允许温度：铝及铝锰合金为 200 ℃；铜为 300 ℃；6~10 kV 油浸纸绝缘电缆铝芯为 200 ℃，铜芯为 230 ℃。对于高压电气设备来说，一般只给出有关热稳定的参数(允许热效应见本章 7.2)，而不给出最高允许温度。

1)短路电流的发热计算

短路电流的发热过程，可近似认为全部发热量被导体吸收使自身温度升高。在发热过程中，导体的电阻不是常数而与温度有关。在任意温度 θ ℃时导体的电阻为

$$R_\theta = \rho_0(1 + \alpha\theta)\frac{l}{S}$$

式中 ρ_0——0 ℃时导体的电阻率，Ω/m；

α——ρ_0 的温度系数，1/ ℃；

S——导体截面积，m^2；

l——导体长度，m。

设在任意时刻 t 的短路全电流的瞬时值为 i_{kt}，刚在 dt 时间内的发热量为

$$dQ = i_{kt}^2\rho_0(1 + \alpha\theta)\frac{l}{S}dt$$

在 $\mathrm{d}t$ 时间内全部发热量 $\mathrm{d}Q$，如被导体吸收后温度升 $\mathrm{d}\theta$ ℃，在此过程中导体比热容也不是常数而与温度有关，则 $\mathrm{d}t$ 时间内导体吸收的热量为

$$\mathrm{d}Q = c_0(1+\beta\theta)\gamma Sl\mathrm{d}\theta$$

式中 c_0——0 ℃时导体的比热容，J/(kg·℃)；

β——c_0 的温度系数，1/℃；

γ——导体材料的密度，kg/m²。

因发热量等于吸热量，故

$$i_{kt}^2\rho_0(1+\alpha\theta)\frac{l}{S}\mathrm{d}t = c_0(1+\beta\theta)\gamma Sl\mathrm{d}\theta$$

$$\frac{i_{kt}^2}{S^2}\mathrm{d}t = \frac{c_0\gamma}{\rho_0}\frac{1+\beta\theta}{1+\alpha\theta}\mathrm{d}\theta$$

假如令短路开始时刻为 0，短路切除时刻为 t，与上述时刻相对应的导体温度为 θ_f 和 θ_i，上式两边积分得

$$\frac{1}{S^2}\int_0^t i_{kt}^2\mathrm{d}t = \frac{c_0\gamma}{\rho_0}\int_{\theta_i}^{\theta_f}\frac{1+\beta\theta}{1+\alpha\theta}\mathrm{d}\theta \tag{7.5}$$

$$= \frac{c_0\gamma}{\rho_0}\left[\frac{\alpha-\beta}{\alpha^2}\ln(1+\alpha\theta_f)+\frac{\beta}{\alpha}\theta_f\right] - \frac{c_0\gamma}{\rho_0}\left[\frac{\alpha-\beta}{\alpha^2}\ln(1+\alpha\theta_i)+\frac{\beta}{\alpha}\theta_i\right]$$

令

$$A_f = \frac{c_0\gamma}{\rho_0}\left[\frac{\alpha-\beta}{\alpha^2}\ln(1+\alpha\theta_f)+\frac{\beta}{\alpha}\theta_f\right]$$

$$A_i = \frac{c_0\gamma}{\rho_0}\left[\frac{\alpha-\beta}{\alpha^2}\ln(1+\alpha\theta_i)+\frac{\beta}{\alpha}\theta_i\right]$$

其中，A_f 和 A_i 的形式完全相同，写成一般的形式就是

$$A = \frac{c_0\gamma}{\rho_0}\left[\frac{\alpha-\beta}{\alpha^2}\ln(1+\alpha\theta)+\frac{\beta}{\alpha}\theta\right]$$

A_f 和 A_i 的单位为 J/(Ω·m⁴)。

式(7.5)可改写为下列形式：

$$\frac{1}{S^2}\int_0^t i_{kt}^2\mathrm{d}t = A_f - A_i \tag{7.6}$$

式中 $\int_0^t i_{kt}^2\mathrm{d}t$——与短路电流的发热量成正比，称为短路电流的热效应，用 Q_k 表示，即

$$Q_k = \int_0^t i_{kt}^2\mathrm{d}t \tag{7.7}$$

由式(7.6)可得

$$A_f = \frac{1}{S^2}Q_k + A_i \tag{7.8}$$

根据式(7.8)，只要求出 Q_k 和由短路前工作温度 θ_i 相对应的 A_i，便可求出与短路时最高温度 θ_f 相对应的 A_f。实用中对不同材料已做成 $\theta=f(A)$ 曲线，如图 7.4 所示。利用此曲线可求出短路时导体的最高温度 θ_f。

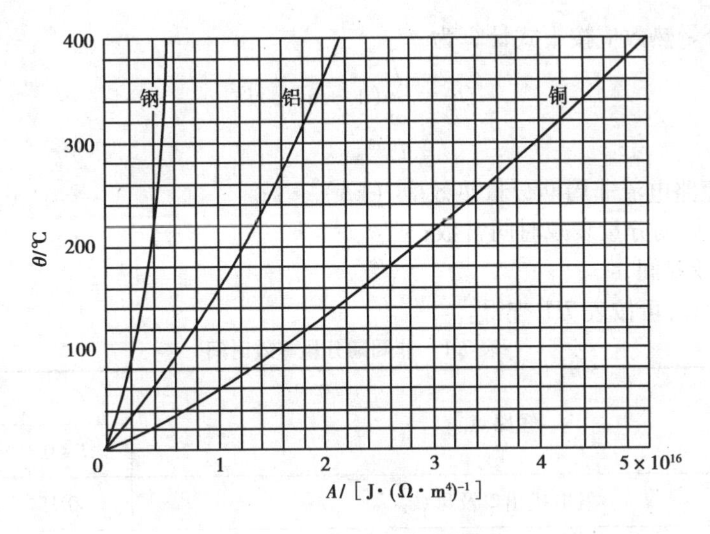

图7.4　$\theta=f(A)$曲线图

2)短路电流热效应Q_k的计算

由式(7.7)可知,短路电流热效应为

$$Q_k=\int_0^t i_{kt}^2 dt$$
$$=\int_0^t (i_{zt}+i_{fzt})^2 dt$$

可近似认为

$$Q_k=Q_z+Q_{fz}$$

即认为短路电流的热效应Q_k等于周期分量热效应Q_z和非周期分量热效应Q_{fz}之和。

关于热效应的计算,我国以往曾采用苏联的假设时间法。这种方法是假想当导体通过不变的短路稳态电流时,在假想时间内所产生的热量等于导体在短路过程中实际产生的热量。这种方法已不适合我国目前的电力系统,计算结果误差较大。最近,我国提出一种实用计算法,已推广使用。热效应的实用计算法如下:

①周期分量热效应$Q_z=\int_0^t i_{kt}^2 dt$。在求Q_z时,实用计算法以近似积分法为基础,利用辛普森公式求得较佳结果。周期分量热效应Q_z按下式计算为

$$Q_z=\frac{I''^2+10I_{k\frac{t}{2}}^2+I_{kt}^2}{12}t \tag{7.9}$$

式中　Q_z——短路电流周期分量热效应,$(\mathrm{kA})^2\cdot\mathrm{s}$;

I''——短路电流周期分量有效值的初始值,kA;

$I_{k\frac{t}{2}}$——$\frac{t}{2}$ s时短路电流周期分量有效值,kA;

I_{kt}——t s时短路电流周期分量有效值,kA;

t——短路电流持续时间,s。

当有多支路向短路点供给短路电流时,I''、$I_{k\frac{t}{2}}$、I_{kt}分别为各支路短路电流之和,然后利用式(7.9)求得Q_z。不能先求出各支路的周期分量热效应然后相加。

②非周期分量热效应按下式计算为

$$Q_{fz}=\frac{T}{\omega}(1-e^{-\frac{2\omega t}{T_a}})I''^2 = TI''^2 \tag{7.10}$$

式中 Q_{fz}——短路电流非周期分量热效应，$(kA)^2 \cdot s$；

T_a——非周期分量衰减时间常数；

T——等效时间，s。

为了简化计算，可按表7.1查得。

表7.1　非周期分量等效时间

短路点	T/s	
	$T\leqslant0.1$	$T\geqslant0.1$
发电机出口及母线	0.15	0.2
发电机升高电压母线及出线发电机电压出线电抗器后	0.08	0.1
变电所各级电压母线及出线	0.05	

当多支路向短路点供给短路电流时，在用式(7.10)计算时，I''为各支路短路电流之和。

如果短路持续时间 $t>1$ s，导体的发热量由周期分量热效应决定。在此情况下，可以不计非周期分量热效应的影响，此时 $Q_d=Q_z$。

【例7.1】系统中某降压变电所铝母线上发生三相短路，母线规格为80 mm×10 mm，在正常最大负荷时，母线温度 $\theta_i=60$ ℃。短路电流持续时间 $t=1.6$ s。断路电流 $I''=46.9$ kA，$I''_{0.8}=44.5$ kA，$I''_{1.6}=42.3$ kA。求短路点短路电流的热效应和最高温度。

解：由于 $t>1$ s，可忽略非周期分量的影响，按式(7.9)计算，则

$$Q_k \approx Q_z=\frac{I''^2+10I^2_{k\frac{t}{2}}+I^2_{kt}}{12}t$$

$$=\frac{46.9^2+10\times44.5^2+42.3^2}{12}\times1.6\approx3\ 172.19[(kA)^2\cdot s]$$

已知 $\theta_i=60$ ℃，在图7.4中查得

$$A_i=0.4\times10^{16}[J/(\Omega\cdot m^4)]$$

按式(7.8)计算

$$A_f=\frac{1}{s^2}Q_k+A_i=\frac{3\ 172.19\times10^6}{(0.08\times0.01)^2}+0.45\times10^{16}$$

$$\approx0.896\times10^{16}[J/(\Omega\cdot m^4)]$$

$A_f=0.896\times10^{16}J/(\Omega\cdot m^4)$，从图7.4中查得 $\theta_f=140$ ℃<200 ℃(铝导体最高允许温度)，满足热稳定。

7.3　电气设备的一般选择条件

各种电气设备和载流导体，由于它们的用途和工作条件不同，因此每种电气设备和载流

导体选择时都有具体的选择条件。但是无论何种电气设备和载流导体,对它们的基本要求都相同,即必须在正常运行和短路时能可靠地工作。为此,电气设备的选择又有一般条件,即按正常工作条件进行选择,按短路状态校验其动稳定和热稳定。

7.3.1　按正常工作条件选择

(1)额定电压

所选电气设备和电缆的最高允许工作电压,不得低于装设回路的最高运行电压。一般电气设备和电缆的最高工作电压:当额定电压在 220 kV 及以下时,为 $1.15U_N$;当额定电压为 330~500 kV时,为 $1.1U_N$。而实际电网运行时的最高运行电压,一般不超过电网额定电压 U_{NS} 的 1.1 倍。一般可按电气设备和电缆的额定电压 U_N 不低于装设地点的电网额定电压 U_{NS}的条件选择,即

$$U_N \geqslant U_{NS} \tag{7.11}$$

裸导体承受电压的能力由绝缘子及安全净距保证,无额定电压选择问题。

电气设备安装地点的海拔对绝缘介质强度有影响。随着海拔的增加,空气密度和湿度相对减少,使空气间隙和外绝缘的放电特性下降,设备外绝缘强度将随着海拔的升高而降低,导致设备允许的最高工作电压下降。当海拔为 1 000~4 000 m 时,一般按海拔每增加 100 m,最高工作电压下降 1%予以修正。当最高工作电压不能满足要求时,应选用高原型产品或外绝缘提高一级的产品。对现有 110 kV 及以下的设备,其外绝缘有较大余度,可在海拔 2 000 m 以下使用。

(2)额定电流

当实际环境条件不同于额定环境条件时,电气设备或载流导体的额定电流 I_N 应作修正,经综合修正后的长期允许电流 I_{al}不得低于装设回路的最大持续工作电流 I_{max},即应满足条件

$$I_{al} = KI_N \geqslant I_{max} \tag{7.12}$$

式中　K——综合校正系数;

I_{max}——电气设备所在回路的最大持续工作电流。

当仅计及环境温度影响时,裸导体和电缆:$K = \sqrt{\dfrac{\theta_{al} - \theta}{\theta_{al} - 25}}$。电器:当 40 ℃ $\leqslant \theta \leqslant$ 60 ℃时,$K = 1 - (\theta - 40) \times 0.018$;当 0 ℃ $\leqslant \theta \leqslant$ 40 ℃ 时,$K = 1 + (40 - \theta) \times 0.005$;当 $\theta <$ 0 ℃时,$K = 1.2$。

计算回路的最大持续工作电流 I_{max}时,应考虑该回路在各种运行方式下的持续工作电流,选用其最大者。可按表 7.2 的原则计算。

表 7.2　回路最大持续工作电流

回路名称	I_{max}	说　明
发电机、调相机回路	1.05 倍发电机、调相机额定电流	当发电机冷却气体温度低于额定值时,允许每低 1 ℃电流增加 0.5%
变压器回路	1.05 倍变压器额定电流; (1.3~2.0)倍变压器额定电流	变压器通常允许正常或事故过负荷,必要时按(1.3~2.0)倍计算

续表

回路名称	I_{max}	说　明
母线联络回路、主母线	母线上最大一台发电机或变压器的 I_{max}	
母线分段回路	发电厂为最大一台发电机额定电流的 50%~80%； 变压器应满足用户的一级负荷和大部分二级负荷	考虑电源元件事故跳闸后仍能保证该段母线负荷
旁路回路	需旁路的回路最大额定电流	
出线	单回路：线路最大负荷电流	包括线损和事故时转移过来的负荷
	双回路：(1.2~2.0)倍一回线的正常最大负荷电流	包括线损和事故时转移过来的负荷
	环形与一个半断路器接线：两个相邻回路正常负荷电流	考虑断路器事故或检修时，一个回路加另一最大回路负荷电流的可能
	桥形接线：最大元件的负荷电流	桥回路尚需考虑系统穿越功率
电动机回路	电动机的额定电流	

7.3.2　按短路状态校验

(1)热稳定校验

当短路电流通过被选择的电气设备和载流导体时，其热效应不应超过允许值，即应满足下列条件：

$$Q_k \leqslant Q_{al} \tag{7.13}$$

或

$$Q_k \leqslant I_t^2 t \tag{7.14}$$

式中　Q_k——短路电流的热效应；

Q_{al}——电气设备和载流导体允许的热效应；

I_t——设备给定的在 t 内允许的热稳定电流(有效值)。

短路电流持续时间 t，应为继电保护动作时间 t_{pr} 与断路器全分闸时间 t_{ab} 之和，即

$$t = t_{pr} + t_{ab} \tag{7.15}$$

式中　t_{ab}——断路器固有分闸时间与灭弧时间之和。

校验裸导体及 3~6 kV 厂用馈线电缆的短路热稳定时，短路持续时间一般采用主保护动作时间加断路器全分闸时间。若主保护有死区，则采用能对该死区起作用的后备保护动作时间，并采用在该死区短路时的短路电流。

校验电气设备及电缆(3~6 kV 厂用馈线除外)热稳定时，其短路持续时间，一般采用后备

保护动作时间加断路器全分闸时间。

(2)动稳定校验

被选择的电气设备和载流导体,通过可能最大的短路电流值时,不应因短路电流的电动力效应而造成变形或损坏,即应该满足条件

$$i_{sh} \leqslant i_{es} \tag{7.16}$$

或

$$I_{sh} \leqslant I_{es} \tag{7.17}$$

式中　i_{sh}、I_{sh}——三相短路冲击电流的幅值和有效值;

i_{es}、I_{es}——设备允许通过的动稳定电流(极限电流)峰值和有效值。

用熔断器保护的电气设备和载流导体,可不校验热稳定;除用有限流作用的熔断器保护外,它们仍应校验动稳定;电缆不校验动稳定;用熔断器保护的电压互感器回路,可不校验动、热稳定。

7.3.3　短路校验时短路电流的计算条件

校验电气设备和载流导体的短路动稳定和热稳定时,所用短路电流的电源容量应按具体工程的设计规划容量计算,并应考虑电力系统的远景发展规划(宜为该期工程建成后 5~10 年);计算用电路应按可能发生最大短路电流的正常接线方式,而不应按仅在切换过程中可能并列运行的接线方式;短路种类一般按三相短路校验;若发电机出口的两相短路或中性点直接接地系统、自耦变压器等回路中的单相、两相接地短路较三相短路更严重,应按严重情况校验。

计算短路电流的短路计算点的选择,应使所选择的电气设备和载流导体通过可能最大的短路电流。现以图 7.5 所示为例说明选择短路计算点的方法。

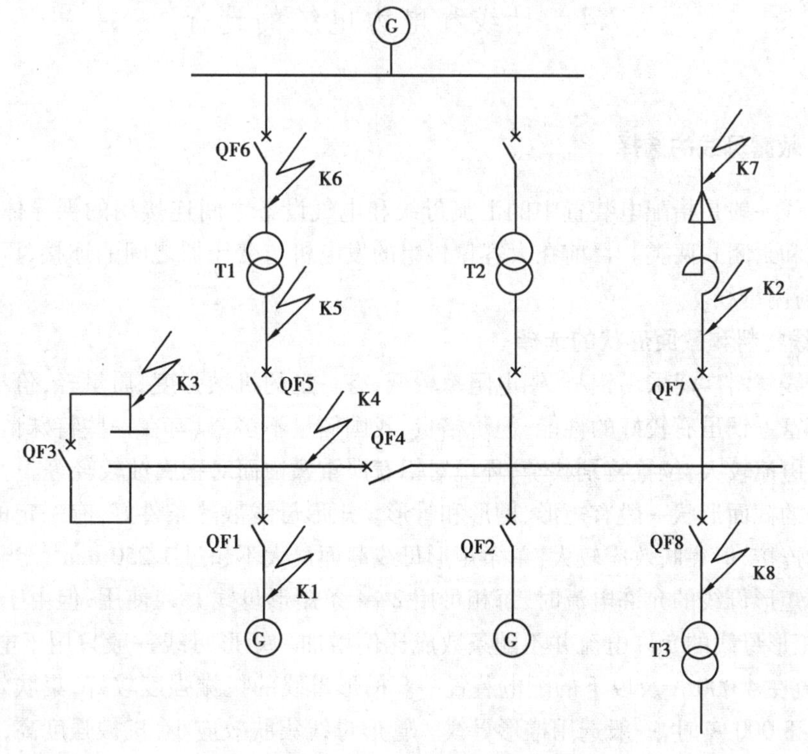

图 7.5　短路计算点选择的示意图

①发电机回路的 QF1(QF2 类似)。当 K4 短路时,流过 QF1 的电流为 G1 供给的短路电流;当 K1 短路时,流过 QF1 的电流为 G2 供给的短路电流及系统经 T1 和 T2 供给的短路电流之和。若两台发电机的容量相等,则后者大于前者,应选 K1 为 QF1 的短路计算点。

②母联断路器 QF3。当用 QF3 向备用母线充电时,如备用母线有故障,即 K3 点短路,这时流过 QF3 的电流为 G1、G2 及系统供给的全部短路电流,短路情况最严重。故选 K3 为 QF3 的短路计算点。同样,在校验发电机电压母线的动、热稳定时也应选 K3 为短路计算点。

③分段断路器 QF4。应选 K4 为短路计算点,并假设 T1 切除,这时流过 QF4 的电流为 G2 供给的短路电流及系统经 T2 供给的短路电流之和。如果不切除 T1,系统供给的短路电流有部分经 T1 分流,而不经 QF4,短路情况没有前一种严重。

④变压器回路断路器 QF5 和 QF6。考虑原则与 QF4 相似。对低压侧 QF5,应选 K5,并假设 QF6 断开,流过 QF5 的电流为 G1、G2 供给的短路电流及系统 T2 供给的短路电流之和;对高压侧断路器 QF6,应选 K6,并假设 QF5 断开,流过 QF6 的电流为 G1、G2 经 T2 供给的短路电流及系统直接供给的短路电流之和。

⑤带电抗器的出线回路断路器 QF7。显然,K2 短路时比 K7 短路时流过 QF7 的电流大。但运行经验证明,干式电抗器的工作可靠性高,且断路器和电抗器之间的连线很短,K2 发生短路的可能性很小。选择 K7 为 QF7 的短路计算点,这样出线可选用轻型断路器。

⑥厂用变压器回路断路器 QF8。一般 QF8 至厂用变压器之间的连线为较长电缆,存在短路可能性,选择 K8 为短路计算点。

7.4 母线和电力电缆的选择

7.4.1 敞露母线的选择

敞露母线一般是指配电装置中的汇流母线和电气设备之间连接用的裸导体。硬母线又分为敞露式和封闭式两类。目前在大容量机组的发电机与变压器之间的连接、厂用分支的连接,都采用封闭母线。

(1)母线材料和截面形状的选择

目前母线材料广泛采用铝材,铝电阻率较低,有一定的机械强度,质量轻,价格较低,我国铝的储量丰富。铜虽有较好的性能,但价格贵,我国储量不多,只有在一些特殊情况下才用铜材。如工作电流较大,位置特别狭窄,环境对铝有严重腐蚀而对铜腐蚀较轻等。

硬母线的截面形状一般有矩形、槽形和管形。矩形母线散热条件好,有一定的机械强度,便于固定和连接,但集肤效应较大,单条矩形母线截面最大不超过 1 250 mm^2。当工作电流大于最大单条矩形母线的允许电流时,每相可用 2~4 条矩形母线并列使用,但由于邻近效应的影响,多条矩形母线的允许电流并不随条数成比例增加。矩形母线一般只用于电压在 35 kV 及以下、电流在 4 000 A 及以下的配电装置中。槽形母线的机械强度较好,集肤效应较小,电流为 4 000~8 000 A 时,一般选用槽形母线。管形母线集肤效应小,机械强度高,管内可用水或风冷却,可用于 8 000 A 以上的大电流母线。此外,圆形母线表面光滑,电晕放电电压高,

110 kV 及以上配电装置中多用管形母线。

矩形母线在支柱绝缘子上的放置方式有两种,如图 7.6(a)所示为母线竖放,如图 7.6(b)所示为母线平放。三相母线的布置方式有如图 7.6(a)、(b)所示的水平布置和如图 7.6(c)所示的垂直布置。母线在支柱绝缘子上的放置方式和三相母线的布置方式,影响母线的散热和机械强度。母线竖放比平放散热条件好,允许工作电流大。水平布置母线竖放时,机械强度较平放小,散热条件好。垂直布置母线竖放时,散热和机械强度都较好,但增加了配电装置的高度。

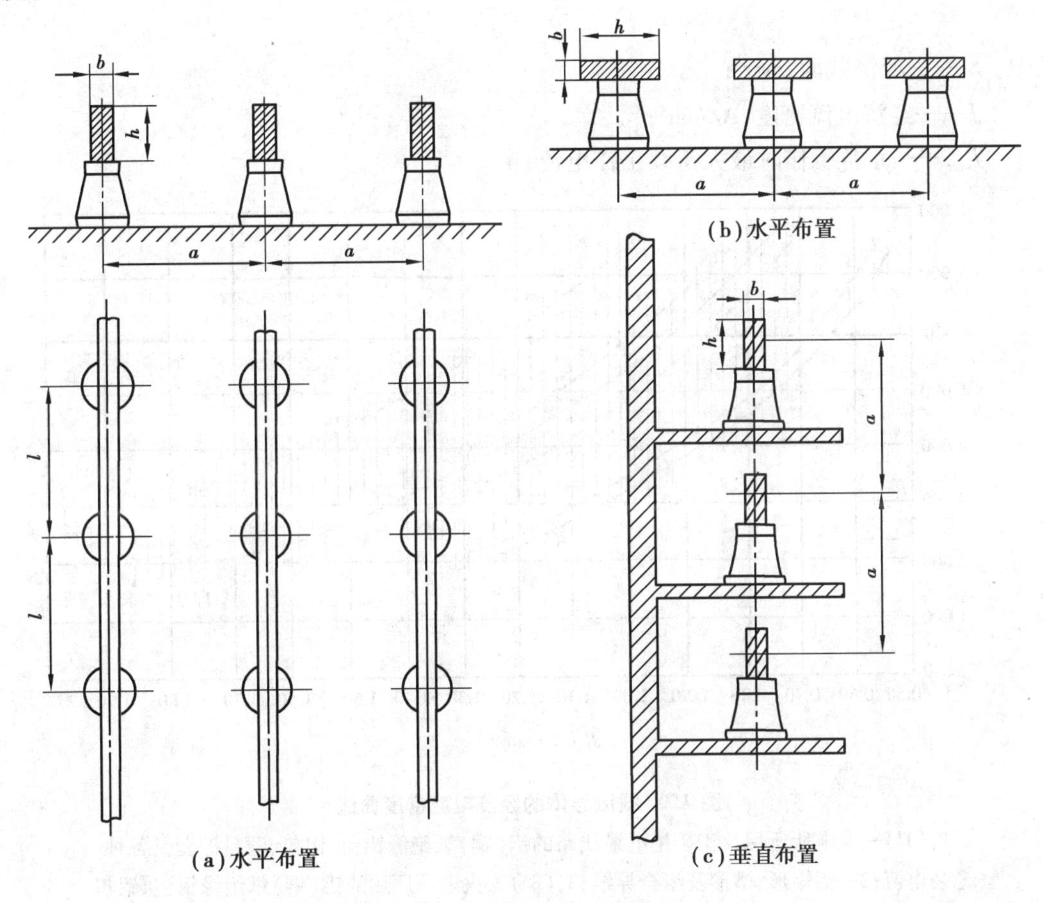

图 7.6　三相矩形母线的布置方式

(2)母线截面的选择

除配电装置汇流母线的截面按长期允许电流选择外,长度大于 20 m 的导体截面应按经济电流密度选择。

①按长期工作电流选择时,所选母线截面的长期允许电流应大于装设回路中最大持续工作电流,即

$$I_{al} \geqslant I_{max} \tag{7.18}$$

$$I_{al} = KI_N$$

式中　I_N——基准环境条件下的长期允许电流;

K——综合校正系数。

对屋内的矩形、槽形、管形母线和不计日照的屋外软导线,仅考虑温度的影响,校正系数K值可按式(7.12)中的说明计算。

对屋外导体,K值尚考虑海拔、日照等影响。

②按经济电流密度选择载流导体的截面,可使年计算费用最小。不同载流导体的经济电流曲线如图7.7所示。根据最大负荷年利用小时数T,可由图中相应曲线查得经济电流密度,计算出母线经济截面,即

$$S_j = \frac{I_{max}}{J} \tag{7.19}$$

式中 S_j——经济截面,mm^2;

J——经济电流密度,A/mm^2;

I_{max}——正常工作时最大持续工作电流,A。

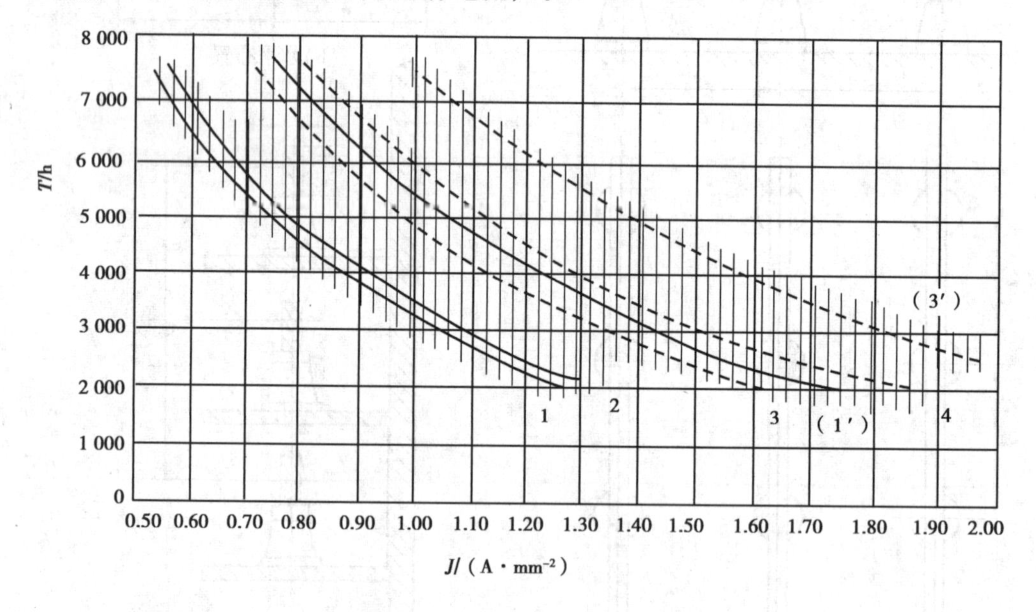

图7.7 载流导体的经济电流密度曲线

1,(1′)—变电所所用及工矿用电缆线路的铝(铜)纸绝缘铅包、铝包、塑料护套及各种铠装电流;2—铝矩形、槽形及组合导线;3,(3′)—火电厂厂用的铝(铜)纸绝缘铅包、铝包、塑料护套及各种铠装电缆;4—35~220 kV线路的LGJ、LGJQ型钢芯铝绞线

应尽量选择接近经济截面的标准截面,当无合适规格时,导体截面积允许按小于经济截面的相邻下一挡选取。按经济电流密度选择的导体截面,还必须满足式(7.18)的要求。

③电晕电压校验。

110 kV及以上母线,应进行电晕电压校验。电晕放电将引起电晕损耗、通信干扰以及金属腐蚀等不利现象,进行电晕电压校验时,应满足电晕临界电压大于母线安装处的最高工作电压。

④热稳定校验。

由式(7.6)可知

$$\frac{1}{S^2}\int_0^t i_{kt}^2 \mathrm{d}t = A_f - A_i$$

则

$$S_{min} = \sqrt{\frac{Q_k}{A_f - A_i}} = \frac{\sqrt{Q_k}}{C}$$

式中,A_f 由母线短时最高允许温度决定,A_i 由母线在短路前通过额定负荷时的工作温度决定。取 $\sqrt{A_f - A_i} = C$,C 称为热稳定系数,则由 $\frac{\sqrt{Q_k}}{C}$ 决定的母线截面为热稳定最小允许截面 S_{min}。

所选择母线截面,热稳定校验应满足的条件为

$$S \geqslant \frac{\sqrt{Q_k}}{C} \tag{7.20}$$

式中　S——所选择的母线截面,mm^2;

Q_k——短路电流热效应,$(kA)^2 \cdot s$;

C——热稳定系数。

在不同的工作温度下,对不同母线材料,C 值可取表 7.3 所列数值。

表 7.3　不同工作温度下的 C 值(℃)

工作温度	40	45	50	55	60	65	70	75	80	85	90
硬铝及铝锰合金	99	97	95	93	91	89	87	85	83	81	79
硬铜	186	183	181	176	176	174	171	169	166	164	161

当热稳定校验不满足要求时可选较大截面的母线。

⑤动稳定校验。

敞露母线都安装在支柱绝缘子上,母线可以自由伸缩。当短路冲击电流通过时,电动力将使母线产生弯曲应力。对硬母线进行动稳定校验时,应按弯曲情况计算机械强度。矩形母线的动稳定校验如下:

a.每相单条母线的应力计算。当三相母线布置在同一平面内时(图 7.6),三相短路时中间相母线上所受的电动力最大。母线受力的情况,通常假定为负荷均匀分布、自由支撑在绝缘子上的多跨梁。在此情况下,作用于母线上的最大弯矩,可按下列公式计算。

当跨距数等于 2 时:

$$M = \frac{F^{(3)} l^2}{8} \tag{7.21}$$

当跨距数大于 2 时:

$$M = \frac{F^{(3)} l^2}{10} \tag{7.22}$$

式中　M——最大弯矩,$N \cdot m$;

$F^{(3)}$——三相短路时中间相母线上的最大电动力,可不考虑形状系数,N;

l——绝缘子之间的距离,m。

母线材料的计算应力,按下式计算:

$$\sigma_{js} = \frac{M}{W} \tag{7.23}$$

式中　σ_{js}——计算应力,Pa;

W——母线截面的抗弯矩(也称截面系数),m^3。

抗弯矩 W 的计算:当三相母线水平布置,母线竖放时,如图 7.6 (a)所示,$W=\frac{b^2h}{6}$;当母线平放时,如图 7.6(b)所示,$W=\frac{bh^2}{6}$。当母线垂直布置时,如图 7.6 (c)所示,其抗弯矩与图 7.6(b)相同。

所得计算应力应满足条件:

$$\sigma_{js} \leqslant [\sigma] \tag{7.24}$$

式中　$[\sigma]$——母线材料的最大允许应力,Pa,其中,硬铝为 70×10^6 Pa,硬铜为 140×10^6 Pa。

当计算应力超过最大允许应力时,所选母线便不能满足动稳定要求。这时,可增大母线截面及减小跨距,设计中,常根据母线材料的最大允许应力,确定绝缘子间的最大允许跨距 l_{max}。

根据式(7.3),母线单位长度上的电动力为

$$f = 1.73\,[i_{sh}^{(3)}]^2\,\frac{l}{a}\,10^{-7}$$

在最大允许跨距 l_{max} 下的弯矩为

$$M_{max} = \frac{fl_{max}^2}{10}$$

当母线计算应力等于最大允许应力时

$$[\sigma] = \frac{M_{max}}{W} = \frac{fl_{max}^2}{10W} \tag{7.25}$$

在设计中,应取 $l\leqslant l_{max}$,否则不能满足要求。在母线水平布置时,一般取母线跨距不超过1.5~2 m,等于配电装置间隔的宽度。

b.每相多条母线的应力计算。当每相有多条母线时,每一条母线都在相间和条间两个力的作用下发生弯曲。每条母线的弯曲应力,由相间作用应力 σ_x 和同一相内条间作用力 σ_t 合成,即

$$\sigma_{js} = \sigma_x + \sigma_t \tag{7.26}$$

每相有两条母线时的应力计算如下:

同一相内母线条间距离很小,条间应力 σ_t 很大。为了减小条间应力 σ_t,同一相各条母线间每隔 $l_t=0.3$~0.5 m 装设衬垫,如图 7.8 所示。衬垫数目不宜过多,过多时将使母线散热不良以及安装复杂。

相间应力 σ_x 的计算与单条母线相同,只是有衬垫存在,使母线的抗弯矩增大。当母线按如图 7.6(b)、(c)所示方式布置时,$W_x=0.33\,bh^2$;当母线按如图 7.6(a)所示方式布置时,$W_x=1.44\,b^2h$。

相间作用力为

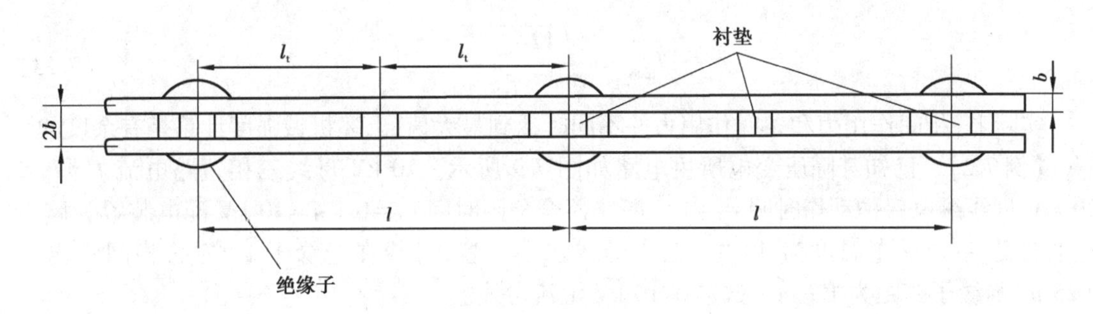

图 7.8　一相有两条母线时衬垫的装设

$$\sigma_x = \frac{M_x}{W_x} \tag{7.27}$$

相间作用的最大弯矩 M_x 的计算公式与单条母线相同。条间应力 σ_t 的计算应考虑短路冲击电流在各条母线中的分配和母线形状系数。当两条母线中心距离等于一条母线宽度的 2 倍时，即 $a=2b$，通常认为两条母线中的电流相等，则单位长度上条间的作用力为

$$f_t = 2K_x\left[0.5i_{sh}^{(3)}\right]^2 \frac{1}{2b}10^{-7} = 2.5K_x\left[i_{sh}^{(3)}\right]^2 \frac{1}{b}10^{-8} \tag{7.28}$$

在条间作用力的作用下，为了防止同相内两条母线互相接触，衬垫间的最大允许跨距——临界跨距可由下式决定：

$$l_j = \lambda b\sqrt[4]{\frac{h}{f_t}} \tag{7.29}$$

式中　b,h——母线截面的尺寸，m；

λ——系数，两条铜母线为 1 744，两条铝母线为 1 003。

在条间作用力 f_t 作用下，母线所受弯矩按两端固定的均匀负荷梁计算。条间最大弯矩为

$$M_t = \frac{1}{12}f_t l_t^2 \tag{7.30}$$

式中　l_t——衬垫间跨距，应小于或等于临界跨距，m。

此时的抗弯矩为

$$W = \frac{b^2 h}{6} \tag{7.31}$$

条间应力为

$$\sigma_t = \frac{M_t}{W_t} \tag{7.32}$$

应满足条件

$$\sigma_{js} = \sigma_x + \sigma_t \leqslant [\sigma]$$

当条间应力 σ_t 太大而不能满足上述条件时，可取条间允许应力 $\sigma_{tal}=[\sigma]-\sigma_x$，然后按 σ_{tal} 衬垫间的最大允许跨距 l_{max}。

由式(7.30)和式(7.32)可以写出

$$\frac{f_t l_{tmax}^2}{12} = W_t\sigma_{tal}$$

故

$$l_{tmax} = \sqrt{\frac{12\sigma_{tal}W_t}{f_t}} \tag{7.33}$$

实际上,相间作用力和条间作用力并不同时达到最大值,上述机械强度计算是有余度的。

【例 7.2】 已知某降压变电所主电路如图 7.9 所示。10 kV 母线三相短路电流 $I''=I_{zt}=$ 20 kA,母线继电保护动作时间 $t_{pr}=1$ s,断路器全分闸时间 $t_{ab}=0.1$ s。10 kV 配电装置为屋内配电装置,室内最高温度为 40 ℃,三相母线水平布置,母线在绝缘子上平放,相间距离为 0.25 m,绝缘子跨距为 1.2 m。试选择 10 kV 汇流母线。

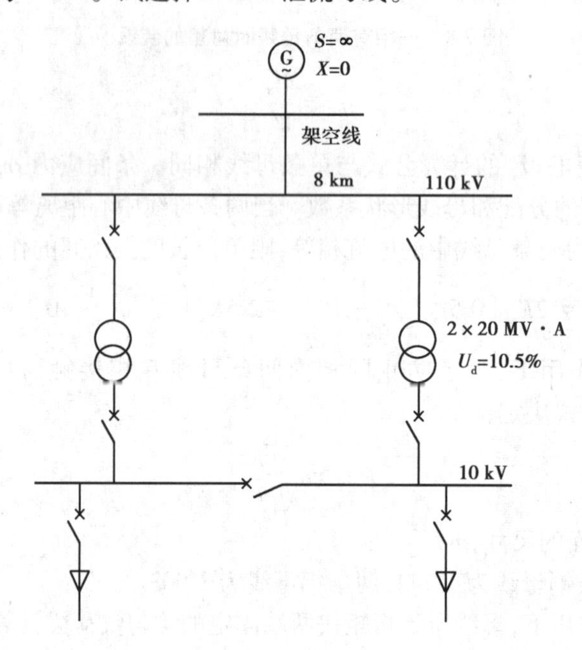

图 7.9　例 7.2 电路图

解:选用矩形截面铝母线。

①按长期允许选择母线截面。由主接线分析可知,母线最大持续工作电流不超过一台主变压器的最大持续工作电流,母线最大持续工作电流为

$$I_{max} = \frac{1.05 \times 20}{\sqrt{3} \times 10.5} \times 10^3 \approx 1\ 154.73(\text{A})$$

在产品目录中选用每相一条 80 mm×8 mm 的矩形铝母线。在基准环境温度为 25 ℃、母线平放时,基准条件下的长期允许电流$I_N=1\ 249$ A。查附表 3,室温为 40 ℃时,校正系数 $K=0.81$,长期允许电流为

$$I_{al} = 0.81 \times 1\ 249 = 1\ 011.69(\text{A}) < 1\ 154.73(\text{A})$$

80 mm×8 mm 母线不适用,重选 100 mm×8 mm 母线,$I_N=1\ 547$ A,长期允许电流为

$$I_{al} = 0.81 \times 1\ 547 = 1\ 253.07(\text{A}) > 1\ 154.73(\text{A})$$

可选用 100 mm×8 mm 矩形截面铝母线。

②热稳定校验。计算热稳定最小允许截面面积为

$$S_{min} = \frac{\sqrt{Q_k}}{C}$$

短路持续时间为

$$t = t_{pr} + t_{ab} = 1 + 0.1 = 1.1(s)$$

因 $t>1$ s,可不考虑非周期分量热效应,故短路电流热效应可按式(7.9)计算。因电力系统为无限大容量电源,故短路电流热效应为

$$Q_k = I_{zt}^2 t = 20\ 000^2 \times 1.1 = 440 \times 10^6(A^2 \cdot s)$$

按式(7.4)计算母线短路前通过最大持续工作电流时的工作温度为

$$\theta_i = \theta_0 + (\theta_{al} - \theta_0)\left(\frac{I_{max}}{I_{al}}\right)^2$$
$$= 40 + (70 - 40) \times \left(\frac{1\ 154.73}{1\ 253.07}\right)^2$$
$$\approx 65.48(℃)$$

查表 7.3,按 70 ℃取热稳定系数 $C=87$。

热稳定最小允许截面为

$$S_{min} = \frac{\sqrt{440 \times 10^6}}{87} \approx 241.19(mm^2)$$

能满足热稳定要求。

③动稳定校验。10 kV 母线三相短路电流时短路冲击电流为

$$i_{sh}^{(3)} = 2.55 \times 20 = 51(kA)$$

中间相母线所受最大电动力为

$$F^{(3)} = 1.73\ [i_{sh}^{(3)}]^2 \frac{l}{a} 10^{-7} = 1.73 \times (51 \times 10^3)^2 \times \frac{1.2}{0.25} 10^{-7} \approx 2\ 159.87(N)$$

最大弯矩为

$$M = \frac{F^{(3)} l^2}{10} = \frac{2\ 159.87 \times 1.2^2}{10} \approx 311.02(N \cdot m)$$

母线截面抗弯矩为

$$W = \frac{bh^2}{6} = \frac{0.008 \times 0.1^2}{6} \approx 1.33 \times 10^{-5}(m^2)$$

母线的计算应力为

$$\sigma_{js} = \frac{M}{W} = \frac{311.02}{1.33 \times 10^{-5}} \approx 23.85 \times 10^6(Pa)$$

由式(7.24)可知,硬铝的最大允许应力为

$$[\sigma] = 70 \times 10^6\ Pa > 23.85 \times 10^6\ Pa$$

满足动稳定要求,选用 100 mm×8 mm 矩形铝母线。

7.4.2　封闭母线的选择

大容量机组在发电机和变压器之间的连接母线中,正常工作时要通过上万安培的大电流。这样,大电流母线不仅有本身的发热问题,还会在周围产生强大的磁场,使周围钢构件中产生巨大的涡流和磁滞损耗,从而使钢构件温度升高。另外,大容量机组的短路电流更大,由此产生的巨大电动力使一般母线和绝缘子的机械强度很难满足要求。而且大容量机组故障

对系统将产生严重影响。敞露式母线容易受污秽、气候和外物的影响而造成短路。对容量为200 MW 及以上的机组,发电机和变压器之间的连接线以及厂用电源、电压互感器等分支线,均采用全连式分相封闭母线。

分相封闭母线的每相母线有一单独的金属保护外壳,基本消除了相间故障的可能性,其结构示意图如图7.10所示。载流导体一般用铝质圆管形结构,以减小集肤效应,且有较高的机械强度。载流导体由支柱绝缘子支持并固定在保护外壳上。支柱绝缘子与外壳之间通过一弹性板连接,以保持一定的弹性。载流导体的支持方式有4种,国内设计的封闭母线几乎都采用三绝缘子方案,三个绝缘子在空间彼此相差120 ℃。绝缘子只受压力,工作可靠。这时可不进行绝缘子抗弯计算。保护外壳一般采用厚为5~8 mm的铝板制成圆管形,为了便于检修维护母线接头或绝缘子,在外壳上设置检修与观察孔。对封闭母线的外壳和载流导体,它们与电气设备的连接处都应设置可拆卸的伸缩接头。当直线段长度为20 m左右时,一般设置焊接的伸缩接头,以保证封闭母线的伸缩。

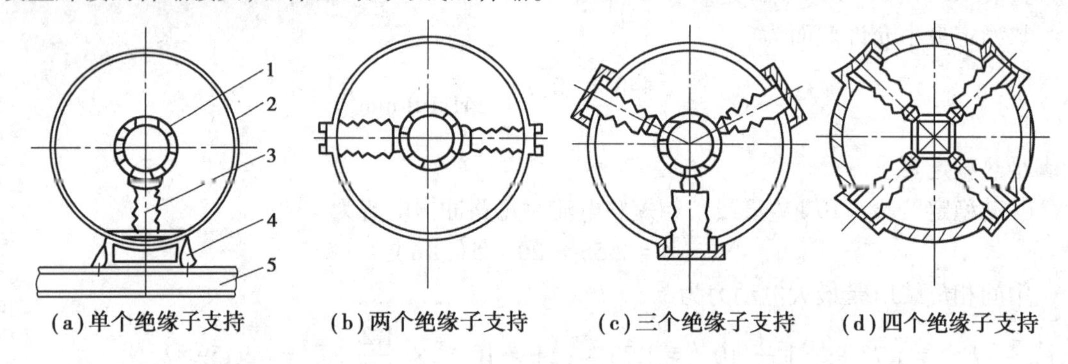

图7.10　分相封闭母线结构示意图

1—母线;2—外壳;3—绝缘子;4—支座;5—三相支持槽钢

全连式分相封闭母线的特点是沿母线长度方向上的外壳在同一相内从头到尾全部连通;在封闭母线的各个终端,将三相外壳用铝板制成的短路板互相连接在一起,使三相外壳在电气上成一闭合回路。当载流导体通过电流时,在外壳上感应出与载流导体大小相等、方向相反的环流,使壳外磁场几乎为零,载流导体间的短路电动力也大大减小,附近钢构件发热几乎完全消失,外壳起到了较好的屏蔽作用。为了安全,外壳采用多点接地,在短路板处应设置可靠的接地点。

200~300 MW的机组全连式分相封闭母线,一般采用自冷式的空气冷却方式;300 MW以上的机组,可采用强迫风冷或强迫水冷的冷却方式。

容量为200~600 MW发电机的全连式分相封闭母线,一般采用制造部门的定型产品。制造厂可提供有关封闭母线的额定电压、额定电流、动稳定和热稳定等参数,可按电气设备选择的一般条件进行校验。当选用非定型产品时,应进行载流导体和外壳的发热、应力等方面的计算和校验。

7.4.3　电力电缆的选择

电力电缆是传输和分配电能的一种特殊载流导体,主要用于发电机、电力变压器、配电装置之间的连接,电动机与自用电源的连接,以及输电线路。电缆的各相导体之间及导体对地之间均有绝缘层可靠绝缘，外面依次加有密封护套、外护层，将全部绝缘导体一并加以保护和封闭。电缆的结构极为紧凑，占用空间远比母线要小且走向布置灵活方便，运行可靠性高。

(1) 结构类型的选择

首先根据用途、敷设方式和使用条件选择。电缆作为载流导体，目前应用十分广泛，可以直接埋入地下以及敷设在电缆沟或电缆隧道中，也可以敷设在水中或海底，还可以在空中敷设。

其次根据结构类型选择。电缆芯线有铜芯和铝芯，其芯线一般由多股导线绞合而成，国内工程一般选择铝芯。

电缆的绝缘材料有很多种类型，且对电缆的结构和性能影响很大。电力电缆主要按绝缘方式分类并命名。

①油浸纸绝缘电缆。其主绝缘用经过处理的纸浸透电缆油制成，具有绝缘性能好、耐热能力强、承受电压高、使用寿命长等优点。其适用于 35 kV 及以下的输配电线路。

②聚氯乙烯绝缘电缆。其主绝缘采用聚氯乙烯，内护套大多也采用聚氯乙烯，具有电气性能好、耐水、耐酸碱盐、防腐蚀、机械强度较好、敷设不受高差限制等优点，并可逐步取代常规的绝缘纸电缆；缺点主要是绝缘易老化。其适用于 6 kV 及以下的输配电线路。

③交联聚乙烯绝缘电缆。交联聚乙烯利用化学和物理方法，使聚乙烯分子由直链状线型分子结构变为三度空间网状结构。这种电缆具有结构简单、外径小、质量小、耐热性能好、芯线允许工作温度高、载流量大、可制成较高电压级、机械性能好、敷设不受高差限制等优点，并可逐步取代常规的油浸纸绝缘电缆。其适用于 1~110 kV 的输配电线路。

④橡皮绝缘电缆。其主绝缘是橡皮，性质柔软、弯曲方便等优点；缺点是耐压强度不高、遇油变质、绝缘易老化、易受机械损伤等。其适用于 6 kV 及以下的输配电线路，且多用于厂矿车间的动力干线和移动式装置。

⑤高压冲油电缆。其主要特点是铅套内有油道。油道由缆芯导线或扁铜线绕制成的螺旋管构成。在单芯电缆中，油道直接放在线芯的中央；在三芯电缆中，油道则放在芯与芯之间的填充物处。冲油电缆的纸绝缘是用黏度很低的变压器油浸渍的，油道中也充满这种油。在连接盒和终端盒处装有压力油箱，以保证油道始终充满油，并保持恒定的油压。当电缆温度下降，油的体积收缩，油道中的油不足时，由油箱补充；当电缆温度上升，油的体积膨胀时，油道中多余的油流回油箱内。其适用于 110~330 kV 及以下的变、配电装置至高压架空线及城市输电系统之间的连接线。

(2) 额定电压的选择

额定电压应满足

$$U_N \geqslant U_{NS} \tag{7.34}$$

式中　U_N、U_{NS}——电缆及其所在电网的额定电压，kV。

(3) 截面的选择

电力电缆截面 S 的选择原则和方法与裸母线基本相同。对长度超过 20 m 且最大负荷利用小时数大于 5 000 h 的电缆按经济电流密度选择经济截面；反之，按长期允许电流选择。电缆的长期允许电流应根据环境温度和敷设条件等进行校正。

环境温度不同时，长期允许电流的校正系数见附表 7。

长期允许电流按敷设条件进行校正的校正系数见附表 8 和附表 9。

所选电缆芯线截面校正后的长期允许电流，应不小于装设电路的长期最大工作电流。

在大容量电路中，可能选用大截面电缆或多条电缆，这需要从技术可靠性和经济合理性等方面给予综合考虑决定。

(4)热稳定校验

电缆截面积 S 应满足下列条件：

$$S \geqslant \frac{\sqrt{Q_k}}{C} \times 10^2 (\text{mm}^2)$$

热稳定系数 C 按下式计算：

$$C = \frac{1}{\eta}\sqrt{\frac{4.2Q}{K\rho_{20}\alpha}\ln\frac{1+\alpha(\theta_f - 20)}{1+\alpha(\theta_i - 20)}} \times 10^{-2} \tag{7.35}$$

式中 η——计及电缆芯线充填物热容量随温度变化以及绝缘物散热影响的校正系数，对 3~10 kV 回路取 0.93，对 35 kV 及以上回路取 1.0；

Q——电缆芯单位体积的热容量，J/(cm³·℃)，铝芯取 0.59[J/(cm³·℃)]，铜芯取0.81 J/(cm³·℃)；

K——电缆芯在 20 ℃时的集肤效应系数，$S \leqslant 100$ mm² 的三芯电缆，$K=1$，$S=120$~240 mm²的三芯电缆，$K=1.005$~1.035；

ρ_{20}——电缆芯在 20 ℃时的电阻率，Ω·cm，铝芯取 3.10×10^{-6} Ω·cm，铜芯取1.84×10^{-6} Ω·cm；

α——电缆芯在 20 ℃时的电阻温度系数，(1/℃)，铝芯取 4.03×10^{-3}/℃，铜芯取3.93×10^{-3}/℃；

θ_i——短路前电缆的工作温度，℃；

θ_f——短路时电缆的最高允许温度，℃。对 10 kV 以下普通黏性浸渍绝缘及交联聚乙烯绝缘电缆，铝芯为 200 ℃，铜芯为 250 ℃，有中间接头的电缆短路时的最高允许温度，锡焊头为 120 ℃，压接接头为 150 ℃。

(5)按电压损失校验电缆截面

对供电距离较远、容量较大的电缆线路，应校验其电压损失 $\Delta U\%$，对三相交流电路，一般应满足

$$\Delta U\% \leqslant 5\%$$

而

$$\Delta U\% = 0.173 I_{max} L(r\cos\varphi + x\sin\varphi)/U_{NS} \tag{7.36}$$

式中 I_{max}——电缆线路最大持续工作电流，A；

L——线路长度，km；

r、x——电缆单位长度的电阻和电抗，Ω；

$\cos\varphi$——功率因数；

U_{NS}——电缆线路额定线电压，kV。

一般线路的电压损失 $\Delta U\%$应不大于 5%。

【例 7.3】 如图 7.9 所示接线中，某用户由 10 kV 双回电缆线路供电，双回电缆分别接于变电站 10 kV 母线不同分段上。正常工作时双回路同时投入。一条电缆故障时，另一条电缆

能供全部负荷。用户的最大负荷 $P=3\ 000$ kW，$\cos\varphi=0.9$，最大负荷利用小时数 $T=3\ 500$ h。每条电缆长度 $l=2$ km，距离电站 500 m 处有第一个压接中间接头，该接头处短路时 $I_z=15$ kA。电缆采用直埋地下敷设方式，并列两条，电缆间净距为 200 mm，土壤温度 $\theta=20$ ℃，土壤热阻系数为 80 ℃ · cm/W，线路后备保护动作时间 $t_{pr}=1.2$ s，断路器全分闸时间 $t_{ab}=0.15$ s。选择该出线电缆。

解：根据题意，选用 10 kV 铝芯、铅包、钢带铠装的 ZLL12 型三芯油浸纸绝缘电力电缆。因最大负荷利用小时数小于 5 000 h，故不按经济电流密度选择截面。

(1) 按长期允许电流选择电缆截面

考虑一条电缆故障负荷的转移，每条电缆的最大持续工作电流为

$$I_{max}=\frac{1.05\times 3\ 000}{\sqrt{3}\times 0.9\times 10.5}\approx 192.46(\mathrm{A})$$

由产品目录查得，每回路选用一条三芯电缆每芯的截面为 $S=120\ \mathrm{mm}^2$。电缆直埋时的基准环境温度 $\theta_0=25$ ℃，长期最高允许温度 $\theta_{al}=60$ ℃，额定长期允许电流 $I_{al}=215$ A。

当土壤温度为 20 ℃时，由附表 7 查得校正系数为 1.07，电缆直埋地下、两根并列、电缆间净距为 200 mm 时，查附表 9 得校正系数为 0.9。经过校正后 $S=120\ \mathrm{mm}^2$，电缆的长期允许电流为

$$I_{al}=1.07\times 0.9\times 215\approx 207.045(\mathrm{A})>192.46(\mathrm{A})$$

(2) 热稳定校验

对中间接头的电缆，应按第一个中间接头处短路进行热稳定校验。短路时最高允许温度按 150 ℃计。

短路持续时间为

$$t=t_{pr}+t_{ab}=1.2+0.15=1.35(\mathrm{s})$$

周期分量热效应可按式(7.9)计算为

$$Q_k=I_z^2t=(15\times 10^3)^2\times 1.35=303.75\times 10^6(\mathrm{A}^2\cdot \mathrm{s})$$

因 $t>1$ s，故短路电流热效应为

$$Q_k=Q_z=303.75\times 10^6(\mathrm{A}^2\cdot \mathrm{s})$$

电缆短路前的工作温度，取 $\theta_i=\theta_{al}=60$ ℃。

按式(7.35)计算可得热稳定系数 $C=73\times 10^2$。

热稳定最小允许截面为

$$S_{min}=\frac{\sqrt{Q_k}}{C}\times 10^2=\frac{\sqrt{303.75\times 10^6}}{73\times 10^2}\times 10^2\approx 238.75(\mathrm{mm}^2)$$

所选 120 mm^2 的电缆不能满足热稳定的需求。根据热稳定最小允许截面重选电缆面为 240 mm^2，长期允许电流为 320 A，定能满足最大持续工作电流的要求，热稳定也可满足要求，不再进行校验。

(3) 按电压损失校验截面

$$\Delta U\%=\frac{\sqrt{3}I_{max}\rho l}{U_e\times 10^3\times S}\cos\varphi\times 100=\frac{\sqrt{3}\times 192.46\times 0.035\times 2\ 000}{10\ 500\times 240}\times 0.9\times 100\approx 0.83\%<5\%$$

结果表明，每回路选择一根 ZLL12-10-3×240 型电缆，能满足要求。

7.5 支柱绝缘子和穿墙套管的选择

支柱绝缘子按额定电压的类型选择，并按短路校验动稳定；穿墙套管按额定电压、额定电流和类型选择，并按短路校验热、动稳定。

(1)选择支柱绝缘子和穿墙套管的种类和形式

选择支柱绝缘子和穿墙套管时应按装置的地点(屋内、屋外)、环境条件等选择。

支柱绝缘子有户内和户外两种，户内支柱绝缘子分内胶装、外胶装、联合胶装3个系列，主要用于3~35 kV屋内配电装置；户外支柱绝缘子分针式和棒式两种，主要用于6 kV及以上屋外配电装置。内胶装式支柱绝缘子的金属附件胶装在瓷件的孔内，相应地增加了绝缘距离，提高了电气性能，在有效高度相同的情况下，其总高度约比外胶装式低40%，同时，所用的金属配件和胶合剂的质量减少，其总质量比外胶装式减少50%。内胶装式支柱绝缘子具有体积小、质量小、电气性能好等优点，但机械强度较低。外胶装式支柱绝缘子的金属附件胶装在瓷件的外表面，使绝缘子的有效高度减少，电气性能降低，或在一定的有效高度下使绝缘子的总高度增加，尺寸、质量增大，但机械强度较高。这类产品已逐步被淘汰。联合胶装式支柱绝缘子上部的金属附件采用内胶装，下部的金属附件采用外胶装，而且一般属于实心不可击穿结构，为多菱形。它兼有内、外胶装式支柱绝缘子的优点，尺寸小，泄漏距离大，电气性能好，机械强度高，适用于潮湿和湿热带地区。户外针式绝缘子主要由绝缘瓷件、铸铁帽和法兰盘装脚组成，属于空心可击穿结构，较笨重，易老化。户外棒式绝缘子为实心不可击穿结构，一般不会沿瓷件内部放电，运行中不必担心瓷体被击穿，与同级电压的针式绝缘子相比，具有尺寸小、质量小、便于制造和维护等优点，它将逐步取代针式绝缘子。

套管绝缘子用于母线在屋内穿过墙壁或天花板，以及从屋内向屋外引出，或用于使有封闭外壳的电器(如断路器、变压器等)的载流部分引出壳外，也称为穿墙套管。穿墙套管按安装地点可分为户内和户外两种，一般适用于6~35 kV配电装置。户内穿墙套管主要用于在屋内穿过墙壁或天花板。户外穿墙套管主要用于将配电装置中的屋内载流导体与屋外载流导体连接，以及屋外电器的载流导体由壳内向壳外引出。其两端的绝缘瓷套分别按户内、户外两种要求设计，户外部分有较大的表面和较大的尺寸。

(2)按额定电压选择支柱绝缘子和穿墙套管

支柱绝缘子和穿墙套管的额定电压应满足下式要求，即

$$U_N \geqslant U_{NS}$$

式中　U_N、U_{NS}——支柱绝缘子(或穿墙套管)及其所在电网的额定电压，kV。

发电厂和变电所的3~20 kV屋外支柱绝缘子和套管，当有冰雪或污秽时，宜选用高一级额定电压的产品。

(3)按最大持续工作电流选择穿墙套管

支柱绝缘子内不通过电流，不必按最大持续工作电流选择和热稳定校验。母线型穿墙套管本身不带导体，也不必按持续工作电流选择和校验热稳定，只需保证套管形式与母线条的形状和尺寸配合及校验动稳定。

穿墙套管的最大持续工作电流应满足下式要求，即

$$I_{al} = KI_N \geqslant I_{max}$$

式中　K——温度修正系数，当环境温度 40 ℃ $\leqslant \theta \leqslant$ 60 ℃时，用 $K=\sqrt{\dfrac{\theta_{al}-\theta}{\theta_{al}-40}}$ 计算，导体的 θ_{al} 取 85 ℃，即 $K=0.149\sqrt{85-\theta}$；在环境温度 $\theta<40$ ℃及符合套管长期最高允许发热温度的情况下，允许其长期过负荷，但不应大于 $1.2I_N$；

I_N、I_{max}——穿墙套管的额定电流及其所在回路的最大持续工作电流，A。

(4)校验穿墙套管热稳定

穿墙套管热稳定应满足式(7.14)，即

$$I_t^2 t \geqslant Q_k$$

式中　I_t——允许通过穿墙套管的热稳定电流，A；

t——允许通过穿墙套管的热稳定时间，s。

(5)校验支柱绝缘子和穿墙套管动稳定

支柱绝缘子和穿墙套管动稳定应满足

$$F_c \leqslant 0.6F_d$$

式中　F_c——三相短路时，作用于绝缘子帽或穿墙套管端部的计算作用力，N；

F_d——绝缘子或穿墙套管的机械破坏负荷，查附表 10，N；

0.6——绝缘子或穿墙套管的潜在强度系数。

1)计算三相短路时绝缘子(或套管)所受的电动力 F_{max}

布置在同一平面内的三相导体发生三相短路时，任一支柱绝缘子(或套管)所受的电动力，为该绝缘子(或套管)相邻导体上电动力的平均值(即左右两跨各有一半力作用在绝缘子或套管上)。如图 7.11 所示，绝缘子所受的力 F_{max} 为

$$F_{max} = \frac{F_1 + F_2}{2} = 1.73 \times 10^{-7} \frac{L_1 + L_2}{2a} i_{sh}^2 = 1.73 \times 10^{-7} \frac{L_c}{a} i_{sh}^2 \tag{7.37}$$

式中　L_c——绝缘子计算跨距，$L_c=(L_1+L_2)/2$，L_1、L_2 为与绝缘子相邻的跨距，m。

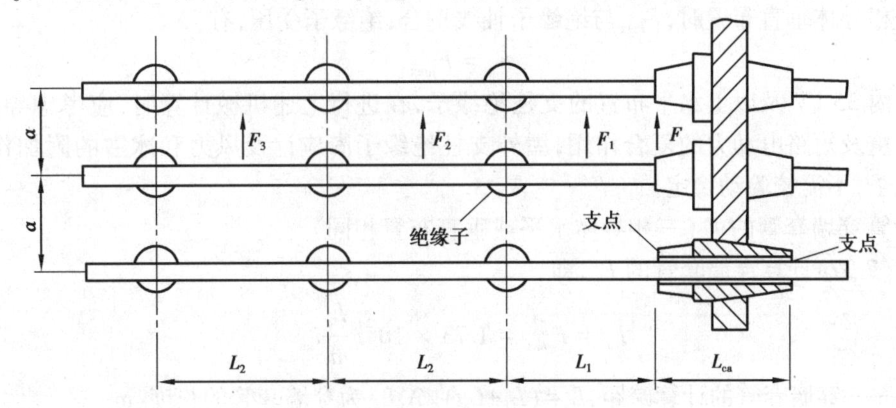

图 7.11　绝缘子和穿墙套管所受的电动力

2)计算支柱绝缘子的 F_c

当三相导体水平布置时，F_{max} 作用在导体截面的水平中心线上，与绝缘子轴线垂直，绝缘子可能被弯曲而破坏，如图 7.12 所示。由于支柱绝缘子的机械破坏负荷 F_d 是按作用在绝缘子帽上给定的，因此必须求出短路时作用在绝缘子帽上的计算作用力 F_c，根据力矩平衡得

$$F_c = F_{max} H_1 / H \tag{7.38}$$

而

$$H_1 = H + b' + h/2$$

式中　H_1——绝缘子底部到导体水平中心线的高度,mm;

H——绝缘子的高度,mm;

b'——导体支持器下片厚度,mm,一般竖放矩形导体 $b' = 18$ mm,平放矩形导体及槽形导体 $b' = 12$ mm;

h——母线总高度,mm。

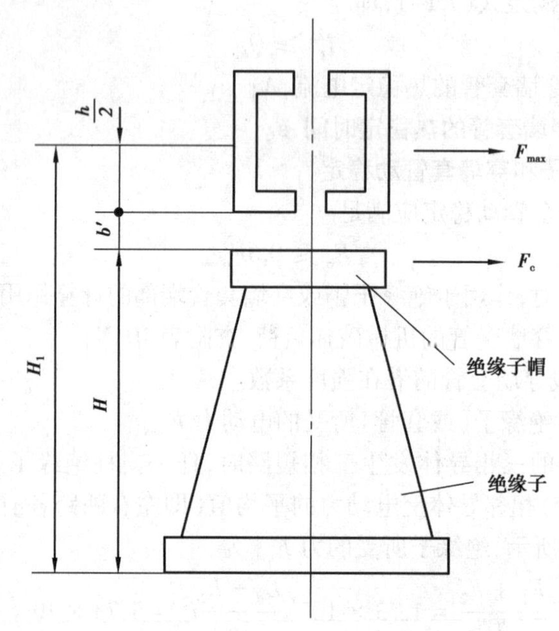

图 7.12　绝缘子受力示意图

当三相导体垂直布置时,F_{max} 与绝缘子轴线重合,绝缘子受压,有

$$F_c = F_{max}$$

对屋内 35 kV 及以上水平布置的支柱绝缘子,在进行上述机械计算时,应考虑导体和绝缘子的自重及短路电动力的复合作用,屋外支柱绝缘子尚应计及风力和冰雪的附加作用,对悬式绝缘子,不需校验动稳定。

3)计算穿墙套管的 F_c(三相导体水平或垂直布置相同)

按式(7.37)计算穿墙套管的 F_c,即

$$F_c = F_{max} = 1.73 \times 10^{-7} \frac{L_c}{a} i_{sh}^2 \tag{7.39}$$

式中　L_c——穿墙套管的计算跨距,$L_c = (L_1 + L_{ca})/2$,L_{ca} 为穿墙套管的长度,m。

7.6　高压断路器和隔离开关的选择

7.6.1　高压断路器的选择

高压断路器应按下列条件选择和校验：

①选择高压断路器的类型。根据环境条件、使用技术条件及各种断路器的不同特点进行选择。真空断路器、SF_6 断路器在技术性能和运行维护方面有明显优势，目前在系统中应用十分广泛，10 kV 及以下一般选用真空断路器，35 kV 及以上多选用 SF_6 断路器。

②根据安装地点选择户外式或户内式。

③断路器的额定电压不小于装设电路所在电网的额定电压。

④断路器经校正后的额定电流不小于通过断路器的最大持续工作电流。

⑤校验断路器的断流能力。一般可按断路器的额定开断电流 I_{Nbr}，大于或等于断路器触头分离瞬间实际开断的短路电流周期分量有效值 I_{zk} 来选择，即应满足条件

$$I_{Nbr} \geqslant I_{zk} \tag{7.40}$$

式中　I_{zk}——断路器触头分离瞬间实际开断的短路电流周期分量有效值。

当断路器的额定开断电流较系统的短路电流大很多时，为了简化计算，也可用次暂态短路电流进行选择，即

$$I_{Nbr} \geqslant I'' \tag{7.41}$$

断路器触头实际开断计算时间 t_k 等于主保护动作时间 t_{pr} 与断路器固有分闸时间 t_{in} 之和，即

$$t_k = t_{pr} + t_{in} \tag{7.42}$$

当断路器的开断时间 $t_k<0.1$ s 时，因电力系统中大容量机组的出现及快速保护和高速断路器的使用，故在靠近电源处的短路点，如发电机回路、高压厂用支路、发电机电压母线、发电厂升高电压母线等处，短路电流中非周期分量所占比例较大。在校验断流能力、计算被开断的短路电流时，应计及非周期分量的影响。

⑥按短路关合电流选择。应满足的条件是断路器的额定关合电流 i_{Ncl} 应不小于短路冲击电流 i_{sh}，即

$$i_{Ncl} \geqslant i_{sh} \tag{7.43}$$

⑦动稳定校验。应满足的条件是短路冲击电流 i_{sh} 应不大于断路器的电动稳定电流（峰值）。断路器的电动稳定电流一般在产品目录中给出的是极限通过电流（峰值）i_{es}，即

$$i_{es} \geqslant i_{sh} \tag{7.44}$$

⑧热稳定校验。应满足的条件是短路热效应 Q_k 应不大于断路器在 t 时间内的允许热效应，即

$$I_t^2 t \geqslant Q_k \tag{7.45}$$

式中　I_t——断路器时间 t 内的允许热稳定电流，A。

⑨根据对断路器操作控制的要求，选择与断路器配用的操动机构。

7.6.2 隔离开关的选择

隔离开关按下列条件进行选择和校验：

①根据配电装置布置的特点,选择隔离开关的类型。

②根据安装地点选用户内式或户外式。

③隔离开关的额定电压应大于装设处电路所在电网的额定电压。

④隔离开关经校正后的额定电流应大于装设电路的最大持续工作电流。

⑤动稳定校验应满足的条件为

$$i_{es} \geqslant i_{sh}$$

⑥热稳定校验应满足的条件为

$$I_t^2 t \geqslant Q_k$$

⑦根据对隔离开关操作控制的要求,选择配用的操动机构。隔离开关一般采用手动操动机构。户内 8 000 A 以上隔离开关、户外 220 kV 高位布置的隔离开关和 330 kV 隔离开关,宜采用电动操动机构。当有压缩空气系统时,也可采用气动操动机构。

【例 7.4】 如图 7.13 所示发电厂主电路图,两台发电机容量为 25 MW,两台主变压器额定容量为 20 MV · A。试选择发电机 G2 回路中的断路器和隔离开关。主保护动作时间 t_{pr1} = 0.05 s,后备保护动作时间为 t_{pr2} = 4 s,实际环境温度 θ_0 = 40 ℃。

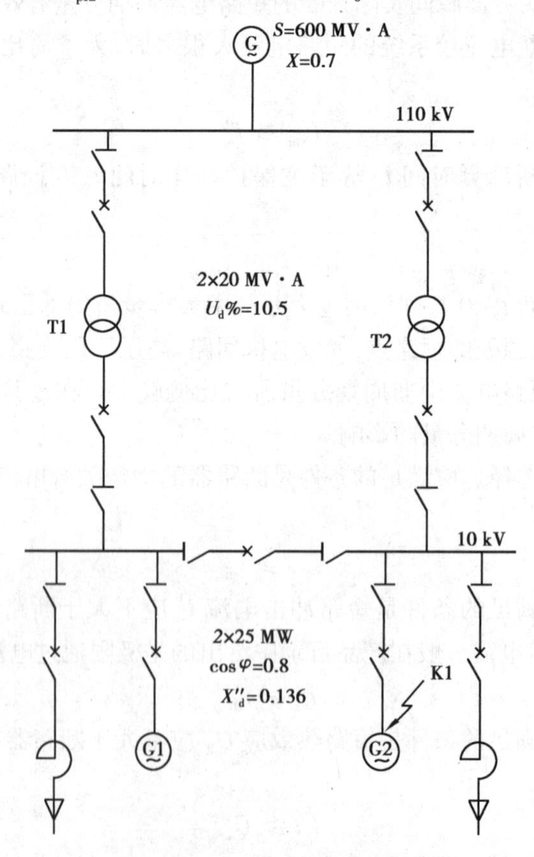

图 7.13 例 7.4 电路图

解:发电机回路的最大持续工作电流为

$$I_{max}=\frac{1.05\times 25}{\sqrt{3}\times 10.5\times 0.8}\times 10^3\approx 1\ 804.3(A)$$

因发电机回路的断路器和隔离开关安装在屋内配电装置中,故选用户内式。由产品目录查得,断路器和隔离开关选择结果见表 7.4。

表 7.4　断路器和隔离开关选择结果

计算数据	额定参数	
	ZN22-10/2000-40	GN2-10/2000-85
U　10 kV	U_N　10 kV	10 kV
I_{max}　1 804.3 A	I_N　2 000 A	2 000 A
I_{zk}　24.47 kA	I_{Nbr}　40 kA	—
i_{sh}　76.96 kA	i_{Ncl}　100 kA	—
Q_k　1 740.989[(kA)^2·s]	$I_{t_d}^2 t$ $40^2\times 4=6\ 400$[(kA)^2·s]	$51^2\times 5=13\ 005$[(kA)^2·s]
i_{sh}　76.96 kA	i_{es}　100 kA	85 kA

ZN22-10 型断路器的固有分闸时间 $t_{in}=0.065$ s,全分闸时间为 $t_{ab}=0.1$ s,$t_a=0.035$ s。断路器触头刚分开时,实际开断时间为

$$t_k=t_{pr1}+t_{in}=0.05+0.065=0.115(s)$$

热稳定校验时的短路持续时间为

$$t_{ab}=t_{in}+t_a=0.065+0.035=0.1(s)$$

$$t_k=t_{pr2}+t_{ab}=4+0.1=4.1(s)$$

为了校验所选发电机电路中的断路器和隔离开关,计算 d_1 点短路电流,其结果见表 7.5。

表 7.5　短路计算结果

短路电流/kA	I''	$I_{0.1}$	I_2	I_4	i_{ch}
三相短路	28.61	24.47	19.798	19.312	76.96
两相短路	24.78	—	19.743	18.654	—

由电流计算结果可知,三相短路电流大于两相短路电流,按三相短路进行热稳定校验。

周期分量热效应计算,认为 $t>4$ s 后的短路电流周期分量稳定不变,把 I_4 看成稳态短路电流,则

$$Q_z=\frac{28.61^2+10\times 19.798^2+19.312^2}{12}\times 4+0.1\times 19.312^2\approx 1\ 740.989[(kA)^2\cdot s]$$

非周期分量热效应不计。短路电流的热效应为

$$Q_k=Q_z=1\ 740.989[(kA)^2\cdot s]$$

7.7 高压负荷开关和高压熔断器的选择

7.7.1 高压负荷开关的选择

负荷开关的选择与高压断路器类似,其主要用来接通和断开正常工作电流,不能开断短路电流,不校验短路开断能力。高压负荷开关按下列条件进行选择:

①种类和形式的选择。应根据环境条件、使用技术条件及各种负荷开关的不同特点进行选择。

②负荷开关的额定电压应大于装设处电路的额定电压。

③负荷开关的额定电流应大于装设处电路的最大持续工作电流。

④动稳定校验应满足的条件为

$$i_{es} \geqslant i_{sh}$$

⑤热稳定校验应满足的条件为

$$I_t^2 t \geqslant Q_k$$

7.7.2 高压熔断器的选择

高压熔断器按下列条件进行选择和校验:

①根据装置地点选用户内式或户外式。

②按额定电压选择。对一般高压熔断器,其额定电压必须大于或等于电网的额定电压。对有限流作用的熔断器(如充填石英砂的熔断器),只能用在等于其额定电压的电网中。这类熔断器在熔体熔断时,电路会产生 2~2.5 倍的过电压,如用在低于其额定电压的电网中,过电压值可能更高,以致损害电网中的电气设备。

③按额定电流选择,包括熔管和熔体额定电流的选择。

a.熔管的额定电流 I_{Ng} 应大于或等于熔体的额定电流 I_{Nt},以保证熔断器不致损坏,即

$$I_{Ng} \geqslant I_{Nt} \tag{7.46}$$

b.选择熔体额定电流 I_{et} 时,应避免电路中出现短时过电流而发生误熔断的现象。

对保护 35 kV 及以下电力变压器的熔断器,其熔体额定电流可按下式选择:

$$I_{Nt} \geqslant KI_{max} \tag{7.47}$$

式中 I_{max}——变压器回路的最大持续工作电流,A;

K——可靠系数,当不考虑电动机自启动时,可取 $K=1.1\sim1.3$,当考虑电动机自启动时,可取 $K=1.5\sim2.0$。

对保护电力电容器的高压熔断器,为防止电路中由电网电压升高及电容器投入断开时产生的充、放电涌流而误动作,熔体的额定电流可按下式选择:

$$I_{Nt} \geqslant KI_{Nc} \tag{7.48}$$

式中 I_{Nc}——电力电容器回路的额定电流,A;

K——可靠系数,取 $K=1.5\sim2.0$。

④熔断器开断电流的校验。对有限流作用的熔断器,其熔体在短路冲击电流出现之前已

熔断,其开断电流 I_{Nbr} 可按下式校验:

$$I_{Nbr} \geqslant I'' \tag{7.49}$$

对没有限流作用的跌落式高压熔断器,其断流容量应分别按上、下限值校验,开断电流应以短路全电流校验。

⑤熔断器选择性校验。选择熔断器的熔体时,还应保证前后两级熔断器之间、熔断器与电源侧继电保护之间以及熔断器与负荷侧继电保护之间动作的选择性。在保证选择性的前提下,当保护范围内短路时,能在最短时间内熔断。各种型号熔断器的熔体熔断时间可从制造厂提供的安秒特性曲线上查得。

对保护电压互感器用的高压熔断器,只按额定电压及断流容量进行选择。

7.8　互感器的选择

7.8.1　电流互感器的选择

电流互感器按下列条件进行选择及校验:

①根据安装地点(户内、户外)、安装使用条件(穿墙式、支持式、母线式)等选择电流互感器的形式。6~20 kV 屋内配电装置,可选用瓷绝缘结构或树脂浇注绝缘结构的电流互感器;35 kV 及以上配电装置,一般选用油浸瓷箱式绝缘结构的电流互感器,有条件时应选用套管式电流互感器。

②按一次电路的电压和电流选择电流互感器的一次额定电压和一次额定电流时,必须满足下列条件:

$$U_{N1} \geqslant U_{NS} \tag{7.50}$$

$$I_{al} = KI_{N1} \geqslant I_{max} \tag{7.51}$$

式中　U_{NS}——电流互感器所在电网的额定电压;

U_{N1}、I_{N1}——电流互感器的一次额定电压和一次额定电流;

K——温度修正系数;

I_{max}——装设所选电流互感器的一次回路的最大持续工作电流。

为了保证供给测量仪表的准确度,电流互感器的一次正常工作电流值应尽量接近其一次额定电流。

电流互感器的二次额定电流,一般选用 5 A,在弱电系统中选用 1 A。

③根据二次侧负荷的要求,选择电流互感器的准确度级。

电流互感器的准确度级不得低于所供测量仪表的准确度级,以保证测量的准确度。

例如,用于测量精确度要求较高的大容量发电机、变压器、系统干线和 500 kV 电压级的电流互感器,宜用 0.2 级。用于重要回路如发电机、调相机、变压器、厂用线路及出线等的电流互感器,应为 0.5 级。供运行监视和控制盘上的电流表、功率表、电度表等仪表的电流互感器,一般采用 1 级。当仪表只供估计电气参数时,电流互感器可用 3 级。当用于继电保护时,应根据继电保护的要求选用“D”“B”和“J”级(或新型号 P 级和 TPY 级)。

④根据选定的准确度级,校验电流互感器的二次侧负荷,并选择二次连接导线截面。

电流互感器在一定的准确度级下工作时,规定有相应的额定二次侧负荷,即在此准确度级下允许的二次侧负荷最大值。当实际二次侧负荷超过此值时,准确度级将降低。为保证电流互感器能在选定的准确度级下工作,二次侧所接的负荷必须小于或等于选定准确度级下的额定二次侧负荷,即

$$Z_{N2} \geqslant Z_{2l} \tag{7.52}$$

式中 Z_{N2}——选定准确度级下的额定二次侧负荷,Ω;

Z_{2l}——电流互感器的二次侧负荷,Ω。

决定二次侧负荷时,须先画出电流互感器二次侧的测量仪表和继电器的电路图。一般测量仪表和继电器电流线圈及其连接导线的电抗很小,可以忽略不计,只计及线圈及连线的电阻,则二次侧负荷等于

$$Z_{2l} = \sum R_{dl} + R_d + R_c \tag{7.53}$$

式中 $\sum R_{dl}$——测量仪表和继电器电流线圈的串联总电阻;

R_d——连接导线的电阻;

R_c——各接头的接触电阻总和,一般取 0.1 Ω。

如已知各测量仪表和继电器电流线圈所消耗功率的伏安值,可近似计算各电流线圈的串联总电阻,忽略线圈的电抗,则

$$\sum R_{dl} = \frac{\sum S_{dl}}{I_{N2}^2}$$

电流互感器二次连接导线的截面,可按以下方法确定。取 $Z_{2l}=Z_{N2}$,代入式(7.53),则连接导线的电阻为

$$R_d = Z_{N2} - \sum R_{dl} - R_c$$

选择连接导线的截面为

$$S \geqslant \frac{\rho L_c}{R_d} = \frac{\rho L_c}{Z_{N2} - \sum R_{dl} - R_c} \tag{7.54}$$

式中 S——连接导线的截面面积,mm^2;

ρ——连接导线的电阻率,$\Omega \cdot mm^2/m$,铜为 $1.75\times10^{-2}\ \Omega \cdot mm^2/m$,铝为 $2.83\times10^{-2}\ \Omega \cdot mm^2/m$;

L_c——连接导线的计算长度,m。

连接导线的计算长度 L_c,取决于从电流互感器到测量仪表(或继电器)之间的实际连接距离 l 和电流互感器的接线方式。当采用单相接线时,$L_c=2l$;当采用星形接线时,其中线内电流很小,$L_c=l$;当两只电流互感器接成不完全星形时,公共导线内的电流为$-\dot{I}_v$,与 U 相电流的相位差为 60°,按电压方程可得 $L_c=\sqrt{3}l$。

发电厂和变电所中应采用铜芯控制电缆,根据机械强度要求,求得的连接导线截面不应小于 1.5 mm^2。

⑤热稳定校验。电流互感器的热稳定能力用热稳定倍数 K_t 表示。热稳定倍数 K_t 等于 1 s内允许通过的热稳定电流与一次额定电流 I_{N1}之比。热稳定应满足的条件为

$$(K_t I_{N1})^2 \cdot t \geqslant Q_k \tag{7.55}$$

式中 K_t——时间 t 内的热稳定倍数,$t=1$ s;

Q_k——短路电流的热效应。

⑥动稳定校验。电流互感器的动稳定能力用动稳定倍数 K_{es} 表示。K_{es} 等于内部允许通过极限电流的峰值与一次额定电流最大值之比,满足的条件为

$$(K_{es} \cdot \sqrt{2} I_{N1}) \geq i_{sh}^{(3)} \tag{7.56}$$

此外,对瓷绝缘结构的电流互感器,还应校验互感器绝缘瓷套端部受到的相间电动力。对瓷绝缘结构的电流互感器,应校验瓷套管的机械强度,应满足的条件为

$$F_{al} \geq 0.5 \times 1.73 \times 10^{-7} [i_{sh}^{(3)}]^2 \frac{l}{a} \tag{7.57}$$

式中　F_{al}——电流互感器瓷帽端部的允许作用力,N;

l——电流互感器瓷帽到最近的支持绝缘子之间的距离,m。

系数0.5表示作用在电流互感器瓷帽的力,仅为该跨距所受电动力的1/2。

对瓷绝缘的母线型电流互感器(如LMC型),其端部作用力可按式(7.37)计算。

【例7.5】　选择如图7.9所示变电所10 kV出线上的电流互感器。出线最大工作电流 $I_{max}=192.46$ A,$I''=I_{zt}=20$ kA。出线后备保护动作时间 $t_{pr}=1.2$ s,断路器全分闸时间 $t_{ab}=0.1$ s,电流互感器回路电路图如图7.14所示。测量仪表和继电器装在屋内配电装置中,电流互感器到仪表的连线距离 $l_1=5$ m。

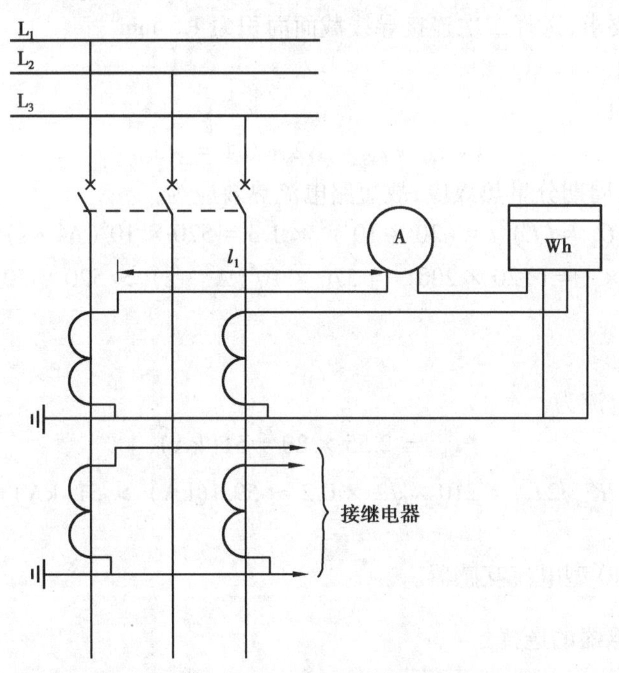

图7.14　电流互感器回路电路图

解:(1)选择电流互感器的型号

根据题意,选择户内用环氧树脂浇注绝缘结构电流互感器,由产品目录中查得型号为LFZD2-10型。其额定参数为 $U_N=10$ kV,$I_{N1}=200$ A,$I_{N2}=5$ A。供测量用铁芯准确度为0.5级,额定二次侧负荷 $Z_{N2}=0.8\ \Omega$。1 s热稳定倍数 $K_t=120$,动稳定倍数 $K_{es}=210$。

(2)选择0.5级侧的二次连接导线的截面

统计电流互感器供测量仪表的各项一次侧负荷,见表7.6。

表 7.6 电流互感器各项一次侧负荷 (单位:V·A)

仪表名称	U 相		W 相	
	电流线圈数	消耗功率	电流线圈数	消耗功率
电流表(1T1-A)	1	3	—	—
电能表(DS1)	1	0.5	1	0.5
总 计	2	3.5	1	0.5

可见,U 相负荷最大,U 相所接各仪表电流线圈的总电阻为

$$\sum R_{d1} = \frac{3.5}{5^2} = 0.14(\Omega)$$

二次导线采用铜导线。电流互感器为不完全星形接线,连接导线的计算长度 $L_c = \sqrt{3}\,l$,故导线截面面积为

$$S \geqslant \frac{\rho L_c}{Z_{N2} - \sum R_{d1} - R_c} = \frac{1.75 \times 10^{-2} \times \sqrt{3} \times 5}{0.8 - 0.14 - 0.1} \approx 0.27(\text{mm}^2)$$

根据机械强度要求,选择二次连接导线截面面积为 1.5 mm²。

(3)热稳定校验

短路持续时间为

$$t = t_{pr} + t_{ab} = 1.2 + 0.1 = 1.3\ \text{s}$$

因 $t>1$ s 不计非周期分量热效应,故短路电流热效应为

$$Q_k = (I'')^2 t = (20 \times 10^3)^2 \times 1.3 = 520 \times 10^6(\text{A}^2 \cdot \text{s})$$

$$(K_t I_{N1})^2 \times 1 = (120 \times 200)^2 = 576 \times 10^6(\text{A}^2 \cdot \text{s}) > 520 \times 10^6(\text{A}^2 \cdot \text{s})$$

满足热稳定要求。

(4)动稳定校验

三相短路冲击电流为

$$i_{sh}^{(3)} = 2.55 \times 20 = 51(\text{kA})$$

$$K_{es}\sqrt{2}I_{N1} = 210 \times \sqrt{2} \times 0.2 \approx 59.4(\text{kA}) > 51(\text{kA})$$

满足动稳定要求。

故选用 LFZD2-10 型电流互感器。

7.8.2 电压互感器的选择

电压互感器按下列条件进行选择和校验:

①按安装地点和使用条件等选择电压互感器的类型。一般在 6~20 kV 屋内配电装置中,选用户内油浸式或树脂浇注绝缘的电磁式电压互感器;35 kV 配电装置宜选用电磁式电压互感器;110 kV 及以上配电装置中,如果容量和准确度级满足要求,宜选用电容式电压互感器。

再根据电压互感器的用途,确定电压互感器接线。选择单相或三相、一个二次绕组或两个二次绕组的电压互感器。

②按一次回路电压选择。电压互感器的一次额定电压 U_{N1} 应大于或等于所接电网的额定电压 U_W。但电网电压 U_W 的变动范围应满足下列条件：

$$1.1U_{N1} > U_W > 0.9U_{N1}$$

③按二次回路电压选择。电压互感器二次绕组额定电压可按表 7.7 选择。

表 7.7　电压互感器二次绕组额定电压选择

接线方式	电网电压 /kV	形式	基本二次绕组电压/V	辅助二次绕组电压/V
Yy	3~35	单相式	100	无此绕组
YNynd	110J~500J	单相式	$100/\sqrt{3}$	100
	3~60	单相式	$100/\sqrt{3}$	100/3
	3~15	三相五柱式	100	100/3(每相)

注:J 是指中性点直接接地系统。

④按容量和准确度级选择。电压互感器准确度级的选择原则，可参照电流互感器准确度级。选定准确度级之后，在此准确度级下的额定二次容量 S_{N2} 应不小于互感器的二次侧负荷 S_2，即

$$S_{N2} \geqslant S_2 \tag{7.58}$$

最好使 S_{N2} 与 S_2 相近，因为 S_2 超过 S_{N2} 或比 S_{N2} 小得过多时，都会使准确度级降低。互感器二次侧负荷可按下式计算

$$S_2 = \sqrt{\left(\sum S\cos\varphi\right)^2 + \left(\sum S\sin\varphi\right)^2} = \sqrt{\left(\sum P\right)^2 + \left(\sum Q\right)^2} \tag{7.59}$$

式中　S、P、Q——仪表和继电器电压线圈消耗的视在功率、有功功率、无功功率；

$\cos\varphi$——仪表和继电器电压线圈的功率因数。

统计电压互感器二次侧负荷时，首先应根据仪表和继电器的要求，确定电压互感器的接线方式，并尽可能地将负荷均匀分布在各相上。然后计算各相负荷的大小，取最大一相负荷，与这一相互感器的额定二次容量比较。在计算电压互感器一相负荷时，要注意互感器和负荷的接线方式。当互感器和负荷接线方式不一致时，可按下列公式计算。

如图 7.15 (a)所示，已知每相负荷的总伏安数和功率因数，电压互感器每相二次绕组所供功率如下：

U 相：有功功率　$P_U = \dfrac{1}{\sqrt{3}} S_{UV}\cos(\varphi_{UV} - 30°)$

无功功率　$Q_U = \dfrac{1}{\sqrt{3}} S_{UV}\sin(\varphi_{UV} - 30°)$

V 相：有功功率　$P_V = \dfrac{1}{\sqrt{3}}\left[S_{UV}\cos(\varphi_{UV} + 30°) + S_{VW}\cos(\varphi_{VW} - 30°)\right]$

无功功率　$Q_V = \dfrac{1}{\sqrt{3}}\left[S_{UV}\sin(\varphi_{UV} + 30°) + S_{VW}\sin(\varphi_{VW} - 30°)\right]$

W 相:有功功率　　$P_W = \frac{1}{\sqrt{3}} S_{VW} \cos(\varphi_{VW} + 30°)$

无功功率　　$Q_W = \frac{1}{\sqrt{3}} S_{VW} \sin(\varphi_{VW} + 30°)$

如图 7.15 (b)所示,已知每相负荷总伏安数为 S,总功率因数为 $\cos\varphi$,电压互感器每相二次绕组所供功率如下:

UV 相:有功功率　　$P_{UV} = \sqrt{3} S \cos(\varphi + 30°)$

无功功率　　$Q_{UV} = \sqrt{3} S \sin(\varphi + 30°)$

VW 相:有功功率　　$P_{VW} = \sqrt{3} S \cos(\varphi - 30°)$

无功功率　　$Q_{VW} = \sqrt{3} S \sin(\varphi - 30°)$

电压互感器不进行动稳定和热稳定校验。

【例 7.6】 选择如图 7.15 所示发电厂电路中,接在 10 kV 母线上的供测量用电压互感器及其高压侧熔断器。已知 10 kV 母线三相短路电流 $I'' = 43.46$ kA,10 kV 母线接有出线 8 回、厂用工作变压器 2 台、主变压器 2 台。母线电压互感器所供测量仪表有有功电能表 12 只、无功电能表 8 只、有功功率表 4 只、无功功率表 2 只、母线电压表 1 只、频率表 1 只、绝缘监察用电压表 3 只。

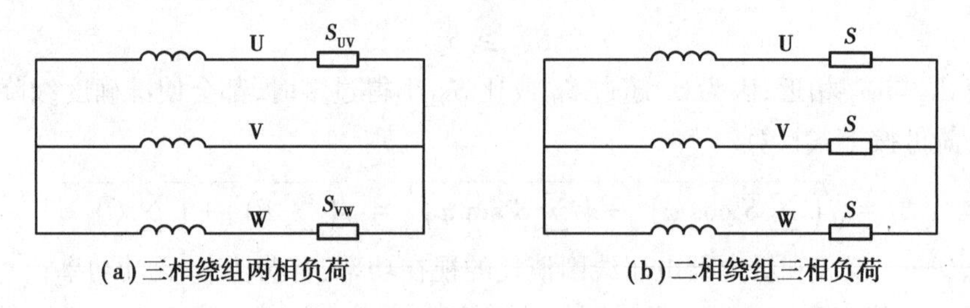

(a)三相绕组两相负荷　　(b)二相绕组三相负荷

图 7.15　计算电压互感器二次侧负荷时的电路图

解:(1)选择电压互感器的形式

因 10 kV 母线电压互感器,除题已知条件所有仪表外,还用来做 10 kV 交流电网的绝缘监察,故选用户内式、3 只单相 JDZJ1-10 型浇注式电压互感器(也可选用 1 只 JSJW-10 型三相五柱式电压互感器)。3 只单相电压互感器接成 YNynd(开口三角形)接线,每只互感器的一、二次电压比为 $\frac{10}{\sqrt{3}} / \frac{0.1}{\sqrt{3}} / \frac{0.1}{3}$ kV。

(2)准确度级和额定二次容量的选择

因电压互感器需供电能表,故选择准确度级为 1 级,相应的二次容量为

$$S_{N2} = 80(\text{V} \cdot \text{A})$$

测量仪表与电压互感器基本二次绕组连接的电路图如图 7.16 所示,图中未画出开口三角形绕组。电压互感器各相负荷统计(不完全星形负荷部分),见表 7.8。

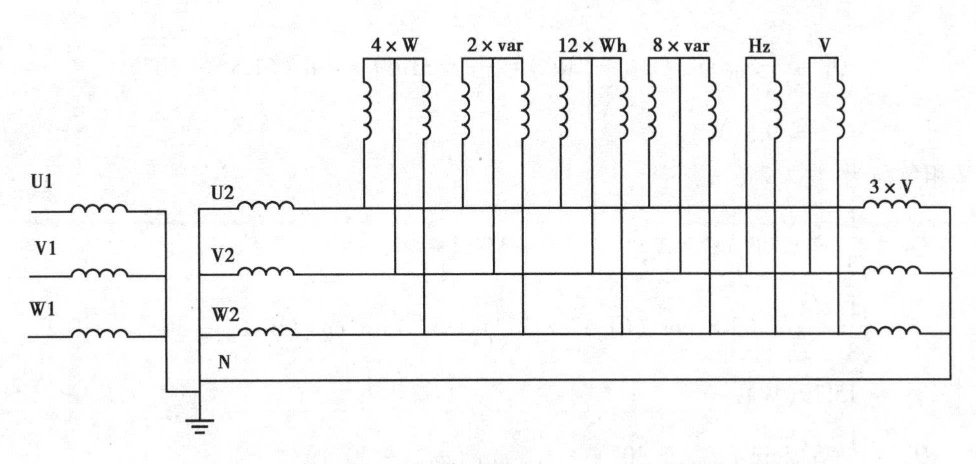

图 7.16　测量仪表与电压互感器基本二次绕组连接的电路图

表 7.8　电压互感器各相负荷统计(不完全星形负荷部分)

仪表名称及型号	每个线圈消耗功率/(V·A)	仪表电压线圈		仪表数目	UV 相		VW 相	
		$\cos\varphi$	$\sin\varphi$		P_{UV}	Q_{UV}	P_{VW}	Q_{VW}
有功功率表 46D1-W	0.6	1		4	2.4		2.4	
无功功率表 46D1-var	0.5	1		2	1		1	
有功电能表 DS1	1.5	0.38	0.925	12	6.84	16.65	6.84	16.65
无功电能表 DX1	1.5	0.38	0.925	8	4.56	11.1	4.56	11.1
频率表 16L1-Hz	0.5	1		1	0.5			
电压表 16L1-V	0.2	1		1			0.2	
总　计					15.3	27.75	15	27.75

由表 7.8 可以求出不完全星形负荷为

$$S_{UV}=\sqrt{P_{UV}^2+Q_{UV}^2}=\sqrt{15.3^2+27.75^2}\approx 31.69(\text{V·A})$$

$$S_{VW}=\sqrt{P_{VW}^2+Q_{VW}^2}=\sqrt{15^2+27.75^2}\approx 31.54(\text{V·A})$$

$$\cos\varphi_{UV}=\frac{P_{UV}}{S_{UV}}=\frac{15.3}{31.69}\approx 0.48$$

$$\varphi_{UV}=61.3°$$

$$\cos\varphi_{VW}=\frac{P_{VW}}{S_{VW}}=\frac{15}{31.54}\approx 0.476$$

$$\varphi_{VW}=61.6°$$

每相尚应加入一只绝缘监察电压表 V,$P_0=0.2$,$Q_0=0$,故 U 相负荷为

$$P_U=\frac{1}{\sqrt{3}}S_{UV}\cos(\varphi_{UV}-30°)+P_0=\frac{1}{\sqrt{3}}\times 31.69\times\cos(61.3°-30°)+0.2$$
$$\approx 15.8(\text{W})$$

$$Q_U = \frac{1}{\sqrt{3}} S_{UV} \sin(\varphi_{UV} - 30°) = \frac{1}{\sqrt{3}} \times 31.69 \times \sin(61.3° - 30°)$$
$$\approx 9.5(W)$$

V 相负荷为

$$P_V = \frac{1}{\sqrt{3}} [S_{UV} \cos(\varphi_{UV} + 30°) + S_{VW} \cos(\varphi_{VW} - 30°)] + P_0$$
$$= \frac{1}{\sqrt{3}} \times [31.69 \times \cos(61.3° + 30°) + 31.45 \times \cos(61.6° - 30°)] + 0.2$$
$$\approx 15.29(W)$$
$$Q_V = \frac{1}{\sqrt{3}} [S_{UV} \sin(\varphi_{UV} + 30°) + S_{VW} \sin(\varphi_{VW} - 30°)]$$
$$= \frac{1}{\sqrt{3}} \times [31.69 \times \sin(61.3° + 30°) + 31.45 \times \sin(61.6° - 30°)]$$
$$\approx 27.83(W)$$

因 V 相负荷最大,故只需用 V 相负荷进行校验。

$$S_V = \sqrt{P_V^2 + Q_V^2} = \sqrt{15.29^2 + 27.83^2} \approx 31.75(V \cdot A) < 80(V \cdot A)$$

选用 3 只 JDZJ1-10 型浇注式电压互感器满足要求。

(3)保护电压互感器的高压熔断器的选择

此高压熔断器只需按额定电压和开断电流选择。选择专供保护电压互感器用的高压熔断器,型号为 RN2-10 型,额定电压为 10 kV。其最大开断电流为 50 kA,大于 10 kV 母线短路电流 I''=43.46 kA,所选熔断器满足要求。

7.9 限流电器的选择

限流电器是输配电设备中用以增加电路的短路阻抗,是限制短路电流的装置。目前电力系统常用的限流电抗器有普通电抗器和分裂电抗器两种。

普通限流电抗器是单相、中间无抽头的空心电感线圈。在发电厂和降压变电所的 6~10 kV配电装置中,常采用水泥电抗器。新型电抗器采用绝缘性能优良的聚酯薄膜与双层玻璃丝包铝绕制,有较高电气强度,而且噪声低、质量小,额定电压一般有 6 kV、10 kV 两种。

分裂电抗器的结构是中间有一个抽头,它的绕组是由同轴的导线缠绕方向相同的两分段组成,在正常工作时,电抗小,电压损失小;在短路情况下,电抗增大,起到限制短路电流的作用,其限制短路电流的效果比普通电抗器好。

普通电抗器和分裂电抗器两者的选择方法基本相同,一般按照额定电压、额定电流、电抗百分数、动稳定和热稳定进行选择和校验。

(1)按额定电压和额定电流选择

$$U_N \geq U_{Ns} \tag{7.60}$$
$$I_N \geq I_{max} \tag{7.61}$$

式中　U_N、I_N——电抗器的额定电压和额定电流；

U_{NS}、I_{max}——电网额定电压和电抗器的最大持续工作电流。

当分裂电抗器用于发电厂的发电机或主变压器回路时，I_{max}一般按发电机或主变压器额定电流的70%选择；当用于变电站主变压器回路时，I_{max}取两臂中负荷电流较大者，当无负荷资料，一般也按主变压器额定容量的70%选择。

(2)电抗百分值的选择

选择电抗百分数一般按照短路电流限制到一定数值的要求来选择。如将短路电流限制到I''，则电源到短路点的总电抗标幺值$X_{*\Sigma}$为

$$X_{*\Sigma}=\frac{I_B}{I''^{(3)}} \tag{7.62}$$

式中　I_B——基准电流。

所需电抗器的电抗标幺值为

$$X_{*L}=X_{*\Sigma}-X'_{*\Sigma} \tag{7.63}$$

式中　$X'_{*\Sigma}$——电源至电抗器前的系统电抗标幺值。

电抗器在其额定参数下的百分比电抗为

$$X_L=\left(\frac{I_B}{I''^{(3)}}-X'_{*\Sigma}\right)X_{*L}\frac{I_{NL}U_B}{I_BU_{NL}}\times 100\% \tag{7.64}$$

式中　U_B——基准电压。

(3)电压损失校验

正常运行时电抗器的电压损失ΔU不得大于额定电压的5%，由于电抗器电阻很小，且ΔU主要是由电流的无功分量$I_{max}\sin\varphi$产生，因此电压损失为

$$\Delta U\approx\frac{X_L}{100}\frac{I_{max}}{I_N}\sin\varphi\times 100\%\leqslant 5\% \tag{7.65}$$

式中　φ——负荷的功率因数角，一般$\cos\varphi=0.8$。

(4)母线残压校验

若出线电抗器回路未设置无时限保护，为减轻短路对其他用户的影响，当线路电抗器后短路时，母线残压ΔU_{re}应不低于电网电压额定值的60%~70%，即

$$\Delta U_{re}=\frac{X_L}{100}\frac{I''}{I_N}\times 100\%\geqslant 60\%\sim 70\% \tag{7.66}$$

(5)热稳定和动稳定校验

$$I_t^2t\geqslant Q_k \tag{7.67}$$

$$i_{es}\geqslant i_{sh} \tag{7.68}$$

式中　Q_k——短路电流的热效应；

I_t——t时间的热稳定电流；

i_{es}——电抗器的动稳定电流。

7.10　电力电容器的选择

电力电容器分为串联电容器和并联电容器，它们主要用来改善电力系统的电压质量和提

高输电线路的输电能力,是电力系统的重要设备。电网中多采用并联电容器。

7.10.1 电容器基本原理

(1)电容

电容是电容器最基本的参数,它取决于电容器的几何尺寸及介质的介电系数。电力电容器通常用铝箔作为极板,为使每对极板的两个侧面都起电容作用,采用卷绕式平扁形元件,如图 7.17 所示。在这种结构中,极板双面起作用,其电容值约等于该元件展开成平面长条时的两倍。在其他电器绝缘结构中,介质主要对具有不同电位的导体起绝缘及固定的作用,而在电容器中还要求介质中多储藏能量。

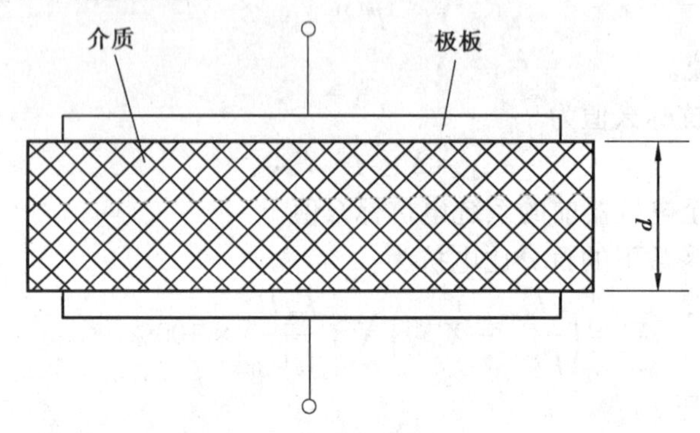

图 7.17 平板电容器原理图

(2)容量

电容器的无功容量 Q 取决于电容量 C 和施加在电容器上的电压和频率。电容器的无功容量 Q 为

$$Q = 2\pi f C U^2 \times 10^{-3} \tag{7.69}$$

式中 f——电网频率,Hz;

C——电容器电容量,F;

U——电容器的外加电压, kV。

由式(7.69)可知,接入电网后的电容器实际容量与电压的二次方和频率成正比,而电容器的额定容量是将额定电压作为电容器的外加电压计算得到的,当运行电压降低时,电容器的无功容量随之下降。

(3)电容器损耗功率

电容器在交流电压作用下,其损耗功率为

$$P = 2\pi f C U^2 \times 10^{-3} \tan\delta \tag{7.70}$$

式中 $\tan\delta$——电容器损耗角的正切值。

(4)利用并联电容器实现电压和无功功率调整的原理

为了避免无功功率的大量流动而引起电网中功率损耗的增加,一般无功功率补偿往往安装在负荷中心,即除了要求整个系统无功功率平衡外,在各局部地区,尽量达到无功功率平衡。各电压等级的变电所,通常都安装有无功功率补偿电容器。

如图 7.18 所示为并联电容器应用原理图。容性电流 $\dot{I}_c$ 相位超前电压 90°,可抵消一部分相位滞后于电压 90°的感性电流 $\dot{I}_x$,使电流由 $\dot{I}_1$ 减小为 $\dot{I}_2$,相角由 φ_1 减小到 φ_2,从而使功率

因数从 $\cos\varphi_1$ 提高到 $\cos\varphi_2$。

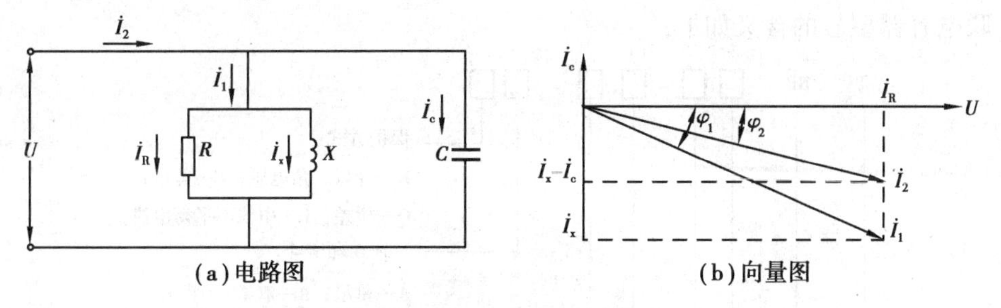

图 7.18　并联电容器应用原理图

由图 7.18 可求得提高功率因数所需要的电容器容量为

$$Q_c = P\left(\sqrt{\frac{1}{\cos^2\varphi_1} - 1} - \sqrt{\frac{1}{\cos^2\varphi_2} - 1}\right) \tag{7.71}$$

并联电容器后节省的视在功率为

$$S = P\left(\frac{1}{\cos\varphi_1} - \frac{1}{\cos\varphi_2}\right) \tag{7.72}$$

式中　P——负荷功率,kW。

根据负荷大小,合理控制投入无功功率补偿容量,使变电所与系统交换无功功率最小,就可使高压网络的电压损耗和功率损耗降为最小。安装于负荷中心的并联补偿电容器不仅能改善电压质量,还能降低网损,提高电能输送效率。

7.10.2　并联电容器装置

并联电容器装置由并联电容器和相应的一次设备及二次设备组成。其主要作用是提高电力系统的功率因数,降低电网损耗,改善系统电能质量,保持系统无功功率平衡。

(1)并联电容器装置的组成部分

①投切装置:包括断路器、隔离开关等。

②主功能装置:包括并联电容器、串联电抗器、过电压保护装置、放电装置、单台电容器保护熔断器、氧化锌避雷器、接地开关、构架等。

③控制、测量、保护装置:包括各类电压、电流变比设备,以及测量仪表、继电器保护和自动控制装置等。

(2)装置中各元件的作用

①并联电容器:产生相位超前于电网电压的无功电流,提高电网功率因数。

②串联电抗器:抑制合闸涌流,抑制电网谐波。

③放电装置:泄放电容器的储能,提供继电保护信号。

④氧化锌避雷器及过电压保护装置:抑制操作过电压。

⑤单台电容器保护熔断器:为无内熔丝电容器的极间短路提供快速保护。

⑥接地开关:用于检修时的安全接地。

⑦导体、支柱绝缘子、构架等:构成装置的承重体系、电流回路。

⑧其他(如电流互感器等):作为电容器组内部故障保护的信号检测单元。

(3)并联电容器型号的含义

并联电容器型号的含义如下：

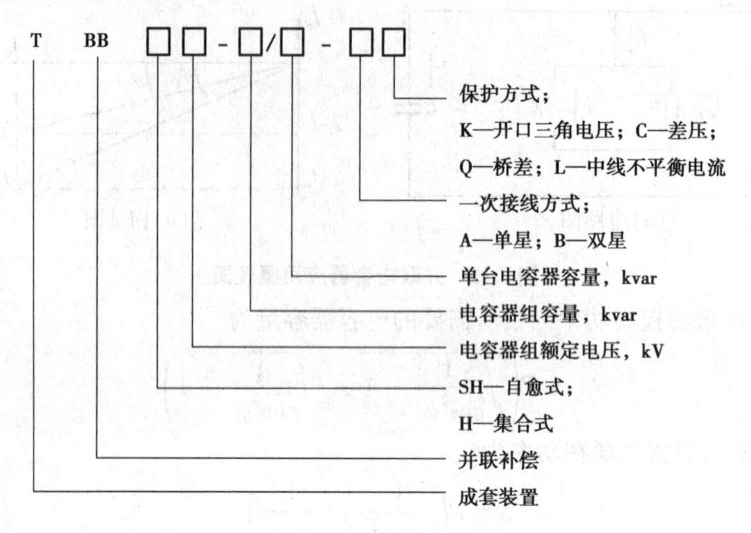

并联电容器型号规定如下：

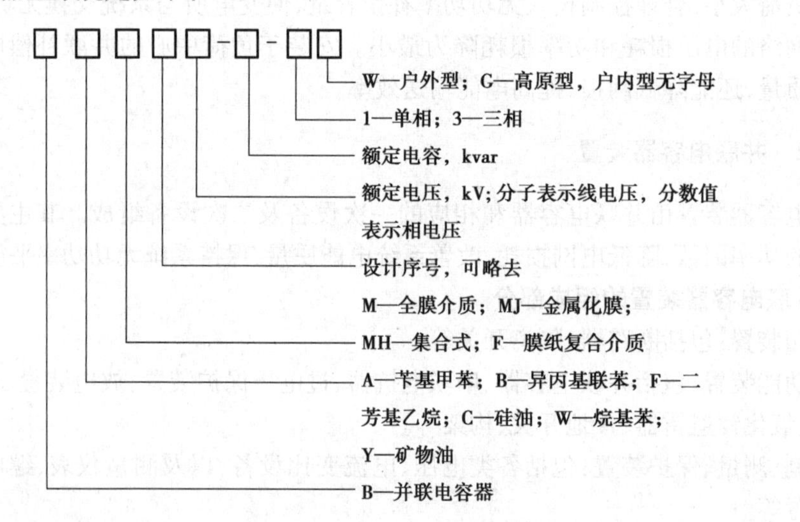

(4)外壳及标牌上部分符号的意义

外壳及标牌上部分符号的意义如图7.19所示。

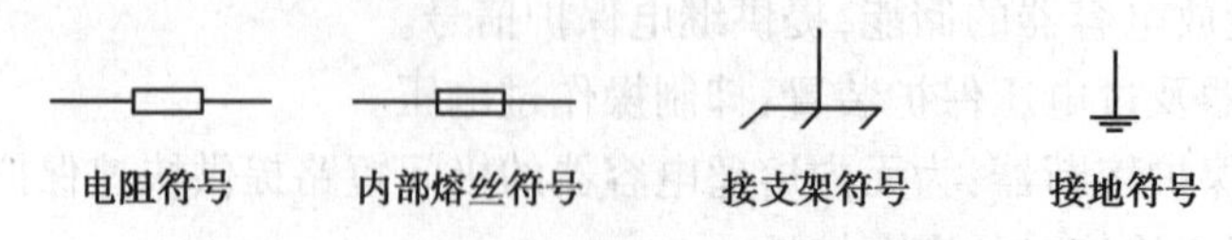

图7.19 外壳及标牌上部分符号的意义

7.10.3　并联电容器接线

(1)接线类型及特点

目前在系统运行中的并联电容器组接线有两种,即星形接线和三角形接线。电力企业变电所采用星形接线居多,工矿企业变电所则多采用三角形接线。

①三角形接线的特点。并联电容器采用三角形接线可以滤过3倍次谐波电流,有利于消除电网中3倍次谐波电流的影响。但当电容器组发生全击穿短路时,故障点的电流不仅有故障相健全电容器的放电涌流,还有其他两相电容器的放电涌流和系统短路电流。故障电流的能量往往超过电容器油箱能耐受的爆裂能量,会造成电容器的油箱爆裂,扩大事故。

②星形接线的特点。当电容器发生全击穿短路时,故障电流受到健全相容抗的限制,来自系统的工频短路电流将大大降低,最大不超过电容器额定电流的3倍,并没有其他两相电容器的放电涌流,只有故障相健全电容器的放电电流。故障电流能量小,故障不容易造成电容器的油箱爆裂。在电容器质量相同的情况下,星形接线的电容器组可靠性较高。

(2)电容器内部接线

①先并联后串联。如图7.20(a)所示,此种接线应优先选用,当一台电容器出现击穿故障,故障电流由来自系统的工频故障电流和健全电容器的放电电流组成。流过故障电容器的保护熔断器故障电流较大,熔断器能快速熔断,切除故障电容器,健全电容器可继续运行。

②先串联后并联。如图7.20(b)所示,当一台电容器出现击穿故障时,故障电流因受与故障电容器串联的健全电容器容抗限制,流过故障电容器的保护熔断器故障电流较小,熔断器不能快速熔断切除故障电容器,故障持续时间长,健全电容器可能因长时间过电压而损坏,扩大事故。

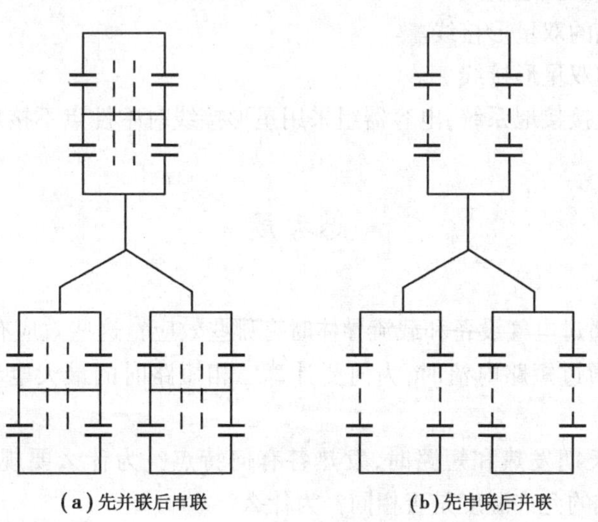

(a)先并联后串联　　(b)先串联后并联

图7.20　电容器内部接线示意图

(3)并联电容器接线

如图 7.21 所示为并联电容器组的典型接线。

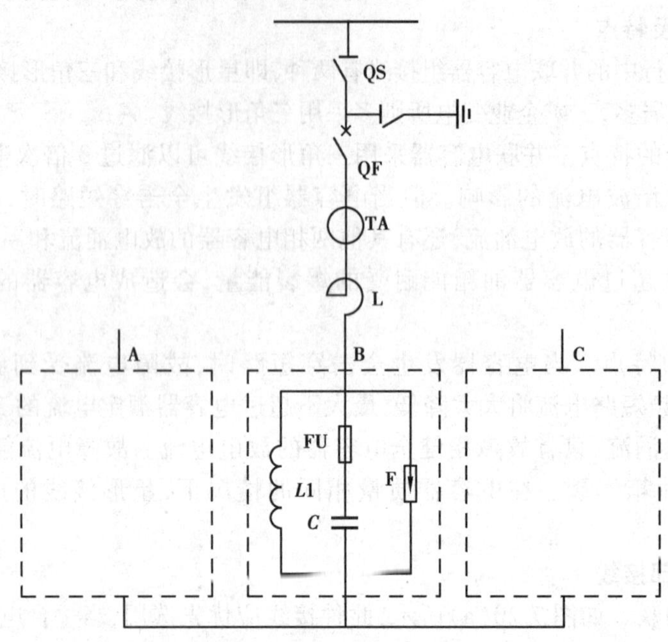

图 7.21　并联电容器组的典型接线

并联电容器组的接线与电容器的额定电压、容量,以及单台电容器的容量、所连接系统的中性点接地方式等因素有关。

220~500 kV 变电所并联电容器组常用的接线方式如下:

①中性点不接地的单星形接线。

②中性点接地的单星形接线。

③中性点不接地的双星形接线。

④中性点接地的双星形接线。

6~66 kV 为非直接接地系统,电容器组采用星形接线时中性点不接地。

思考题

7.1　短路电流通过电气设备和载流导体时有哪些效应?这些效应有哪些危害?

7.2　在导体中通过短路电流时,为何要计算三相短路时的最大电动力?哪相最大?如何计算?

7.3　载流导体长期发热和短路时,发热各有何特点?为什么要规定发热的允许稳定?长期发热与短路发热的允许温度是否相同?为什么?

7.4　载流导体的长期允许电流是根据什么确定的?

7.5　短路电流热效应如何计算?它与短时发热最高温度有什么关系?

7.6　什么是选择电气设备的一般条件?包括哪些内容?短路计算点如何确定?

7.7　什么是经济电流密度？哪些载流导体的截面按经济电流密度选择？为什么必须按长期允许电流进行校验？

7.8　为什么配电装置中的汇流母线不按经济电流密度选择截面？

7.9　高压断路器、电流互感器、电压互感器、出线电抗器都按什么项目进行选择？

7.10　为什么要限制短路电流？限制短路电流有哪些方法？

7.11　出线电抗器和分段电抗器限制短路电流的作用有何不同？

7.12　试分析确定如图 7.22 所示电路中，选择各断路器时的短路计算点。

7.13　某 10 kV 屋内配电装置矩形母线，其最大持续工作电流为 334 A，流过母线的最大短路电流：$I''^{(3)}=28$ kA、$I_{0.8}^{(3)}(3)=17$ kA、$I_{1.6}^{(3)}(3)=12$ kA。继电保护动作时间为 1.5 s，断路器全分闸时间为 0.1 s。母线平放在绝缘子上，三相母线水平布置，相间距离 0.25 m，绝缘子之间的跨距为 1. 2 m，周围环境温度为 30 ℃。试选择铝母线截面。

7.14　如图 7.22 所示，已知变电所 10 kV 出线最大持续工作电流为 510 A，通过断路器的短路电流由无限大容量系统供给，周期分量有效值为 $I_z^{(3)}(3)=11.3$ kA，主保护动作时间为 0.05 s，断路器固有分闸时间为 0.05 s，全分闸时间为 0.1 s，屋内空气温度为 40 ℃。选择出线断路器和隔离开关。

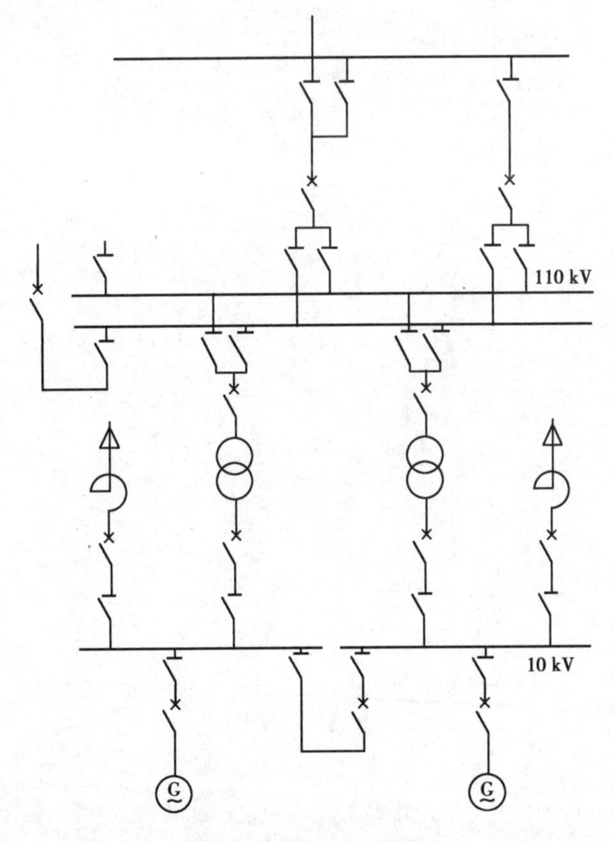

图 7.22　题 7.12 电路图

7.15　试考虑如图 7.23 所示电路中，10 kV 和 110 kV 母线电压互感器的选择有哪些不同？

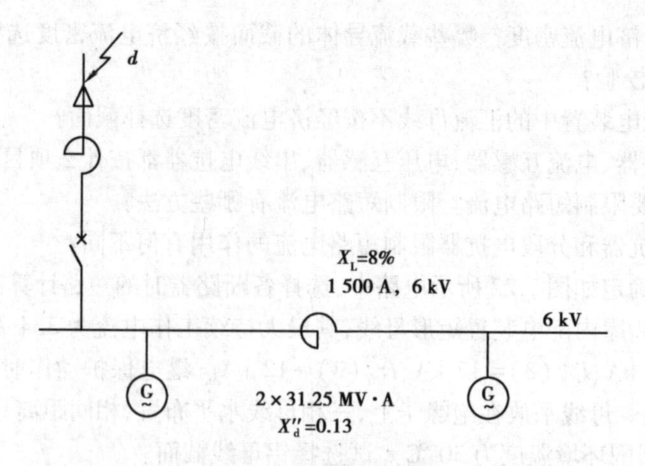

图 7.23　题 7.15 电路图

第8章 配电装置

配电装置是按主接线的要求,由开关设备、保护和测量电器、母线装置和必要的辅助设备组建而成,用来接受和分配电能的电工建筑物,它是发电厂、变配电站的重要组成部分。配电装置可分为屋内配电装置、屋外配电装置和成套配电装置。本章主要介绍配电装置的安全净距和配电装置的类型、特点及其布置原则。

8.1 概 述

8.1.1 配电装置的基本要求

配电装置是发电厂和变电所中的重要组成部分,它是按主接线的要求,由母线、开关设备、保护电器、测量电器和必要的辅助设备组成的电工建筑物。对配电装置的基本要求如下:

①配电装置的设计和建造,应认真贯彻国家的技术经济政策和有关规程的要求,特别应注意节约用地,争取不占或少占良田。

②保证运行安全和工作可靠。设备要注意合理选型,布置应力求整齐、清晰。在运行中必须满足对设备和人身的安全距离,并应有防火、防爆措施。

③便于检修、操作和巡视。

④在保证上述条件的要求下,应节约材料,减少投资。

⑤便于扩建和安装。

8.1.2 配电装置的类型及其特点

配电装置按电压等级的不同,可分为高压配电装置和低压配电装置;按安装地点的不同,可分为屋内配电装置和屋外配电装置;按其结构形式可分为装配式配电装置和成套配电装置。

(1)屋内配电装置

屋内配电装置的特点如下:

①允许安全净距小和可以分层布置,占地面积小。

②维修、操作、巡视在室内进行,比较方便,且不受气候影响。

③外界污秽不会影响电气设备,减轻了维护工作量。

④房屋建筑投资较大,但采用价格较低的户内型电器设备,可以减少设备投资。

(2)屋外配电装置

屋外配电装置的特点如下:

①土建工程量较少,建设周期短。

②扩建比较方便。

③相邻设备之间的距离较大,便于带电作业。

④占地面积大。

⑤受外界污秽影响较大,设备运行条件较差。

⑥外界气象变化对设备维护和操作不便。

(3)装配式配电装置

在现场将电器组装而成的配电装置称为装配式配电装置。装配式配电装置的特点如下:

①建造安装灵活。

②投资较少。

③金属消耗量少。

④安装工作量大,施工工期较长。

(4)成套配电装置

在制造厂预先将开关电器、互感器等组成各种电路成套供应的配电装置称为成套配电装置。成套配电装置的特点如下:

①电气设备布置在封闭或半封闭的金属外壳中,相间和对地距离可以缩小、结构紧凑、占地面积小。

②所有电器元件已在工厂组装成一个整体(开关柜),减少了现场安装工作量,有利于缩短建设工期,也便于扩建和搬迁。

③运行可靠性高,维护方便。

④耗用钢材较多,造价较高。

8.2 配电装置的安全净距

配电装置的整个结构尺寸,是综合考虑设备外形尺寸、检修维护、搬运的安全距离、电气绝缘距离等因素决定的。对敞露在空气中的配电装置,在各种间隔距离中,最基本的是带电部分对接地部分之间和不同相的带电部分之间的空间最小安全净距,即《高压配电装置设计技术规程》(DL-T-5352—2006)中所规定的A1和A2值。保持这一距离时,无论在正常或过电压的情况下,都不致使空气间隙击穿。

我国《高压配电装置设计技术规程》规定的屋内、屋外配电装置的安全净距,见表8.1、表8.2,其中,B、C、D、E等类电气距离是在A1值的基础上再考虑一些其他实际因素决定的,其含义如图8.1、图8.2所示。

表 8.1　屋内配电装置的安全净距　（单位:mm）

符号	适用范围	额定电压/kV								
		3	6	10	20	35	60	110J	110	220J
A1	1.带电部分至接地部分之间 2.网状和板状遮拦向上延伸线2.3 m处,与遮拦上方带电部分之间	75	100	125	180	300	550	850	950	1 800
A2	1.不同相的带电部分之间 2.断路器和隔离开关的断口两侧带电部分之间	75	100	125	180	300	550	900	1 000	2 000
B1	1.栅状遮拦至带电部分之间 2.交叉的不同时停电检修的无遮拦带电部分之间	825	850	875	930	1 050	1 300	1 600	1 700	2 550
B2	网状遮拦至带电部分之间	175	200	225	280	400	650	950	1 050	1 900
C	无遮拦裸导体至地(楼)面之间	2 375	2 400	2 425	2 480	2 600	2 850	3 150	3 250	4 100
D	平行的不同时停电检修的无遮拦裸导体之间	1 875	1 900	1 925	1 980	2 100	2 350	2 650	2 750	3 600
E	通向屋外的出线套管至屋外通道的路面	4 000	4 000	4 000	4 000	4 000	4 500	5 000	5 000	5 500

注:J 系统指中性点直接接地系统。

表 8.2　屋外配电装置的安全净距　（单位:mm）

符号	适用范围	额定电压/kV								
		3~10	20	35	60	110J	110	220J	330J	500J
A1	1.带电部分至接地部分之间 2.网状和板状遮拦向上延伸线2.5 m处,与遮拦上方带电部分之间	200	300	400	650	900	1 000	1 800	2 500	3 800
A2	1.不同相的带电部分之间 2.断路器和隔离开关的断口两侧引线带电部分之间	200	300	400	650	1 000	1 100	2 000	2 800	4 300
B1	1.设备运输时,其外廓至无遮拦至带电部分之间 2.交叉的不同时停电检修的无遮拦带电部分之间 3.栅状遮拦至绝缘体和带电部分之间 4.带电作业时的带电部分至接地部分之间	950	1 050	1 150	1 400	1 650	1 750	2 550	3 250	4 550
B2	网状遮栏至带电部分之间	300	400	500	750	1 000	1 100	1 900	2 600	3 900
C	1.无遮拦裸导体至地(楼)面之间 2.无遮拦裸导体至建筑物、构筑物顶部之间	2 700	2 800	2 900	3 100	3 400	3 500	4 300	5 000	7 500
D	1.平行的不同时停电检修的无遮拦裸导体之间 2.带电部分与建筑物、构筑物的边沿部分之间	2 200	2 300	2 400	2 600	2 900	3 000	3 800	4 500	5 800

注:J 系统指中性点直接接地系统。

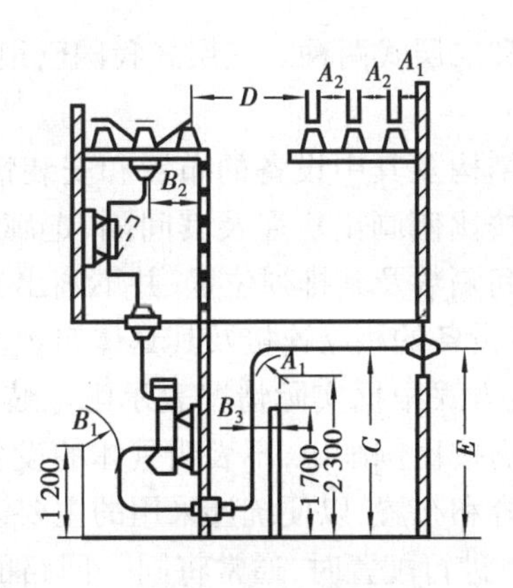

图 8.1　屋内配电装置安全净距校验图

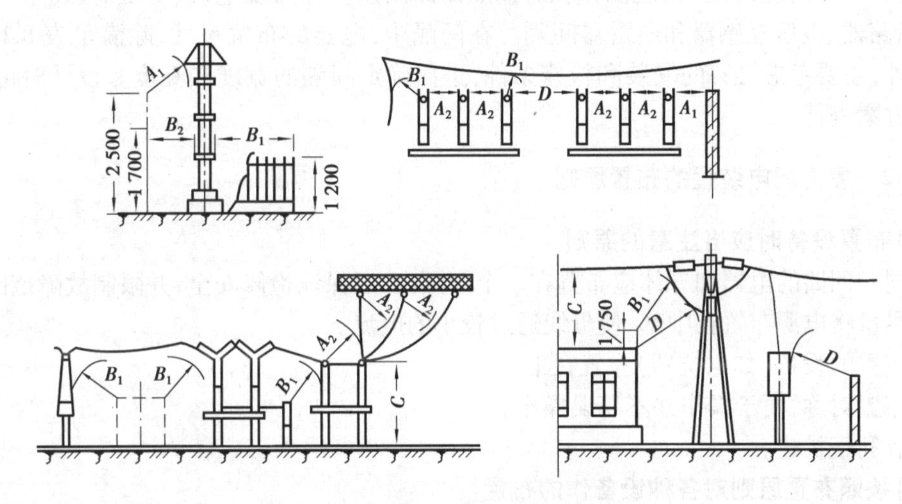

图 8.2　屋外配电装置安全净距校验图

8.3　屋内配电装置

8.3.1　屋内配电装置概述

(1)屋内配电装置的类型及其特点

屋内配电装置的结构形式,不仅与电气主接线形式、电压等级和采用的电气设备形式等有着密切关系,还与施工、检修条件、运行经验和习惯有关。

屋内配电装置按其布置形式的不同,可分为单层、二层和三层式。

发电厂 6~10 kV 屋内配电装置多采用少油或真空断路器,体积较小,配电装置的结构形式主要和有无出线电抗器有关。目前,无出线电抗器的配电装置多为单层式,该方式是将所有电气设备布置在一层建筑中,其占地面积大,通常采用成套开关柜,以减少占地面积。它主要用在中小容量的发电厂中和发电厂的厂用配电装置中。有出线电抗器的配电装置多为二层式,二层式是将母线、母线隔离开关等较轻设备放在第二层,将电抗器、断路器等较重设备布置在底层,与单层式相比占地面积小,但造价较高。35 kV 屋内配电装置多采用二层式,

110 kV屋内配电装置有单层式和二层式两种。三层式我国已很少采用。

(2)配电装置图

为了表示整个配电装置的结构及其中设备的布置和安装情况,通常用平面图、断面图和配置图3种图说明。平面图是按比例画出房屋及其间隔、走廊和出口等处的平面布置轮廓。平面图上的间隔只是为了确定间隔数及其排列位置,并不画出其中所装设备。断面图是表明配电装置某间隔所取断面中,各设备的相互连接及其具体布置的结构图,断面图按比例画出。配置图是一种示意图,是按一定方式根据实际情况表示配电装置的房屋走廊,间隔以及设备在各间隔内布置的轮廓。它不需按比例画出,不表明具体的设备安装情况。配置图主要是便于了解整个配电装置设备的内容和布置,以便统计采用的主要设备。

一般配置图如图8.3所示。进行配置时,通常将同一回路的电器和导体布置在一个间隔内。从图中可知,屋内配电装置的间隔,按照回路用途可分为发电机、变压器、线路、母联(或分段)断路器、电压互感器和避雷器间隔。在间隔中,电器的布置尺寸,除满足表8.1最小安全净距外,还要考虑设备的安装和检修条件,进而确定间隔的宽度和高度。设计时可参考一些典型方案进行。

8.3.2 屋内配电装置的布置原则

(1)布置设备时应当注意的原则

①同一回路的电器和导体应布置在一个间隔内,以保证检修安全,并限制故障范围。

②尽量将电源布置在中部,使母线通过较小的电流。

③较重的设备(如电抗器)布置在下层。

④布置对称,便于操作并不易误操作。

⑤有利于扩建。

(2)按照布置原则对各种设备作的布置

1)母线和隔离开关

母线通常装在配电装置的上部,有水平、垂直和三角形布置3种形式。水平布置安装容易,可降低建筑高度,在中小型发电厂和变电所中常被采用。垂直布置时,相间距离可以取得较大而不增加间隔深度,支持绝缘子装在水平隔板上,跨距可以取小,使母线机械强度增大,但结构复杂,建筑高度增加,可用于20 kV以下,短路电流很大的装置中。三角形布置结构紧凑,常用于6~35 kV大中容量的配电装置中。

母线的相间距离 a 决定于相间电压,还要考虑短路时母线和绝缘子的机械强度要求。在6~10 kV小容量装置中,母线水平布置时,a 为250~350 mm;垂直布置时,a 为700~800 mm;35 kV水平布置时,a 约为500 mm。

母线或分段母线中的两组母线应以垂直的隔墙(或板)分开,使一组母线故障时不会影响另一组正常工作,并且可以安全地进行检修。

硬母线在温度变化时会膨胀和收缩,如果母线被固定连接并且很长时,应加装母线伸缩补偿器,以消除伸缩应力。

母线隔离开关通常装在母线的下方。为了防止带负荷拉闸引起的电弧造成相间短路,在3~35 kV双母线装置中,母线与隔离开关之间宜装设耐火隔板。两层以上的配电装置中,母线隔离开关宜单独布置在一个小室内。

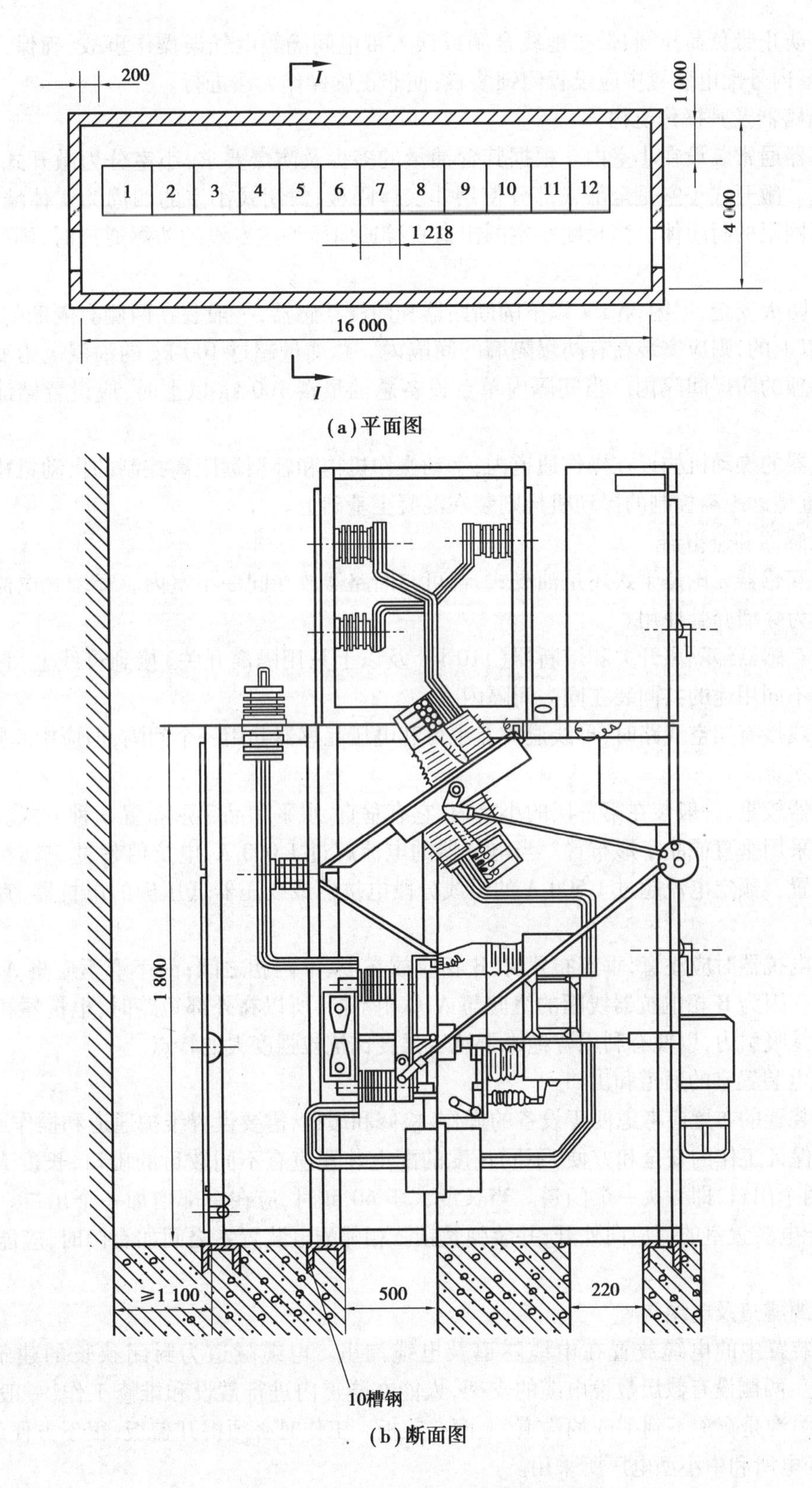

图 8.3　高压开关柜的配电装置布置图

为了防止带负荷拉闸、带接地线合闸或误入带电间隔等电气误操作事故,确保人身和设备安全,屋内外配电装置中应设置闭锁装置,使非正确操作无法进行。

2)断路器及其操作机构

断路器通常装设在小室内。根据其含油量的多少及防爆要求,小室分为敞开式、封闭式和防爆式。敞开式小室是全部或部分使用非实体隔板;封闭式小室的四周为实体墙,顶盖和门也是无网眼的封闭体。当封闭小室的出口直接通向屋外或专设的防爆通道时,则称为防爆小室。

为了防火安全,屋内 35 kV 以下的断路器和油浸互感器,一般装在两侧有隔墙的间隔内。35 kV及以上的,则应安装在有防爆隔墙的间隔内。总油量超过 100 kg 的油浸电力变压器应安装在单独的防爆间隔内。当间隔内单台设备总油量在 100 kg 以上时,应设置储油或挡油设施。

断路器的操动机构设在操作通道内,手动操作机构和轻型远距离控制的操动机构均装在墙壁上,重型远距离控制的操动机构则装在混凝土基础上。

3)互感器和避雷器

电流互感器无论是干式还是油浸式,都可与断路器放在同一小室内。穿墙式电流互感器应尽量作为穿墙套管使用。

电压互感器经隔离开关和熔断器(110 kV 及以上只用隔离开关)接到母线上,它可以单独或几个不同用途的共同装在同一间隔内。

当母线接有架空线路时,母线避雷器也可和电压互感器共用一个间隔,但应中间隔开。

4)电抗器

电抗器较重,一般装在第一层的小室内,它有垂直、水平和品字形布置 3 种方式。通常线路电抗器采用垂直或品字形布置。当电抗器的电流超过 1 000 A,电抗值超过 5%时,宜采用品字形布置。额定电流超过 1 500 A 的母线分段电抗器或变压器低压侧的电抗器,宜采用水平布置。

安装电抗器时应注意,垂直布置时,B 相应放在上、下两相之间;品字形不应将 A、C 相重叠在一边。因为 B 相电抗器线圈的绕向与 A、C 相不同,所以在外部短路时,电抗器相间的最大作用力是吸引力,以便有利用瓷绝缘子抗压强度比抗拉强度大的特点。

5)配电装置室的通道和出口

配电装置的布置应考虑便于设备的操作、检修和搬运,需要设置维护通道和操作通道。

为了保证工作的安全和方便,不同长度的配电装置应有不同数目的出口,长度大于 7 m 时,应有两个出口,即一头一个门道。当长度大于 60 m 时,应在中部增加一个出口。为了防火防爆,配电装置室的门应向外开,并装弹簧锁。相邻配电装置室之间如有门时,应能向两个方向开启。

6)电缆隧道及电缆沟

配电装置中的电缆放置在电缆隧道及电缆沟里。电缆隧道为封闭狭长的建筑物,高 1.8 m 以上,两侧设有数层敷设电缆的支架,人能在隧道内进行敷设和维修工作,一般用于大电厂。电缆沟是宽深不到 1 m 的沟道,上面有盖板。工作时必须揭开盖板,很不方便,但造价较低,为变电所和中小型电厂所采用。

7)配电装置室的采光和通风

配电装置要有良好的采光和通风,以便值班人员精力集中。另外,还应设事故排烟和事故通风装置。为了防止蛇、鼠等小动物进入,酿成事故,通风口应装百叶窗或网状窗。

屋内配电装置实例如图 8.4 所示高压开关柜的配电装置配置图。

间隔序号	1	2	3	4	5	6	7	8	9	10	11	12
间隔名称	1号线路	1号进线	2号线路	互感器电压	3号线路	母线	分段	4号线路	2号进线	5号线路	互感器电压	6号线路

操作通道

母线及母线隔离开关

断路器 熔断器 电压互感器 电流互感器

出线隔离开关 避雷器 电缆终端头

维护通道

终端通道

终端通道

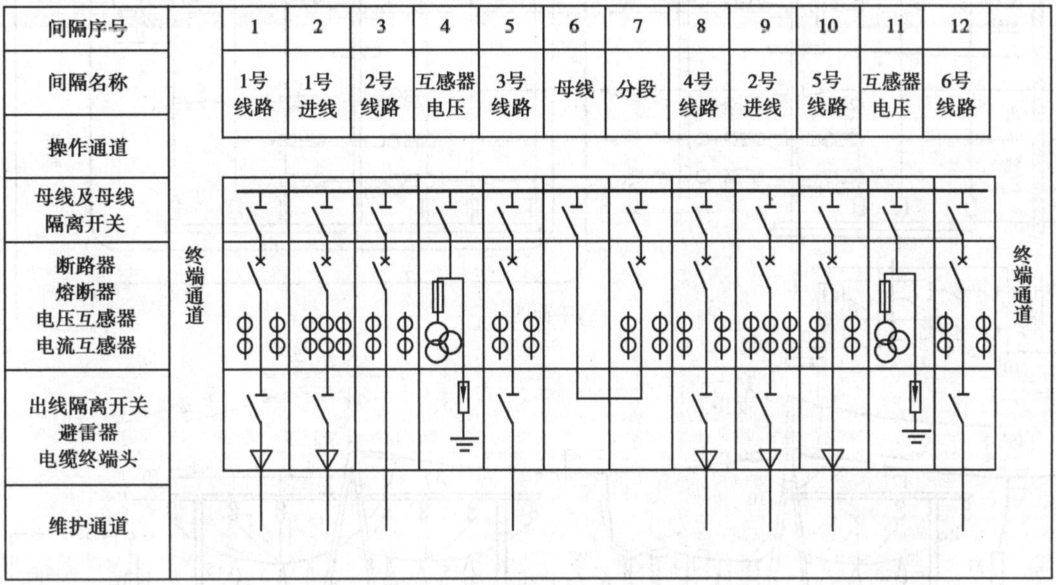

图 8.4　高压开关柜的配电装置配置图

8.3.3　屋内配电装置的特点

屋内配电装置不受外界诸因素的影响,其具有以下特点:①占地面积小;②维护、巡视和操作不受气候等外界条件影响;③污秽、腐蚀气体对电气设备影响小,维护简便;④房屋建筑投资大。

随着电压的升高,配电装置所占空间加大,在采用普通开关电器(非 SF_6全封闭组合电器)的情况下限用于较低电压等级:空气清洁地区限于 10 kV 及以下电压等级,当容量不大,可使用开关柜时,35 kV 也可采用;污秽地区可扩大至 110 kV;严重污秽地区(绝缘子单位表面积污秽物含盐量高且雨量稀少地区)可扩大至 220 kV。

8.4　屋外配电装置

8.4.1　屋外配电装置设备的布置与安装

屋外配电装置按母线的高度分为中型、半高型和高型 3 种。

如图 8.5 所示为 220 kV 双母线带旁路的中型屋外配电装置图,其特点是 3 组母线高度相同、线下方不安装断路器、电流互感器等设备,母线高度较半高型和高型低。

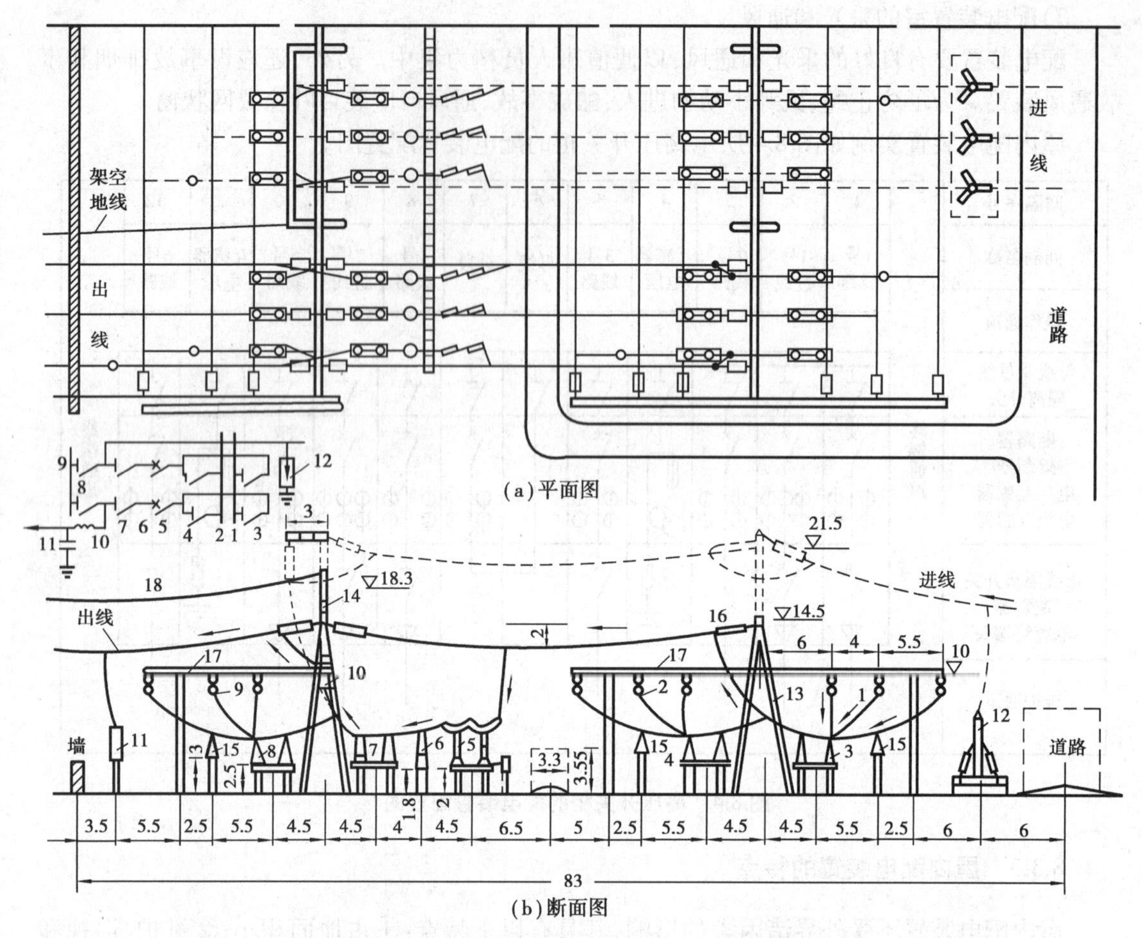

图 8.5　220 kV 双母线进出线带旁路、断路器单列布置的配电装置(尺寸单位:m)

1、2、9—母线Ⅰ、Ⅱ和旁路母线;3、4、7、8—隔离开关;5—断路器;

6—电流互感器;10—阻波器;11—耦合电容器;12—避雷器;13—中央门型架;

14—出线门型架;15—支柱绝缘子;16—悬式绝缘子;17—母线构架;18—架空地线

如将断路器、电流互感器移至相邻的一组母线下方,则需将该组母线升高,构成半高型配电装置。

如将断路器、电流互感器移至旁路母线下方,同时将两组工作母线重叠布置,则构成高型配电装置。

采用半高型、高型结构可以节省占地,但构架材料消耗较多,特别是检修、巡视不便,在土地非特别紧张的情况下一般不采用。在土地紧张的情况下,半高型可用于 110 kV,高型可用于 220 kV。当电压等级更高时,中型配电装置的母线已有相当的高度,不宜进一步升高。

屋外配电装置设备的布置用平面图表示。如图 8.5(a)所示为平面图的一部分,图中表示出母线和各条支路(间隔)及支路中各设备所占有的位置。

屋外配电装置设备的布置与安装应注意下述问题:

(1)母线和构架

屋外配电装置的母线可分为软母线和硬母线两种。软母线为钢芯铝绞线,一般为三相水平布置,用悬式绝缘子悬挂在母线构架上。软母线的挡距较大,母线跨越构架的高度也比较大。

硬母线常用矩形和管形。矩形用于35 kV及以下的配电装置中,管形多用于220 kV及以上的配电装置中。管形母线用柱式绝缘子固定在支柱上,相间距离小,节省占地面积,电晕起始电压高。但管形母线易产生微风共振和存在端部效应,对基础不均匀下沉比较敏感,支柱绝缘子抗震能力较差。

屋外配电装置的构架可由型钢或钢筋混凝土制成。钢构架经久耐用,便于固定设备,抗震力强,但金属消耗量大,需经常维护。钢筋混凝土构架可节省钢材,维护简单,坚固耐用,但不便固定设备。用钢筋混凝土环形杆和镀锌钢梁组成的构架,兼顾两者的优点,目前已在我国220 kV及以下的各类配电装置中广泛应用。由钢板焊成的板箱式构架和钢管混凝土柱,是一种用材少、强度高的结构形式,适用于大跨距的500 kV配电装置。

(2)电力变压器

变压器基础一般做成双梁形并铺以铁轨,轨距等于变压器的滚轮中心距。为了防止变压器着火时燃油使事故扩大,单个油箱油量超过1 000 kg以上的变压器,在其下面应设置储油池或挡油墙,其尺寸应比变压器外廓大1 m,储油池内敷设厚度不小于0.25 m的卵石层。

主变压器与建筑物的距离不应小于1.25 m,且距变压器5 m以内的建筑物,在变压器总高度以下及外廓两侧各3 m的范围内,不应装门窗和通风孔。当变压器油重超过2 500 kg以上时,两台变压器之间的防火净距不应小于5 m,否则,应设防火墙。

(3)电气设备的基础

根据主接线要求,场地条件、总体布置、出线方向等因素综合比较,断路器,隔离开关和电流、电压互感器等均采用高式布置,其支柱的高度约2 m。

110 kV及以上的阀型避雷器器身细长(约3.4 m),为了稳定,多落地安装在0.4 m的基础上。磁吹避雷器及35 kV阀型避雷器形体矮小,一般采用高式布置。避雷器周围应设置围栏以保障安全。

(4)电缆沟和通路

电缆沟的布置,应使电缆所走的路径最短。一般横向电缆沟布置在断路器和隔离开关之间,纵向电缆沟是主干沟,电缆数量较多,可分为两路。

为了运输设备和消防需要,应在主要设备近旁敷设行车道。大中型变电所内一般为3 m宽的环形道。对超高压配电装置,其设备大而笨重,应满足检修机械行驶到设备旁边的要求。

屋外配电装置内应设置0.8~1 m的巡视小道,以供运行人员巡视。电缆沟盖板可作为部分巡视小道。

8.4.2　屋外配电装置的间隔断面图

配电装置的间隔种类有发电机或变压器进线、出线、母线联络断路器、旁路断路器、母线电压互感器与避雷器。

如图8.5(b)所示,实线示出一个出线间隔断面,清楚地表达出该支路各设备之间的连接关系。进线断路器、电流互感器与出线断路器、电流互感器均在母线的同一侧、同一列上,称为单列布置,这时进线需按图中虚线所示路径进入本间隔的配电设备。进线配电设备对称地布置在母线的另一侧时,称为双列布置,应根据场地的形状来选定。

8.4.3　屋外配电装置的特点

①土建工程量及费用较小,建设周期短。

②扩建方便。

③相邻设备间距大,便于带电作业。

④占地面积大。

⑤受外界气候影响,设备运行条件差。

8.5 成套配电装置

成套配电装置是制造厂将各种典型支路的开关电器、电流互感器或一组母线所需接入的电压互感器与避雷器安装在全封闭或半封闭的金属柜中。制造厂根据柜中接线方式、元件组合及容量大小的不同做成标准柜,加以编号,以供设计时选用,并允许提出可行的修改要求。

成套配电装置分为低压配电屏(或开关柜)、高压开关柜和 SF_6 全封闭组合电器3种类型。低压配电屏只做成屋内式;高压开关柜目前大量使用的也是屋内式;SF_6 全封闭组合电器因屋外气候条件差,电压在380 kV以下时,大都布置在屋内。

8.5.1 低压配电屏

低压配电屏的屏面上部安装测量仪表,中部设有闸刀开关的操作手柄,屏面下部有两扇向外的金属门。柜内上部有继电器,二次端子和电度表。母线装在屏顶。闸刀开关、熔断器、自动空气开关和电流互感器都装在屏后。

抽屉式开关柜为封闭式结构,主要设备均装在抽屉内或手车上。回路故障时,可拉出检修或换上备用手车,可快速恢复供电。

低压配电屏结构简单、布置紧凑、占地面积小、检修维护方便,在发电厂和变电所中广泛应用。

低压配电屏的结构如图8.6所示。

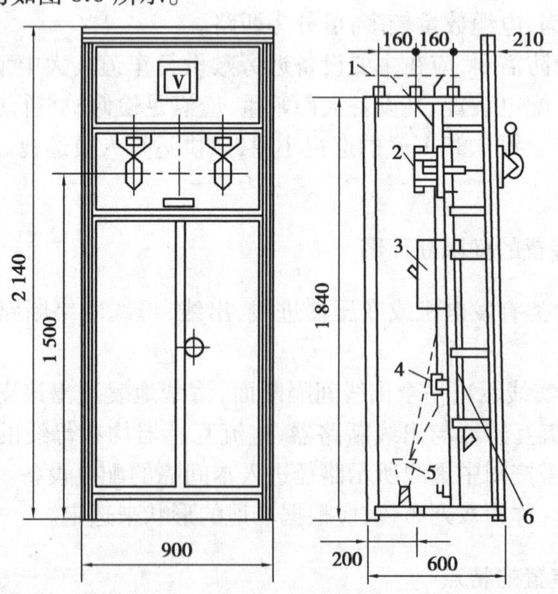

图8.6 BSL-1型低压配电屏

1—母线;2—刀开关;3—自动空气开关;4—电流互感器;5—电缆头;6—继电器盘

8.5.2　高压开关柜

目前我国生产的3~35 kV高压开关柜可分为固定式和手车式两种。GC系列为手车、封闭式高压开关柜，如图8.7所示。这种系列的开关柜为单母线结构，柜前中部为手车室，断路器及其操动机构均装在手车上。在工作位置时，断路器与母线和出线相接。检修时将小车拉出，使动、静触头分开。如果不允许长时间停电，可换上备用小车，方便灵活。

手车与柜相连的二次线采用插头连接，当手车拉出时，虽然一次插头断开，但二次线仍可接通，以便调试断路器。

手车推进机构与断路器操动机构之间设有联锁装置，以防带负荷推拉手车。手车两侧及底部设有接地滑道、定位销和位置指示等附件。柜门外设有玻璃观察窗，运行时可以观察内部情况，其他设备和安装部分如图8.7所示。

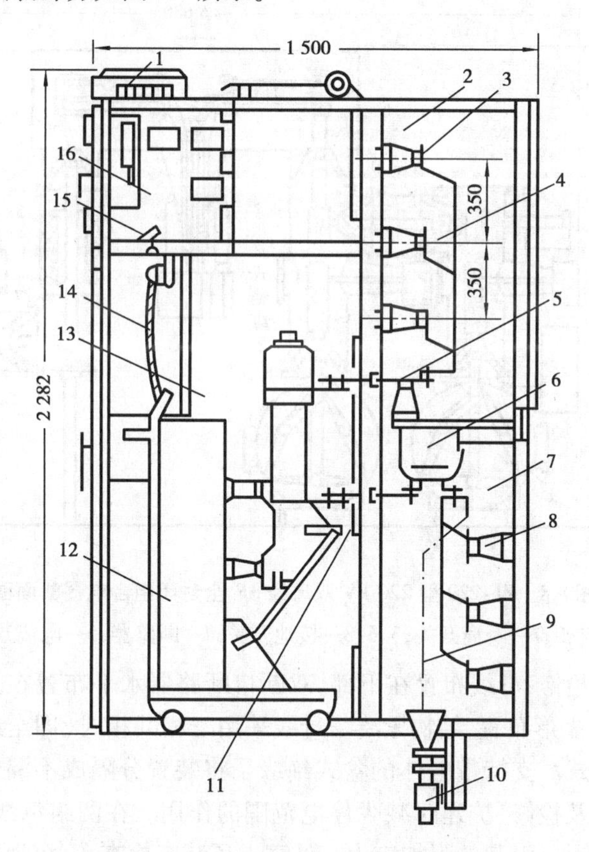

图8.7　GC-2型手车封闭式高压开关柜

1—小母线室；2—主母线室；3—母线；4—引下线；5—静触头；6—电流互感器；
7—出线室；8—绝缘子；9—电缆；10—零序电流互感器；11—自动帘板；
12—断路器手车；13—手车室；14—二次电缆；15—端子排；16—继电器室

手车式结构防尘性能好，运行可靠，维护工作量小，检修方便，而且互换性好，可减少停电时间，广泛用于发电厂3~10 kV厂用配电装置中。

8.5.3 SF_6全封闭组合电器

SF_6全封闭组合电器是以 SF_6气体作为绝缘和灭弧介质,以优质环氧树脂缘子作支撑的一种新型成套高压电器。

SF_6全封闭组合电器由母线、隔离开关、负荷开关、断路器、接地开关、快速接地开关、电流互感器、电压互感器、避雷器和电缆终端等组成。上述各元件可制成不同连接形式的标准独立体,再辅以一些过渡元件(如弯头、三通、伸缩节等),可适应不同主接线的要求,组成配套的配电装置。

如图 8.8 所示为 220 kV 双母线全封闭组合电器配电装置断面图,图中右上部示出该装置的接线。

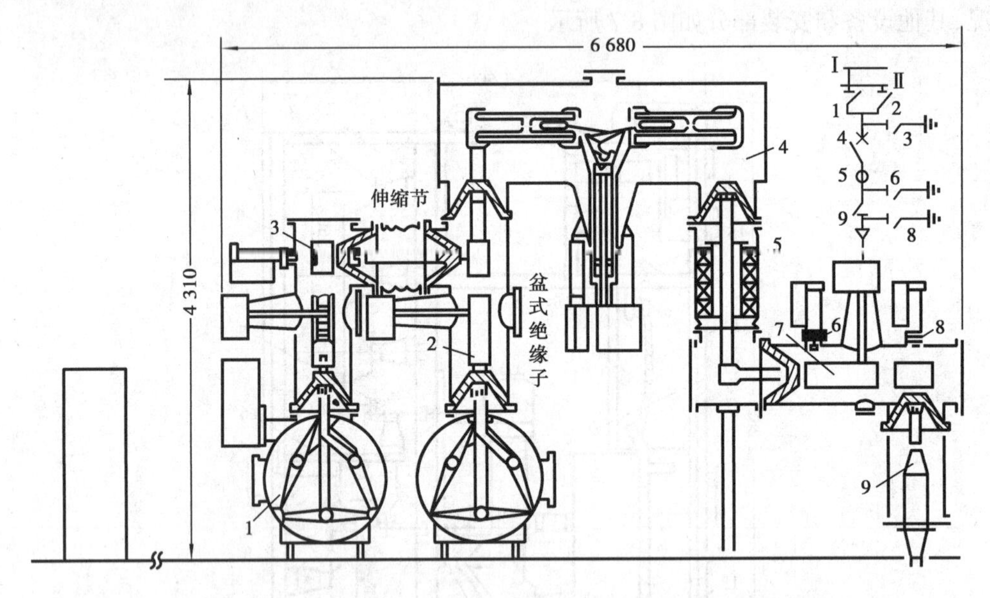

图 8.8　ZF-220 型 220 kV 双母线 SF_6全封闭组合电器断面图

Ⅰ、Ⅱ—主母线;1、2、7—隔离开关;3、6、8—接地开关;4—断路器;5—电流互感器;9—电缆头

为了支持和方便检修,母线布置在下部,双断口断路器水平布置在上部,出线用电缆,整个装置按回路顺序成 π 形布置,结构紧凑。母线采用三相共相式(即全封闭在公共外壳中),其余元件均采用分相式。支持带电体的盆式绝缘子将装置分隔成不漏气的隔离室。隔离室具有限制故障范围以及检修、扩建时减少停电范围的作用。在两组母线接合处设有伸缩节,以减少由温度或安装误差引起的附加应力。外壳上还装有检查孔、窥视孔和防爆盘等设备。

(1) SF_6**全封闭组合电器的优点**

①节省占地面积和空间。全封闭电器占用空间与敞开式的比率可近似估算为 $10/U_e$ (U_e——额定电压,kV),可见,电压越高,效果越显著。

②运行可靠。其带电体封闭在金属外壳中,不受大气和尘埃污染而造成事故。SF_6是不燃惰性气体,不发生火灾,一般不会发生爆炸事故。

③土建和安装工作量小,工期短。

④检修周期长,维护工作量小。一般运行 10 年或切断额定开断电流 15~30 次或正常断

开1 500次,才进行检修。漏气量小,每年只有1%~3%,且用吸附器保持干燥,补气和换过滤器工作量很小。

⑤金属外壳的屏蔽作用减弱了对外界的电磁干扰、静电感应和噪声,这是超高压配电装置中的一个重大课题。

⑥支撑坚固,提高了设备通过短路电流时的动稳固性,并有很好的抗震性能。

(2)SF_6全封闭组合电器的缺点

①对材料性能、加工精度和装配工艺要求极高,工件上的毛刺、油污、铁屑和纤维都会造成电场不均匀,使SF_6抗电强度大大降低。

②需要专门的SF_6气体系统和压力监视装置,对SF_6的纯度和水分都有严格的要求。

③金属消耗量大。

④目前价格较贵。

(3)SF_6全封闭组合电器应用于110~500 kV电压等级的场所

①处在工业区、市中心、险峻山区、地下、洞内、用地狭窄的水电厂或无护建空地的发电厂和变电所。

②位于空气严重污染、海滨、高海拔地区的变电所。

思考题

8.1　配电装置应满足哪些基本要求?

8.2　配电装置有哪几种类型?各有什么优缺点?应用在什么条件下?

8.3　配电装置最小安全净距A、B、C、D值的基本意义是什么?

8.4　何谓成套配电装置?使用成套配电装置有何优点?适用于哪些场合?

第 9 章 接地装置

在电力系统运行过程中,必须加强安全意识,加强防范,否则会造成人身伤亡和国家财产的巨大损失。在保证电气设备的正常运行、防止人身触电伤亡事故中,发电厂、变电所电气设备的保护接地是目前人身安全、防止触电事故最重要的安全措施之一。电气设备的外露可导电部分与大地之间作良好的电气连接,称为接地。接地装置是由埋入土中的接地体(圆钢、角钢、扁钢、钢管等)和连接用的接地线构成。其中,接地体是直接与大地接触的金属导体;连接接地体与电气设备的接地部分的金属导体称为接地线。由若干个接地体在大地中相互用接地线连接起来的整体,称为接地网。

9.1 保护接地的基本概念

按接地的目的,电气设备的接地可分为工作接地、防雷接地、保护接地、仪控接地。其中,保护接地也称安全接地,是为了人身安全而设置的接地,即电气设备外壳(包括电缆皮)必须接地,以防外壳带电危及人身安全。

在低压配电系统中,按保护接地方式分为 3 类,即 IT 系统、TT 系统和 TN 系统。其中,TN 系统包括 TN-C、TN-S 和 TN-C-S 系统。在这 5 种系统中:

第一个字母表示系统电源端与地的关系。T 表示电源端有一点直接接地。I 表示电源端所有带电部分不接地或经消弧线圈(或电阻)接地。

第二个字母表示系统中的电气设备(或装置)外露可导电部分与地的关系。T 表示电气设备(或装置)外露可导电部分与大地有直接的电气连接;N 表示电气设备(或装置)外露可导电部分与配电系统的中性点有直接的电气连接。

第二个字母后面的字母表示系统的中性线和保护线的组合关系。S 表示整个系统的中性线和保护线是分开的;C 表示整个系统的中性线和保护线是共用的;C-S 表示系统中有一部分中性线与保护线是共用的。

9.1.1 IT 系统

IT 系统即在电源中性点不接地或经高阻抗(约 1 000 Ω)接地,通常不引出 N 线,属于三相三线制系统,电气设备的外露可导电部分均经各自的接地装置PE线单独接地,如图9.1所示,该设备不会产生电磁干扰,而且当发生一相接地故障时,所有三相用电设备仍可暂时继续运行,但需装设绝缘监视装置或单相接地保护发出报警信号。当绝缘损坏,设备外壳带电时,接地电流将同时沿接地装置和人体两条道路流过,流过人体的电流与流经接地装置的电流比为

$$\frac{I_{tou}}{I_E}=\frac{R_{tou}}{R_E}$$

式中　I_E、R_E——沿着接地体流过的电流及电阻；

I_{tou}、R_{tou}——沿着人体流过的电流及人体电阻。

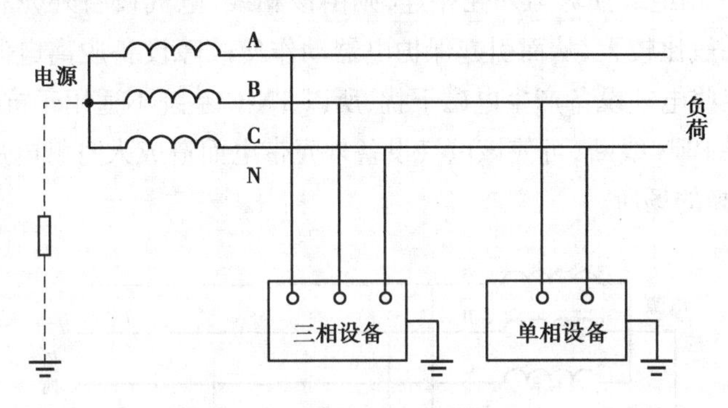

图9.1　IT系统示意图

为了保证人身安全,使其在安全电流以下,必须使$R_E \leqslant R_{tou}$。其中,交流安全电流为30 mA,直流安全电流为50 mA。

9.1.2　TT系统

TT系统的电源中性点直接接地,并引出有N线,属三相四线制系统,电气设备的外露可导电部分均经各自的接地装置PE线单独接地,如图9.2所示。系统中各设备的PE线是分别直接接地的,彼此之间无电磁干扰,该系统适用于抗电磁干扰要求较高的场所。当发生设备绝缘损坏时,设备外壳上的电压为相电压,只要限制R_E的大小,就能保证u_E在安全电压范围内。为保证人身安全,该系统中必须设置灵敏的漏电保护装置。

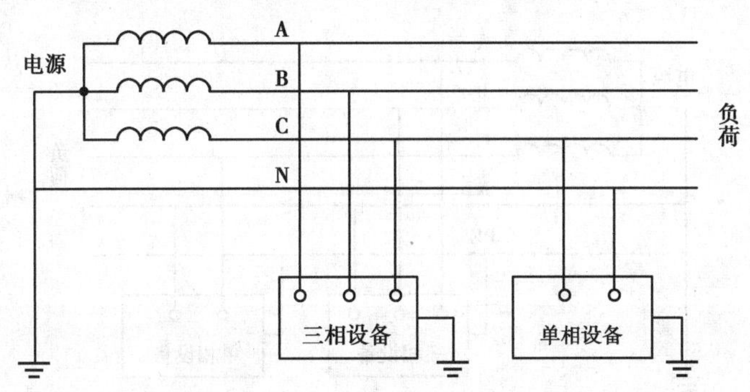

图9.2　TT系统示意图

9.1.3 TN 系统

TN 系统是指电源中性点直接接地,并从中性点引出中性线 N 线和保护线 PE 线,或者将 N 线与 PE 线合为一体的保护中性线 PEN 线,该系统中电气设备的外露可导电部分与 PE 线或 PEN 线连接。TN 系统又分为 3 种型式,分别是 TN-C 系统、TN-S 系统和 TN-C-S 系统。

(1)TN-C 系统

该系统中的 N 线和 PE 线合为一条线,即 PEN 线。所有电气设备的外壳均连接 PEN 线,如图 9.3 所示。当一相绝缘损坏与外壳相连,则由该相线、电气设备外壳和 PEN 线形成闭合回路。这时,电流一般比较大,从而引起保护电器动作使故障设备脱离电源。因为 PEN 线中有电流流过,会对某些电气设备产生电磁干扰,所以 TN-C 系统不适用于抗电磁干扰要求较高的系统。此外,如果 PEN 线断,可使该电气设备外壳带电而造成人身触电危险。TN-C 系统不适用于安全要求较高的场所。

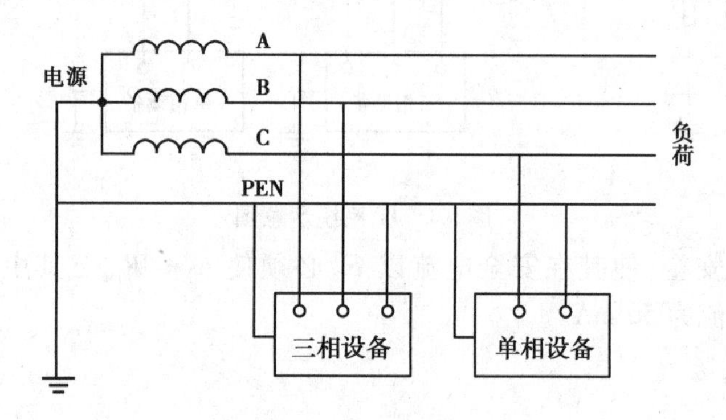

图 9.3　TN-C 系统示意图

(2)TN-S 系统

该系统中的 N 线和 PE 线是完全分开的,所有设备的外壳均连接在 PE 线上,如图 9.4 所示。正常情况下,PE 线上无电流流过,电气设备外壳不带电。TN-S 系统适用于具有较高抗电磁干扰能力和安全性良好的场所。

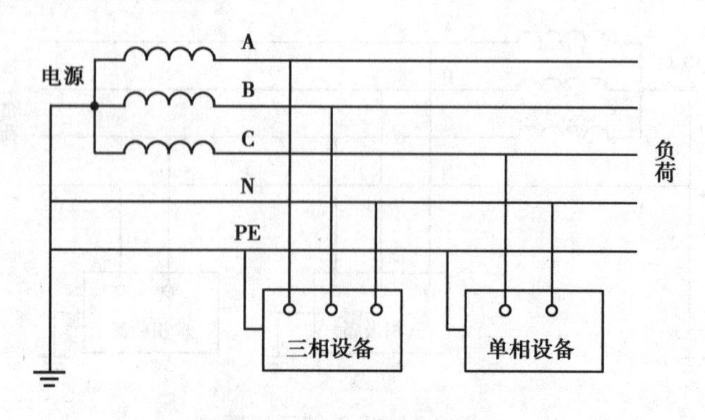

图 9.4　TN-S 系统示意图

(3) TN-C-S 系统

该系统的所有电气设备外壳连接 PEN 线或 PE 线,如图 9.5 所示。TN-C-S 系统比较灵活,对安全及抗电磁干扰要求较高的场所采用 TN-S 系统,其他场所则采用 TN-C 系统。TN-C-S 系统经济适用。

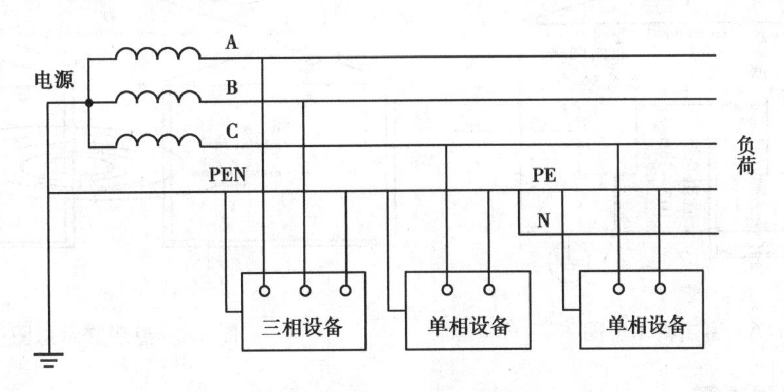

图 9.5　TN-C-S 系统示意图

在 TN 系统中,为了避免 PE 线或 PEN 线断开时系统失去保护作用,除在电源中性点必须采用工作接地外,PE 线或 PEN 线还应采用重复接地,具体重复接地的位置在于:①架空线路末端及沿线每隔 1 km 处;②电缆和架空线路引入车间或其他大型建筑物处。

9.2　防雷接地与接地装置

建筑物的防雷级别是依据其重要程度以及发生雷击事故造成的后果程度来划分的,共分为三级。

一级防雷建筑物是指具有特别重要用途的建筑物,如国家级会堂、办公建筑、档案馆、大型博览建筑、大型铁路客运站、国际性航空港、国宾馆、国际港口客运站、国家级重点文物保护建筑物以及高度超过 100 m 的建筑物。

二级防雷建筑物是指重要的或人员密集的大型建筑物,如省部级办公楼、会堂、博展、体育、交通、通信、广播等建筑物,省级重点文物保护建筑物,高度超过 50 m 的建筑物以及大型计算中心和装有重要电子设备的建筑物。

三级防雷建筑物是指预计年雷击次数大于或等于 0.05 或经过调查确认需要防雷的建筑物,建筑群中最高或位于建筑群边缘高度超过 20 m 的建筑物,高度为 15 m 及以上的烟囱、水塔等孤立建筑物。

雷电对电气设备的影响,主要由以下 4 个方面造成:①直击雷(图 9.6);②传导雷;③感应雷(图 9.7);④开关过电压。

雷电流的热效应可烧断导线和烧毁电力设备;机械效应可摧毁设备、杆塔和建筑,伤害人畜;雷电的闪络放电可烧坏绝缘子,使断路器跳闸或引起火灾,造成大面积停电。因此,必须对电气设备进行防雷保护。

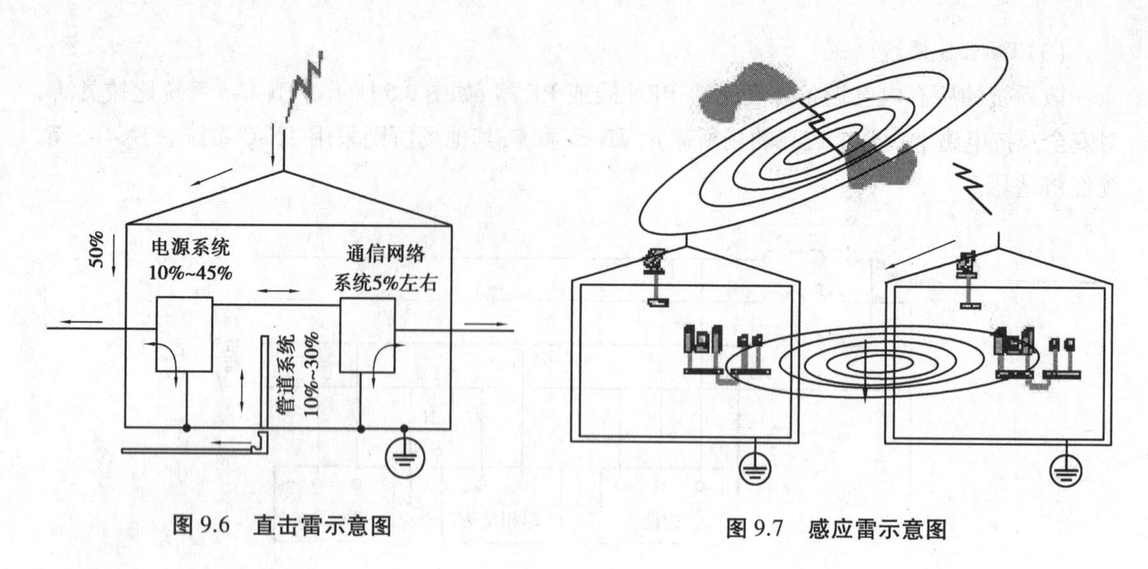

图 9.6　直击雷示意图

图 9.7　感应雷示意图

9.2.1　防雷装置

防雷装置由接闪器、引下线和接地装置 3 部分组成。接闪器又称受雷装置，是接受雷电流的金属导体，常用的有避雷线、避雷针、避雷带和避雷网。避雷针（图 9.8）常被用作建筑物、发电厂和变电所的屋外配电装置、烟囱、冷却塔和输煤系统的高建筑物，油、气等易燃物品的存放设施以及微波通信天线等的直击雷保护装置。避雷线又称架空地线，是最常用的防雷设施。其主要作用是对架空输电线路的导线进行屏蔽，将雷云对架空线路的放电引向自身并泄入大地，使线路导线免遭直接雷击。避雷带和避雷网主要用于保护重要建筑物、高山上的文物古迹或高层建筑免受雷击。避雷带和避雷网普遍采用圆钢或扁钢焊接而成，沿着房屋边缘或屋顶敷设。

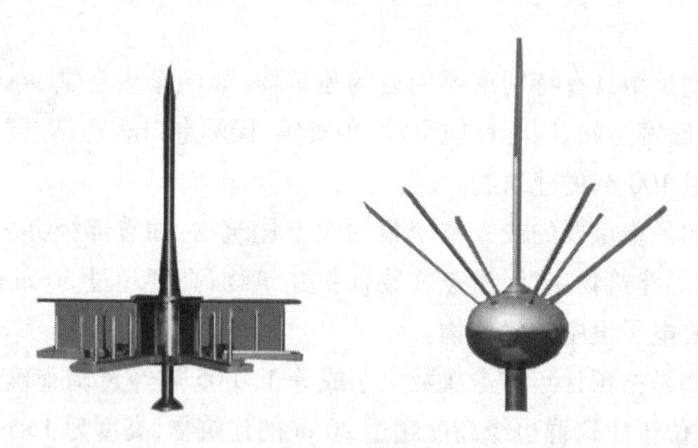

图 9.8　避雷针

引下线一般采用直径不小于 10 mm 的圆钢或截面面积不小于 80 mm^2的扁钢制成。其任务是保证雷电流通过时不会被熔化。接地装置是埋在地下的接地导线和接地体的总称，其电阻值很小，一般不大于 10 Ω，它能更有效地将雷电流泄入大地，从而保护电气设备和建筑物免受雷击伤害。

现代防雷包括外部防雷和内部防雷两个方面：①外部防雷包括避雷针、引下线、接地体等,其主要功能是确保建筑物本身免受直击雷的侵袭,将可能击中建筑物的雷电通过避雷针、避雷线、引下线等,泄放入大地。②内部防雷是为了保护建筑物内部的设备以及人员的安全而设置的。通过在需要保护设备的前端安装合适的防雷器,使设备、线路与大地形成一个等电位体,将可能进入的雷电流阻拦在外,把因雷击而使内部设施所感应到的雷电流安全泄入大地,确保后续设备的安全。

变电所应按一级防雷建筑物的标准进行防雷设计。变电所内的设备和建筑物通常采用独立避雷针或避雷线进行直击雷防护。当避雷针(线)与附近设施之间的绝缘距离不够时,两者之间会发生强烈的放电现象,这种情况称为“反击”现象。为了防止反击事故的发生,避雷针(线)与附近其他金属导体之间必须保持足够的安全距离,一般不应小于5 m。独立避雷针(线)的接地体与变电所接地网间的最小地中距离一般不应小于3 m。

变电所对雷电侵入波的过电压保护是利用阀型避雷器以及与阀型避雷器相配合的进线段保护。35~110 kV变电所的防雷保护方案如图9.9所示。在变电所1~2 km进线段架设避雷线,既可防护直击雷,还可使感应雷过电压产生在1~2 km以外。为了降低雷电侵入波的幅值,在该线路进线段的首端应装设一组管型避雷器FA1,且其工频接地电阻不宜超过10 Ω。在靠近隔离开关或断路器QF2处装设一组管型避雷器FA2,以防止线路上的雷电波侵入隔离开关或断路器开路处时,由反射而形成两倍侵入波幅值的电压,损坏隔离开关或断路器。母线上装设阀型避雷器FA3,主要用于保护变压器、电压互感器等所有高压电气设备。

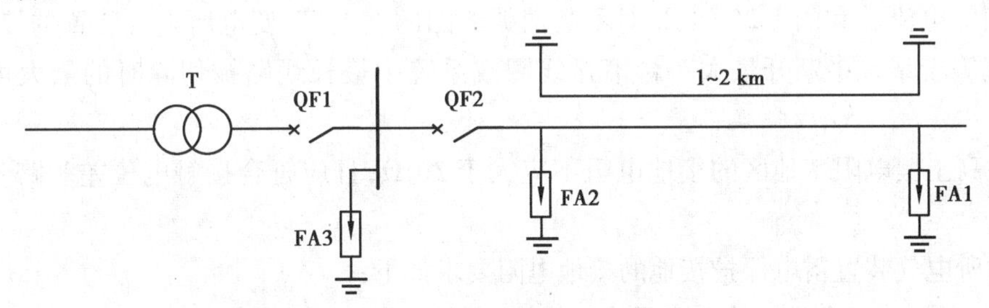

图9.9　35~110 kV变电所的进线保护方案

9.2.2　发电厂、变电所接地电阻的要求

电气设备接地部分的对地电压与接地电流之比,称为接地装置的接地电阻。流散电阻是指接地体的对地电压与通过接地体流入地中的电流之比。而工频接地电流流经接地装置所呈现的接地电阻,称为工频接地电阻,用R_E表示。雷电流流经接地装置所呈现的电阻,称为冲击接地电阻,用R_{sh}表示。变电站为满足各种接地要求特敷设一个统一的接地网,希望当接地网中流过故障电流时,接地体不出现危险的过电压,这就要求接地电阻应尽可能小。

有效接地和低电阻接地系统中发电厂、变电所电气装置保护接地的接地电阻宜符合下列要求:

①一般情况下接地装置的接地电阻应满足:

$$R \leqslant \frac{2\ 000}{I}$$

其中,R 表示季节变化的最大接地电阻,单位为 Ω;I 表示流经接地装置的入地短路电流,单位为 A,该电流应按 5~10 年发展后的系统最大运行方式确定,并应考虑系统中各接地中性点间的短路电流分配,以及避雷线中的接地短路电流。

②当接地装置的接地电阻不符合要求①时,可通过技术经济比较来增大接地电阻,但不得大于 5 Ω,且其人工接地网及有关电气装置应符合规范要求。

不接地、经消弧线圈接地和高电阻接地系统中发电厂、变电所电气装置保护接地的接地电阻应符合下列要求:

①发电厂、变电所电力生产用低压电气装置共用的接地装置应满足 $R \leqslant 120/I$,但不应大于 4 Ω。

②高压电气装置的接地装置,应满足:

$$R \leqslant \frac{250}{I}$$

其中,R 表示季节变化的最大接地电阻,单位为 Ω,但不宜大于 10 Ω;I 表示接地故障电流,单位为 A。

③经消弧线圈接地系统中,计算用的接地故障电流应采用下列数值:a.对装有消弧线圈的发电厂、变电所电气装置的接地装置、计算电流等于接在同一接地装置中同一系统各消弧线圈额定电流总和的 1.25 倍;b.对不装消弧线圈的发电厂、变电所电气装置的接地装置、计算电流等于系统中断开最大一台消弧线圈或系统中最长线路被切除时的最大可能残余电流值。

④在高土壤电阻率地区的接地电阻不应大于 30 Ω,且应符合接触电位差和跨步电位差要求。

变电所电气装置雷电保护接地的接地电阻要求如下:

①独立避雷针(含悬挂独立避雷线的架构)的接地电阻。在土壤电阻率不大于 500 Ω · m 的地区不应大于 10 Ω;在高土壤电阻率地区当有困难时,该接地装置可与主接地网连接,但避雷针与主接地网的地下连接点至 35 kV 及以下设备与主网的地下连接点之间,沿接地体的长度不得小于 15 m。

②在变压器门型构架上和离变压器主接地线小于 15 m 的配电装置的架构上,当土壤电阻率大于 350 Ω · m 时,不允许装避雷针、避雷线;小于 350 Ω · m 时,则应根据方案比较确有经济效益,经过计算采取相应的防止反击措施,并至少遵守下列规定,方可在变压器门架上装设避雷针、线:a. 装在变压器门型架构上的避雷针应与接地网连接,并应沿不同方向引出 3~4 根放射形水平接地体,在每根水平接地体上离避雷针架构 3~5 m 处装一根垂直接地体;b.直接在 3~35 kV 变压器的所有绕组出线上或在离变压器电气距离不大于 5 m 条件下装设阀式避雷器。高压侧电压 35 kV 变电所,在变压器门型架构上装设避雷针时,变电所接地电阻不应大于 4 Ω(不包括架构基础的接地电阻)。

思考题

9.1　什么是接地？什么是工作接地、保护接地和防雷接地？

9.2　接地装置的组成是怎样的？

9.3　电击和电伤对人体有什么伤害？电击使人致死的主要因素是什么？

9.4　什么是接触电压和跨步电压？

9.5　为什么在低压三相四线制系统中，一般不允许同时采用保护接地和保护接零？

9.6　低压系统中几种接地形式各有什么特点？

第10章 发电厂和变电所的控制与信号

10.1 发电厂的控制方式

发电厂的电气设备,有些是就地控制,有些是集中在一起控制。目前,我国火电厂的控制方式可分为主控制室的控制方式和单元控制室的控制方式。

10.1.1 主控制室的控制方式

单机容量为10万kW及以下的火电厂,一般采用主控制室的控制方式。全厂的主要电气设备都在这里进行控制,锅炉设备及汽机设备则分别安排在锅炉间和汽机间的控制室或控制屏上进行控制。

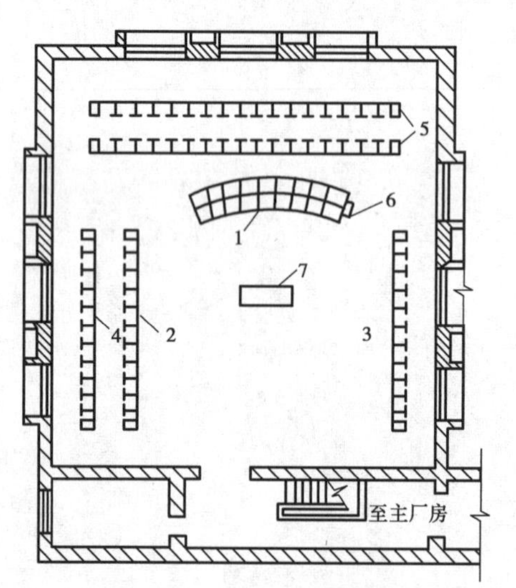

图10.1 主控制室的平面布置图
1—发电机、变压器、中央信号控制屏台;2—线路控制屏;3—厂用变压器控制屏;4—直流屏、远动屏;5—继电保护及自动装置屏;6—同步小屏;7—值班台

主控制室为全厂的控制中心,要求监视方便,操作灵活,能与全厂进行联系。如图10.1所示为火电厂主控制室的平面布置图。凡需要经常监视和操作的设备,如发电机和主变压器的控制元件、中央信号装置等须位于主环正中的屏台上,而线路和厂用变压器的控制元件、直流屏及远动屏等均布置在主环的两侧。凡不需要经常监视的屏,如继电保护屏、自动装置屏及电能表屏等布置在主环的后面。

主控制室的位置,小型发电厂可设在主厂房的固定端;大、中型发电厂主控制室常与6~10 kV配电装置相连,且主控制室与主厂房之间设有天桥连通。

10.1.2　单元控制室的控制方式

单机容量为 20 万 kW 及以上的大型机组，常将机、炉、电的主要设备集中在一个单元控制室控制。现代大型火电厂为了提高热效率趋向采用亚临界或超临界高压、高温的机组，锅炉与汽机之间蒸汽管道的连接，由一台锅炉与一台汽机构成独立的单元系统，不同单元系统之间没有横的联系，这样管道最短，投资较少。运行中，锅炉能配合机组进行调节，便于启停及处理事故。

机、炉、电集中控制的范围，包括主厂房内的汽轮机、发电机、锅炉、厂用电以及与它们有密切联系的制粉、除氧、给水系统等，以便让运行人员注意主要的生产过程。至于主厂房以外的除灰系统、化学水处理等，均采用就地控制。

如果发电厂的高压电力网络比较简单，出线较少，可将网络控制部分放在第一单元控制室内。当高压网络出线较多时，应单独设置网络控制室。

如图 10.2 所示为两台大型机组的单元控制室平面布置图。主环为曲折式布置，中间为网络控制屏，而两台机组的控制屏台，分别按炉、机、电顺序位于主环的两侧，计算机装在后面机房内。

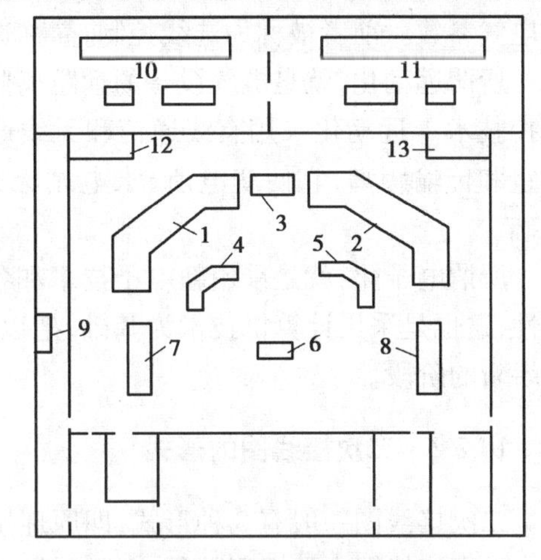

图 10.2　单元控制室平面布置图

1、2—炉、机、电控制屏；3—网络控制屏；
4、5—运行人员工作台；
6—值长台；7、8—发电机辅助屏；
9—消防设备；10、11—计算机；12、13—打字机

10.2　二次接线图

10.2.1　二次接线图的定义

在发电厂和变电所中，对电气一次设备的工作进行监测、控制、调节、保护，以及为运行、维护人员提供运行工况或生产指挥信号所需的电气设备称为二次设备，如测量仪表、继电器、控制操作开关、按钮、自动控制设备、计算机、信号设备、控制电缆以及供给这些设备电源的交、直流电源装置。电气二次设备按一定顺序和要求相互连接，构成的电路称为二次接线图（或二次回路），主要包括监测回路、控制回路、信号回路、保护回路、调节回路、操作电源回路和励磁回路等。

随着现代科学技术的发展，电气二次设备系统不断吸收和使用新技术，正在向弱电化、选线化、远动化和电子化发展。

所谓弱电化，就是在控制、信号、保护和监测设备中以低电压，弱电流（如直流操作电压为 24 V、48 V、60 V，电压互感器二次额定电压为 50 V，电流互感器二次额定电流为 0.5 A 等）来代替原来一般的强电式电压和电流（直流操作电压为 110 V、220 V，电压互感器二次侧额定电压为 100 V，电流互感器二次侧额定电流为 5 A）。这样，可以降低对控制、保护、信号和监测设备的绝缘要求，相应地缩小它们的体积，同时也可采用截面较小（0.8~1.0 mm^2）的弱电控制

电缆,这对节省有色金属,减小控制尺寸,缩小控制面积和方便运行控制操作等都带来好处。

所谓选线化,就是以一个控制开关通过切换开关有选择地操作若干个被控对象或对若干个被控对象进行分组操作的方法。也可进一步采用与自动电话相类似的拨号选线技术,以便在控制台上用少量的操作设备去控制较多的被控对象,或用少量的监测设备来监测较多回路的电气参数。前者被称为选线控制,简称选控;后者被称为选线监测,简称选测。

所谓远动化,就是电气设备的远距离监测和控制技术,一般也可称为遥测、遥信、遥调和遥控技术。远动化采用有线通信和无线通信(如载波、微波等),大大地扩充了传送信息的数量和传输距离,它使变电所、水电站无人值班成为可能,是实现电力系统调度自动化的基础。

所谓电子化,就是采用新电子技术和各种无触点元件,提高二次设备动作的灵敏性和可靠性,这也是采用计算机技术为基础,把以微型计算机为中心的发电厂综合自动化推进到一个崭新的阶段。

10.2.2 二次接线图的形式

二次接线图一般有 3 种形式,即原理接线图、展开接线图和安装接线图。

二次接线图中的图形符号、文字符号和回路编号范围都由国家统一规定。图形符号和文字符号用以表示和区别接线图中各个电气设备,回路编号用以区别各电气设备间互相连接的各种回路。

在二次接线图中,所有开关电器和继电器的触点都按照它们在正常状态时的位置来表示。所谓正常位置,是指开关电器在断开位置及继电器线圈中没有电流(或电流很小未达到动作电流)时,它们的触点和辅助触点所处的状态。通常说的常开触点或常开辅助触点,是指继电器线圈不通电或开关电器的主触点在断开位置时,该触点是断开的。常闭触点或常闭辅助触点,是指继电器线圈不通电或开关电器主触点在断开位置时,该触点是闭合的。

(1)原理接线图

原理接线图(简称原理图)是用来表示继电保护、测量仪表和自动装置等的工作原理的。它以元件的整体形式表示二次设备间的电气联系,并将与其有关的电流、电压回路和直流回路,以及一次接线有关部分综合在一起。这种接线的特点是使看图者对整个装置的构成有明确的整体概念。

如图 10.3 所示为 6~10 kV 线路两相式(一般只在 A、C 相装设电流互感器)过电流保护的原理图。这里仅就其组成、接线和动作情况作一般介绍,以帮助建立二次接线图的初步概念。

如图 10.3 所示中属于一次设备的包括母线,隔离开关,断路器 1,A、C 相的电流互感器 2 和线路等。一次与二次直接相关的部分(即电流互感器)以三线图的形式表示,其余则以单线图形式表示。组成过电流保护的二次设备及连接关系是:两只电流继电器 3、4 的线圈分别串接到对应 A、C 相电流互感器 2 的二次侧,其两对常开触点并联后接到时间继电器 5 的线圈上,时间继电器 5 延时闭合的常开触点与信号继电器 6 的线圈串联后,通过断路器常开辅助触点 7 接到断路器 1 的跳闸线圈 8 上。对二次接线部分应表示出交流回路的全部,直流回路电源可只标出正、负极。所有电气设备都用国家统一规定的图形符号表示,它们之间的联系应按照实际的连接顺序画出。

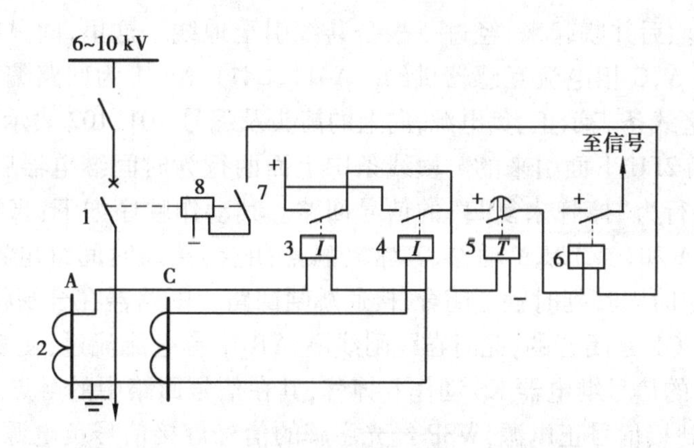

图 10.3　6~10 kV 线路过电流保护的原理图

正常运行情况下,电流继电器线圈内通过的电流很小,继电器不动作,其触点是断开的。时间继电器线圈与直流电源不构成通电回路,保护处于不动作状态。在线路故障情况下,如在线路某处发生短路故障时,线路上通过短路电流,并通过电流互感器反映到二次侧。接在二次侧的电流继电器线圈中通过与短路电流成一定比例的电流,当达到其动作值时,电流继电器3(或4)瞬时动作,闭合其常开触点,将由直流操作正电源母线来的正电加在时间继电器5的线圈上,而线圈的另一端接在负电源上,时间继电器启动。经过一定时限后其触点闭合,这样正电源经过其触点和信号继电器6的线圈、断路器的辅助触点7和跳闸线圈8接至负电源,信号继电器6的线圈和跳闸线圈8中有动作电流流过便发出动作信号并使断路器1跳闸,切除线路的短路故障。此时电流继电器线圈中的电流消失,线路的保护装置返回。断路器事故跳闸后,接通中央事故信号装置发出事故音响信号。

从以上分析可知,原理图能给出保护装置和自动装置总体工作概况,它能清楚地表明二次设备中各元件形式、数量、电气联系和动作原理。但是,它对一些细节并未表示清楚。如未画出各元件的内部接线、元件编号和回路编号。直流电源仅标出电源的极性,没有具体表示出是从哪一组熔断器下面引来的。另外,关于信号在图中只标出了"至信号"而没有画出具体的接线。只有原理图不能进行二次接线的施工,特别对复杂的二次设备,如发生故障,更不易发现和寻找。而展开接线图(简称展开图)便可以弥补这些缺陷。

(2)展开接线图

展开接线图(简称展开图)也是用来说明二次接线的动作原理的,在现场使用很普遍。展开图的特点是按供电给二次接线每个独立电源来划分的,即将每套装置的交流电流回路、交流电压回路和直流回路分开来表示。为此,属于同一仪表或继电器的电流线圈、电压线圈和触点分开画在不同的回路里。为了避免混淆,属于同一元件的线圈和触点采用相同的文字标号。

在绘制展开图时,一般是分成交流电流回路、交流电压回路、直流操作回路和信号回路等几个主要组成部分,每一部分又分成许多行。交流回路按A、B、C的相序,直流回路按继电器的动作顺序依次从上到下排列。在每一回路的右侧通常有文字说明,以便于阅读。图10.4是根据图10.3所示的原理图而绘制的展开图。图中右侧为示图,表示一次接线情况及保护装置所连接的电流互感器在一次系统中的位置。左侧为保护回路,它由3部分组成。阅读展开图时,一般先读交流回路后读直流回路。由图10.4可知,交流电流回路是按A、C、N的顺序由上而下地逐行排列。它是由A、C相电流互感器的二次侧1TAa和1TAc分别接到电流继电器

1KA 和 2KA 线圈,然后并联起来,经过一根公共线引至地线。这里,两只电流继电器线圈中通过的电流分别由 A、C 相电流互感器供给。A411、C411、N411 为回路编号。在直流操作回路中,画在两侧的竖线条表示正、负电源,向上的箭头及编号 101、102 表示它们是从控制回路用的熔断器 1FU 和 2FU 下面引来的。横线条中上面两行为时间继电器启动回路,第三行为跳闸回路。最下一行为“掉牌未复归”的信号回路。其动作顺序如下:当线路上发生过电流时,电流继电器 1KA 和(或)2KA 动作,其常开触点闭合,接通时间继电器 KT 的线圈回路。KT 动作后经过整定时限其延时触点闭合,接通跳闸回路。断路器在合闸状态时,其与主轴联动的常开辅助触点 QF 是闭合的,此时在跳闸线圈,YR 中有电流流过,使断路器跳闸。同时,串联于跳闸回路中的信号继电器 KS 动作并掉牌,其在信号回路中的触点 KS 闭合,接通母线 WAU 和 WSP、WAU 接信号正电源,WSP 经光字牌的信号灯接信号负电源,光字牌点亮,给出正面标有“掉牌未复归”的灯光信号,用以表明该线路过电流保护已经动作。从原理图与展开图比较可知,展开图接线清晰,易于阅读,便于了解整套装置的动作程序和工作原理,特别是在复杂电路中其优点更为突出。

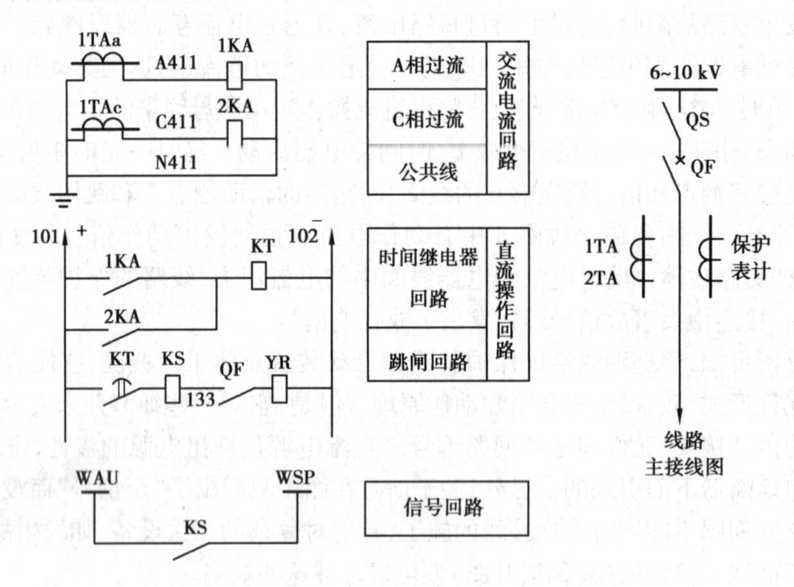

图 10.4 6~10 kV 线路过电流保护展开图

(3)安装接线图

安装接线图是制造厂加工制造各种屏台和现场施工安装必不可少的图纸,也是运行试验、检修等的主要参考图纸。它是在原理图和展开图的基础上进一步绘制的,主要包括屏面布置图、屏背面接线图和端子排图 3 部分。控制电缆联系图与电缆清册也可视为安装接线图的一部分。

1)屏面布置图

屏面布置图是加工制造和安装屏、台、盘上设备的依据。屏、台、盘上各个设备的排列、布置等根据运行操作的合理性并适当考虑维护和施工的方便而决定,必须按照设备尺寸和设备之间的距离按比例尺寸进行绘制。

2)屏背面接线图

屏背面接线图是以屏面布置图为基础绘制的。它标明了屏上各个设备引出端子之间的连接情况，以及设备与端子排间的连接情况，它是一种指导屏上配线所必需的图纸。图中各个设备都编有一定的顺序号和代号，设备的接线柱上也加以标号，此标号与产品上的位置完全相对应。此外，每个接线柱上还注有明确的去向，即为了说明两设备相互连接的关系，可在甲设备接线柱上标出乙设备接线柱的号，而乙设备接线柱上标出甲设备接线柱的号。简单来说就是“甲编乙的号，乙编甲的号”，表明此甲乙设备对应两接线柱之间要连接起来。这种接线图用于检查和安装，远比原理图方便得多。

3）端子排图

端子排图是表示屏上两端相互呼应，需要装设的端子数目、类型及排列次序以及它与屏外设备连接情况的图纸。通常在屏背面接线图中包括其左、右侧的端子排图在内。在端子接线图中，端子的视图应从布线时面对端子的方向。如图 10.5 所示为一个端子排接线图的例子。

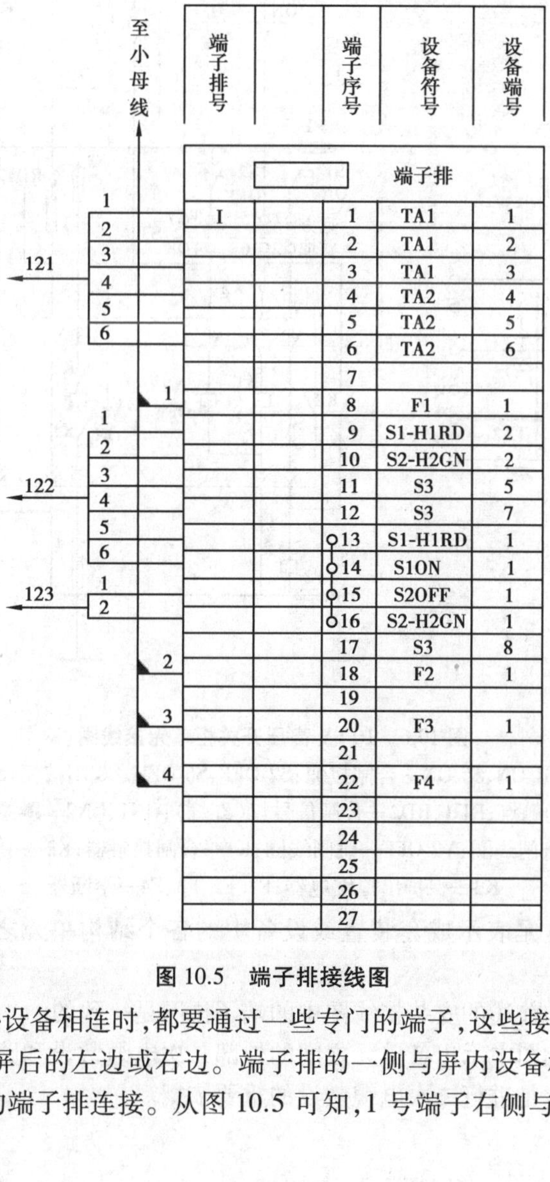

端子排号		端子序号	设备符号	设备端号
			端子排	
I		1	TA1	1
		2	TA1	2
		3	TA1	3
		4	TA2	4
		5	TA2	5
		6	TA2	6
		7		
		8	F1	1
		9	S1-H1RD	2
		10	S2-H2GN	2
		11	S3	5
		12	S3	7
		13	S1-H1RD	1
		14	S1ON	1
		15	S2OFF	1
		16	S2-H2GN	1
		17	S3	8
		18	F2	1
		19		
		20	F3	1
		21		
		22	F4	1
		23		
		24		
		25		
		26		
		27		

图 10.5　端子排接线图

凡屏内设备与屏外设备相连时，都要通过一些专门的端子，这些接线端子组合在一起，便称为端子排，可布置在屏后的左边或右边。端子排的一侧与屏内设备相连，另一侧用电缆与其他结构单元（或屏）的端子排连接。从图 10.5 可知，1 号端子右侧与电流互感器 TA1 的接线端子 1 连通,而左侧由编号为 121 的电缆连至保护屏,其余以此类推。

安装接线图中的设备编号、回路编号、端子排编号和设备接线的编号都有相应的规定,在此限于篇幅不一一介绍。

上述 3 种形式的二次接线图是我国一直以来所普遍采用的,至今还广泛使用。目前,我国已开始采用国际通用的图形符号和文字符号来表示二次接线图。根据表达对象和用途的不同,二次接线图用新的形式来表示。一般可分为:

①单元接线图。表示成套装置或设备中一种结构单元内连接关系的接线图,称为单元接线图。所谓结构单元,是指可独立运用的组件,或由零件、部件构成的结合件,如发电机、电动机、成套开关柜等。在单元接线图中,各部件可按展开图形式画出,也可按集中形式画出。大都采用前者,通常又称为展开图。如图 10.6 所示为 10 kV 高压开关柜的单元接线图。

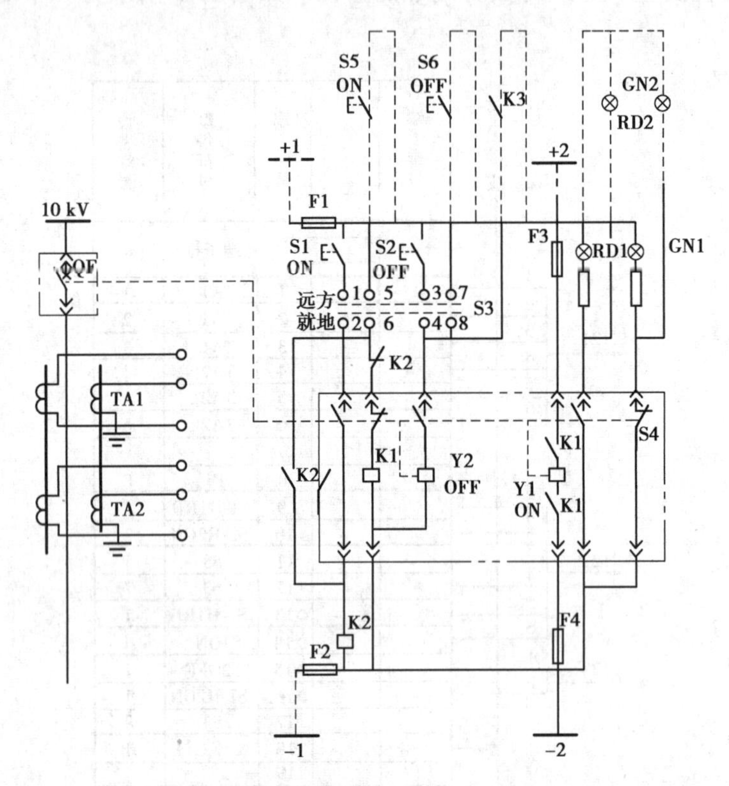

图 10.6　10 kV 高压开关柜单元接线图

QF—断路器;S1 ON、S5 ON—合闸按钮;S2 OFF、S6 OFF—跳闸按钮;S3—转换开关;
S4—断路器辅助触点;RD1、RD2—合闸信号灯(红灯);GN1、GN2—跳圈信号灯(绿灯);
Y1 ON—合闸线圈;Y2 OFF—跳闸线圈;K1—合闸接触器;K2—中间继电器;
K3—保护出口继电器;F1、F2、F3、F4—熔断器

②互连接线图。这是表示成套装置或设备中的各个结构单元之间连接关系的一种接线图。

③端子接线图。与前述的安装接线图中的端子排图是一致的。

④电缆配置图。此图中示出各单元之间的外部二次电缆敷设和路径情况,并注有电缆的编号、型号和连接点,它是进行二次电缆敷设的重要依据。

(4)电气二次接线的操作电源

电气二次接线的操作电源根据电源性质,可分为直流电源和交流电源。所有直流回路均由直流电源供电,交流回路则由交流电源供电。

1)直流电源

发电厂中,供给继电保护、自动装置、控制、信号、远动、通信、断路器跳合闸线圈和其他二次设备的直流工作电源,必须供电可靠。当交流系统发生事故时,仍能保证连续供电,并且电源容量足够,电源电压的波动不应超过允许范围。目前发电厂中广泛采用蓄电池组(主要是固定型防酸隔爆式的铅酸蓄电池)作为直流操作电源。蓄电池组是独立的电源装置,不受交流系统的影响,即使在整个交流电源全部停电的情况下,也可以保证直流负荷设备可靠而连续地工作。

蓄电池组直流工作电压一般为 220 V 或 110 V,有时也采用 48 V 或 24 V。

2)交流电源

供电给交流二次设备的电源即为二次交流电源,就是互感器的二次侧。为了监测、继电保护和自动装置等这些交流二次设备的需要,在发电厂电气主接线的各个回路中(包括发电机、变压器、交流电动机、母线、进出线路等)必须配置不同形式和数量的电流互感器和电压互感器。交流电流二次设备均接在电流互感器的二次侧,作为电流互感器的二次负荷,而交流电压二次设备均接在电压互感器的二次侧,作为电压互感器的二次负荷。电流互感器二次侧作为交流电流二次设备的电流源,电压互感器的二次侧作为交流电压二次设备的电压源,所有交流二次设备都应连接在相应互感器二次交流电源中才能工作,完成相应的功能。

10.3　断路器的控制与信号接线

如图 10.6 所示为 10 kV 移开式高压开关柜单元接线图。断路器既可在主控制室内,由分、合按钮 S5 ON 和 S6 OFF 进行远方控制,也可在开关柜上,由分、合闸按钮 S1 ON 和 S2 OFF 实现就地控制,开关柜设有转换开关 S3。当开关 S3 手柄转到“就地”位置时,触点 1—2 和触点 3—4 接通,图中用黑点“.”表示该位置时触点是接通的。当转换开关手柄转到“远方”位置时,则黑点所指的触点 5—6 和 7—8 接通。

现就手动合闸、手动跳闸和自动跳闸的操作过程及其信号分述如下:

①手动合闸。合闸之前,断路器为跳闸状态,断路器操动机构中由机械联动的辅助触点 S4 均处于跳闸相应的位置,即常开触点断开,常闭触点闭合。此时,绿灯回路接通,绿灯 GN1 发亮,表示断路器现为跳闸状态。

在开关柜上进行就地合闸时,首先将转换开关 S3 转到“就地”位置,再按合闸按钮 S1 ON,立即使合闸接触器 K1 通电。于是,在合闸线圈 Y1 ON 回路中,当触点 K1 闭合后,便接通合闸线圈 Y1 ON 回路,经操动机构进行合闸操作。合闸完毕后,断路器的辅助触点 S4 也相继切换位置,致使红灯回路变为接通,红灯 RD1 发亮,表示断路器为合闸状态。同时,绿灯回路断开,绿灯 GN1 随之熄灭。

当在主控制室控制屏上进行远方合闸时,须将切换开关 S3 转到“远方”位置,再按控制屏上的合闸按钮 S5 ON,以后回路动作情况,完全与就地手动合闸相同。

②手动跳闸。跳闸之前,断路器原为合闸状态,断路器的辅助触点 S4 均已切换到合闸相应位置,即常开触点变为闭合,常闭触点变为断开。

进行就地跳闸操作时,切换开关 S3 应转到“就地”位置,按下跳闸按钮 S2 OFF 后,电流便通过跳闸线圈 Y2 OFF 回路,使断路器跳闸。随后,断路器的辅助触点立即切换,其常闭触点由断开变成闭合,接通绿灯回路后,绿灯 GN1 发亮,表示断路器已为跳闸状态。

在主控制室进行远方跳闸操作时,应将切换开关 S3 转到“远方”位置,并按下控制屏上的跳闸按钮 S6 OFF,同样能将断路器跳闸,跳闸后,主控制屏上的绿灯 GN2 变亮。

③自动跳闸。如果外部线路发生短路故障,引起继电保护动作,保护出口继电器的触点 K3 闭合后,使跳闸线圈 Y2 OFF 回路通电,断路器立即自动跳闸,绿灯 GN1 与 GN2 同时变亮。

在单元接线图中,设有断路器“跳跃”闭锁装置。在合闸过程中,若合闸按钮接触时间过长,或其触点被卡住而不能复归,合闸后,防跳继电器 K2 动作。它的常闭触点 K2 断开,将合闸接触器 K1 回路切断,它的另一常开触点 K2 能使防跳继电器自保持。如果外部线路出现永久性故障,断路器跳闸后,合闸接触器回路已被切断,不能再次合闸,也就防止了断路器发生“跳跃”现象。

10.4 中央信号

在发电厂和变电所中,为了及时掌握电气设备的工作状态,须用信号显示当时的情况。若发生事故时应发出各种灯光及音响信号,提醒运行人员迅速判明事故性质、范围和地点,以便作出相应处理。

中央信号装置是对全厂主要电气设备的信号进行集中监控的装置,安装在主控制室内中央信号屏上。

我国以前采用的中央信号装置,是用电磁式冲击继电器构成的。运行中曾出现过许多缺点,如信号动作次数有限,只能接收十多个信号,且信号不完善。近年来新建的发电厂和变电所,已采用新型的闪光报警装置,如 EXZ-2 型信号报警装置。该装置采用组合式结构,由灯光盒(EGP)和音响盒(EYX)组成。每个灯光盒可接收 12 个信号,每个音响盒有 10 个音响启动门,每个启动门可接 3 个灯光盒。根据工程需要,可由几个或几十个灯光盒及一两个音响盒组成任意规模的中央信号报警系统。

中央信号包括中央事故信号和中央预告信号。

(1)中央事故信号

中央事故信号的作用是,当主设备发生重大事故时(如发电机内部短路使断路器跳闸),则应发出闪光信号,并启动电喇叭,发出音响。灯光和音响信号动作过程如下:

1)灯光信号

如图 10.7 所示为灯光信号逻辑回路图。如主设备出现重大事故,其保护装置出口继电器的触点 K2 闭合,启动本装置的隔离继电器 K1。K1 常开触点闭合后,将 12 V 正电压(逻辑回路采用正逻辑形式,“1”态表示 12 V,“0”态表示 0 伏)送至与非门 D1 及 D 触发器 D4。D1 的输入端还接有 1 000 Hz 左右的高频电波 F_0。从逻辑关系可知,经过与非门 D1 后的输出 $A=\overline{1\cdot F_0}=\overline{F_0}$,又 $B=1$ 加到与非门 D2 的输入端,而 C 端输出为 $C=\overline{A\cdot B}=\overline{1\cdot \overline{F_0}}=F_0$,再经功率反相器 D3 后，$D=\overline{C}=\overline{F_0}$，使信号灯 H1 以 F_0频率发出闪光。当运行人员确认故障后，按动平光按钮 S2，使触发器 D4 复位，Q 端为 0，于是 $B=0$，$C=\overline{A \cdot B}=\overline{F_0 \cdot 0}=1$，$D=0$，信号灯接于 0 伏稳态电压，信号灯便由闪光转为平光。S1 为查灯按钮，供自检用。

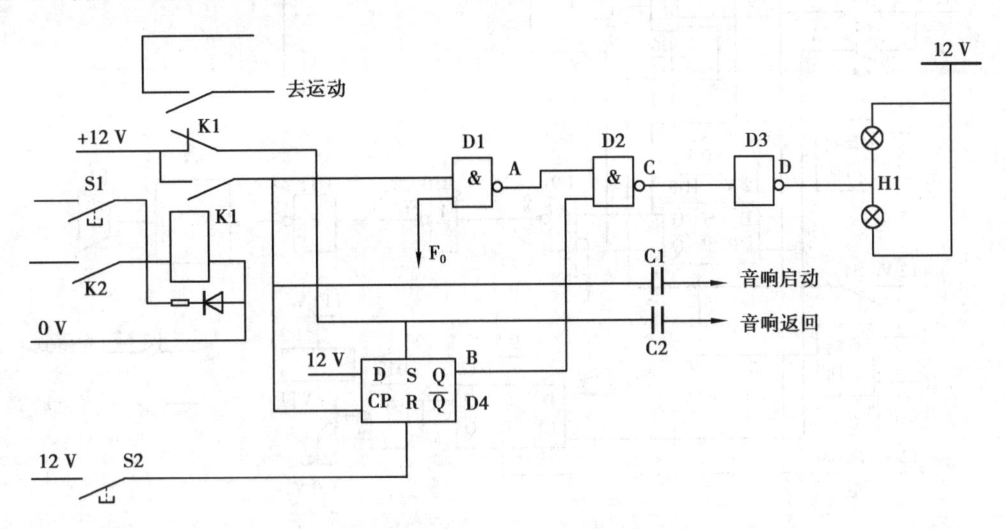

图 10.7　灯光信号逻辑回路图

2）音响信号

如图 10.8 所示为音响信号逻辑回路图。当出现重大事故，保护动作，使隔离继电器 K1 动作时（图 10.7），正电压通过已闭合的常开触点 K1，经电容器 C1 产生微分脉冲送到音响信号回路，去启动音响信号装置（见图 10.8 中的音响启动）。当启动尖脉冲到达 D 触发器 D8 的 CP 端后，触发器翻转，$Q=1$，“1”电平信号分成两路送出。第一路信号经与非门 D9，与音响调制信号 f_1相加并反相后，输出信号 $X=\overline{Q \cdot f_1}=\overline{1 \cdot f_1}=\overline{f_1}$，再经反相器 D10，输出 $Y=\overline{X}=\overline{f_1}$，又经功率放大器 D11 并反相后，Z 端输出信号 $Z=\overline{Y}=\overline{f_1}$，送至输出变压器 T1，使电喇叭 B1 发出高频音响。第二路 Q 端的“1”电平信号与频率 F_0的振荡电压同时送至与门 D5，信号相加后，再送入计数器 D7 的 CP 端，使计数器按频率 F_0开始计数。待计数达到整定时间（1~8 s 可调），便输出“1”电平至反相器 D6，D5 即输出“0”电平，使计数器停止计数。同时，计数器输出的“1”电平又送至 D 触发器 D8 的复位端 R，使输出 $Q=0$。按前述同样方法分析，可知电平变化情况为 $X=\overline{Q \cdot f_1}=\overline{0 \cdot f_1}=1$，$Y=0$，$Z=1$，输出高电平，立即使音响停止。同时，触发器 D8 的$\overline{Q}=1$，送到计数器 D7 的 CR 端，将计数器清零，准备好下次再动作。音响重复次数不受限制。

由图 10.7 可知，如果故障消失，K2 触点断开；隔离继电器 K1 的常闭触点闭合，送入 12 V 电压，经电容 C2 微分，发出音响返回信号，同样可使触发器输出 $Q=0$，音响也随之停止。

音响启动的同时，启动脉冲还使触发器 D12 翻转，$Q=1$，与非门 D13 的输出 $W=0$，使晶体管 VT1 截止，继电器 K3 失电，其常闭触点闭合，启动停钟回路，记下故障发生的时间。

在图 10.8 中，S3 为事故音响试验按钮，供调试和运行中自检试验之用，S4 为音响复归按钮，S5 为停钟解除按钮。当故障处理完毕后，可将钟核对到正确时间，再按 S5，钟又恢复走时。

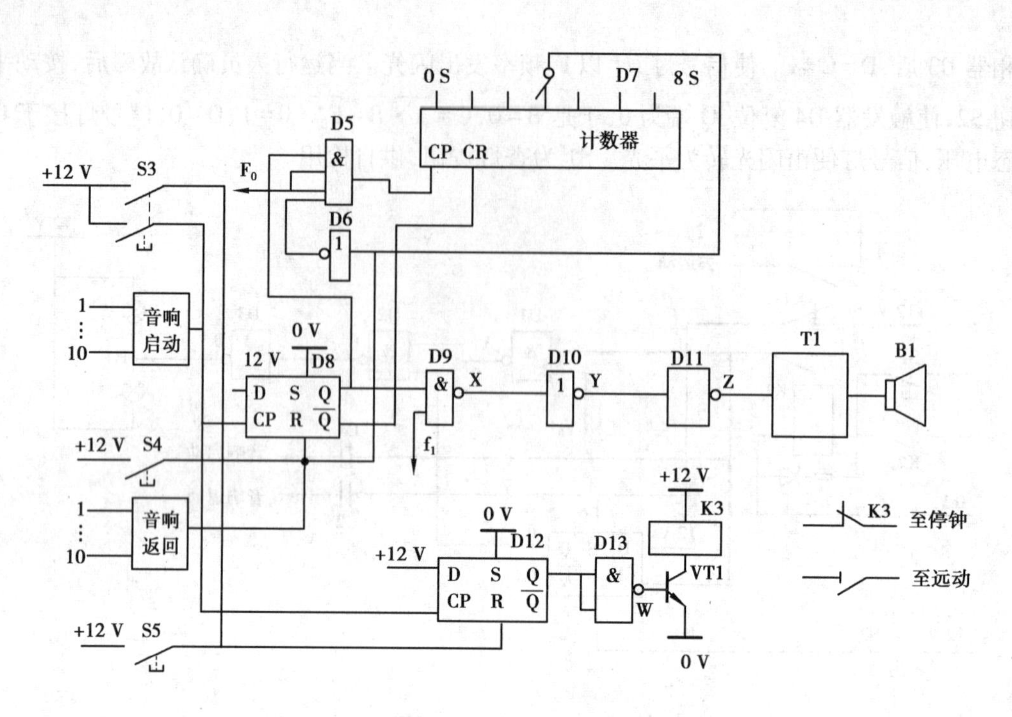

图 10.8 音响信号逻辑回路图

(2) 中央预告信号

设备运行中出现危及安全的异常情况时,如变压器过负荷、母线接地、电压回路断线等,便发出预告信号,提醒值班人员注意,进行适当处理。

预告信号也由灯光信号和音响信号组成。其接线及动作原理与事故信号相同。不同之处仅是音响为延时启动(在 0~8 s 范围内可调),小于延时的动作信号,便不会发出音响,以免造成误动。另外,音响信号的频率为 f_2,使得预告信号电喇叭发出的响声与事故信号电喇叭的响声不同,便于识别。

10.5 发电厂和变电所的弱电控制

在发电厂和变电所中,主控制室距被控设备都很远,如果每个被控设备都由各自的控制开关进行控制,不仅直流控制电压较高,控制设备及控制电缆造价较高,而且主控制室的面积也要相应增大。为了减少投资,可采用较低的操作电压。按控制电压区分,控制方式可分为:①强电控制。直流电压为 220 V 或 110 V。②弱电控制。直流电压为 48 V、24 V 或 12 V。

对被控对象不多的发电厂和变电所,大都采用一个控制开关控制一个对象的强电一对一控制方式。

当控制对象较多时,宜采用弱电控制。弱电控制分为:①弱电小开关一对一控制;②弱电按钮或开关选线控制;③弱电无触点编码选线控制。目前,大、中型电厂和变电所常采用弱电按钮选线控制。

所谓选线,是指每个断路器的操作都要通过选择来完成。每一条线路用一个选择按钮(或选择开关)来代替常用的控制开关,仅在全厂(或一组)中,设置一个公用的控制开关。进行选控时，先操作选择按钮(或选择开关)，使被控对象的控制回路接通，再转动公用的控制开关，即可发出“分”“合”闸命令。选择按钮(或选择开关)可布置在控制屏台上的主接线模拟图上。这样的控制方式，只用一个控制开关去控制若干个对象，可达到减少设备的目的。

控制屏台的结构，常用的有控制台与返回屏分开的结构和屏台合一的结构。当主接线较复杂，被控对象较多时，常采用前一种结构。它是在控制台后面，设有独立的返回屏，上面布置模拟母线、断路器和隔离开关的位置信号、记录型表计及同步装置等，让值班人员可清楚地了解和掌握运行情况。但对主接线比较简单的发电厂和变电所，其被控对象较少，常采用屏台合一结构。在它的直立面布置测量表计和光字牌，在台面上设置选择按钮和控制开关等元件，其结构更加紧凑。

如图 10.9 所示为具有返回屏的选控回路。以第一条线路的选控为例，说明选控操作过程。

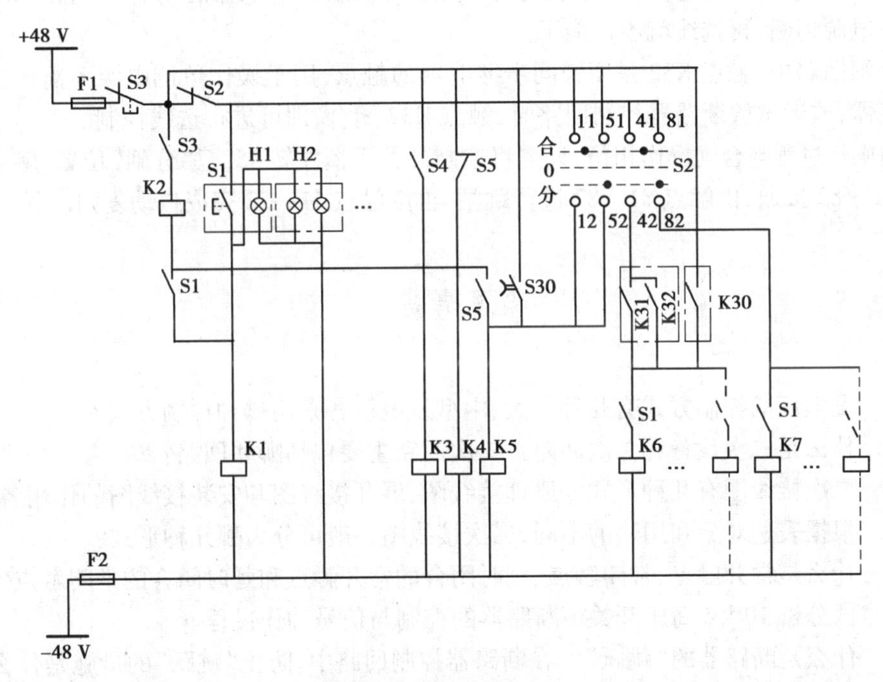

图 10.9　弱电选控回路

首先，按下选控按钮 S1，使对象继电器 K1 启动。它有 5 副常开触点，其中一副触点 K1 作自保持用(经触点 K3 及闭锁继电器 K2，而使 K1 继电器自保持。操作前，复归继电器 K3 的常开触点是闭合的)。K1 的另外两副触点分别位于合闸继电器 K6 回路及跳闸继电器 K7 回路中。此外，K1 还有两副触点在同步回路中，将同步电压接到同步装置上(图 10.9 中未画出)。对象继电器 K1 的触点均闭合，已作好合、跳闸的准备。对象指示灯 H1 是附在按钮 S1 内的，它与装在返回屏上的对象指示灯 H2 同时变亮，由此可核对控制对象是否正确。核对无误后，便可操作公用控制开关 S2。如果采用手动同步操作，当同步条件满足后，手动准同步继电器触点 K31 闭合。运行人员将控制开关 S2 手柄向“合闸”方向右转 45°，于是，触点 11—12 和触点 41—42 闭合，并接通合闸继电器 K6。如果采用自动准同步方式，则自动准同步回路中的触点 K30 闭合，直接接通合闸继电器 K6。此继电器动作后的过程，便与强电控制系统中一样，由合闸继电器去启动合闸接触器，最终将断路器投入。

选控操作完成后，选控回路应自动复归，此功能由复归继电器 K3、K4 和 K5 共同完成。在手动合闸操作中，控制开关 S2 的触点 11—12 是被接通的，该触点使复归继电器 K5 带电，它通过本身的触点 K5 形成自保持。它的另一副触点 K5，则断开复归继电器 K4 的电源。而触点 K4 使复归继电器 K3 断电，由它的常开触点 K3 解除对象继电器 K1 的自保持回路，此后，选控回路又恢复原状。当自动准同步合闸时，自动准同步装置的另一触点 K30 接通继电器 K5，动作情况同上，使选控回路复归。

如发生误选需手动复归时，按下手动复归按钮 S3，切断控制电源，即可使所选的对象继电器复归。

为了不让两条线路同时投入，图 10.9 中设有“先选有效”回路，即先选控某一线路，若按下别的选择按钮，后者就不能被选上。如要重选，必须手动复归，再重新进行选择。这种先选有效的功能，是由闭锁继电器 K2 来实现的。先选择的对象继电器启动后，其触点 K2 将选择按钮的正电源切断，再选线就不可能了。

在合闸回路中，触点 K32 是闭锁同步继电器的触点，用于操作单侧电源不需同步就能合闸的断路器，或者试验断路器控制回路时，触点 K32 闭合，即可进行选线控制。

跳闸操作过程与合闸操作相仿，只需将控制开关手柄左转 45°至“分闸”位置，触点 51—52 及触点 81—82 接通，由触点 81—82 进行跳闸，再由触点 51—52 完成自动复归。

思考题

10.1　发电厂的控制方式有几种？大、中型发电厂各采用哪种控制方式？

10.2　什么是二次设备和二次回路？二次回路主要包括哪些回路？

10.3　二次接线图有几种形式？原理接线图、展开接线图和安装接线图的作用各是什么？

10.4　根据表达对象和用途的不同，二次接线图一般可分为哪几种形式？

10.5　什么是常开触点、常闭触点、延时闭合的常开触点和延时闭合的常闭触点？

10.6　试分析 10 kV 高压开关柜断路器的控制与信号动作过程。

10.7　什么是断路器的“跳跃”？在断路器控制回路中，防止“跳跃”的措施是什么？

10.8　中央信号在发电厂和变电所中担负什么任务？中央信号包括哪几种信号？

10.9　在什么情况下，应发出事故信号？在什么情况下，应发出预告信号？

10.10　灯光信号和音响信号是怎样动作的？它们是怎样自动和手动复归的？

10.11　采用弱电选线有何意义？断路器“一对一”弱电选控方式与一般强电控制方式有什么区别？

10.12　弱电控制方式中“先选有效”的意义是什么？试说明如何实现。

附录 常用系数及设备参数表

附表 1 矩形导体长期允许载流量(A)和集肤效应系数 K_s

导体尺寸 $h \times b$/(mm×mm)	铝导体								
	单 条			双 条			三 条		
	平放/A	竖放/A	K_s	平放/A	竖放/A	K_s	平放/A	竖放/A	K_s
25×4	292	308							
25×5	332	350							
40×4	456	480		631	665	1.01			
40×5	515	543		719	756	1.02			
50×4	565	594		779	820	1.01			
50×5	637	671		884	930	1.03			
63×6.3	872	949	1.02	1 211	1 319	1.07			
63×8	995	1 082	1.03	1 511	1 644	1.10	1 908	2 075	1.20
63×10	1 129	1 227	1.04	1 800	1 954	1.14	2 107	2 290	1.26
80×6.3	1 100	1 193	1.03	1 517	1 649	1.18			
80×8	1 249	1 358	1.04	1 858	2 020	1.27	2 355	2 560	1.44
80×10	1 411	1 535	1.05	2 185	2 375	1.30	2 806	3 050	1.60
100×6.3	1 363	1 481	1.04	1 840	2 000	1.26			
100×8	1 547	1 682	1.05	2 259	2 455	1.30	2 778	3 020	1.50
100×10	1 663	1 807	1.08	2 613	2 840	1.42	3 284	3 570	1.70

续表

导体尺寸 $h\times b$/（mm×mm）	铝导体								
	单　条			双　条			三　条		
	平放/A	竖放/A	K_s	平放/A	竖放/A	K_s	平放/A	竖放/A	K_s
125×6.3	1 693	1 840	1.05	2 276	2 474	1.28			
125×8	1 920	2 087	1.08	2 670	2 900	1.40	3 206	3 485	1.60
125×10	2 063	2 242	1.12	3 152	3 426	1.45	3 903	4 243	1.80

导体尺寸 $h\times b$/（mm×mm）	铜导体								
	单　条			双　条			三　条		
	平放/A	竖放/A	K_s	平放/A	竖放/A	K_s	平放/A	竖放/A	K_s
25×3	323	340							
30×4	451	475							
40×4	593	625							
40×5	665	700							
50×5	816	800							
50×6	906	955							
60×6	1 069	1 125		1 650	1 740		2 060	2 240	
60×8	1 251	1 320		2 050	2 160		2 565	2 790	
60×10	1 395	1 475		2 430	2 560		3 135	3 300	
80×6	1 360	1 480		1 940	2 110	1.15	2 500	2 720	
80×8	1 553	1 690	1.10	2 410	2 620	1.27	3 100	3 370	1.44
80×10	1 747	1 900	1.14	2 850	3 100	1.30	3 670	3 990	1.60
100×6	1 665	1 810	1.10	2 270	2 470		2 920	3 170	
100×8	1 911	2 080	1.14	2 810	3 060	1.30	3 610	3 930	1.50
100×10	2 121	2 310	1.14	3 320	3 610	1.42	4 280	4 650	1.70
125×8	2 210	2 400		3 130	3 400		3 995	4 340	
125×10	2 435	2 650	1.18	3 770	4 100	1.42	4 780	5 200	1.78

注：1.载流量按最高允许温度 70 ℃，基准环境温度 25 ℃、无风、无日照条件计算。

2.b 为宽度，h 为厚度。

附表 2　槽型铝导体长期允许载流量及计算数据

截面尺寸/mm				双槽导体截面/mm^2	集肤效应 Ks	导体载流量/A							双槽焊成整体时				共振最大允许距离/cm	
a	b	c	d				截面系数 W_Y /cm^3	惯性矩 I_Y /cm^4	惯性半径 r_Y /cm	截面系数 W_X /cm^3	惯性矩 I_X /cm^4	惯性半径 r_X /cm	截面系数 W_{Y0} /cm^3	惯性矩 I_{Y0} /cm^4	惯性半径 r_{Y0} /cm	惯性矩 S_{Y0} /cm^3	双槽实连	双槽不实连
75	35	4	6	1 040	1.02	2 280	2.52	6.2	1.09	10.1	41.6	2.83	23.7	89	2.93	14.1		
75	35	5.5	6	1 390	1.04	2 620	3.17	7.6	1.05	14.1	53.1	2.76	30.1	113	2.85	18.4	178	114
100	45	4.5	8	1 550	1.038	2 740	4.51	14.5	1.33	22.2	111	3.78	48.6	243	3.96	28.8	205	125
100	45	6	8	2 020	1.074	3 590	5.9	18.5	1.37	27	135	3.7	58	290	3.85	36	203	123
125	55	6.5	10	2 740	1.085	4 620	9.5	37	1.65	50	290	4.7	100	620	4.8	63	228	139
150	65	7	10	3 570	1.126	5 650	14.7	68	1.97	74	560	5.65	167	1 260	6	98	252	150
175	80	8	12	4 880	1.195	6 600	25	144	2.4	122	1 070	6.65	250	2 300	6.9	156	263	147
200	90	10	14	6 870	1.32	7 550	40	254	2.75	193	1 930	7.55	422	4 220	7.9	252	285	157
200	90	12	16	8 080	1.465	8 800	46.5	294	2.7	225	2 250	7.6	490	4 900	7.9	290	283	157
225	105	12.5	16	9 760	1.575	10 150	66.5	490	3.2	307	3 400	8.5	645	7 240	8.7	390	299	163
250	115	12.5	16	10 900	1.563	11 200	81	660	3.52	360	4 500	9.2	824	10 300	9.82	495	321	200

注：1.载流量按最高允许温度 70 ℃，基准环境温度 25 ℃、无风、无日照条件计算。

2.h 为槽型铝导体高度，b 为宽度，c 为弯曲半径。

附表 3　裸导体载流量在不同海拔高度及环境温度下的综合校正系数 K

导体允许最高温度/℃	适应范围	海拔高度/m	实际环境温度/℃						
			+20	+25	+30	+35	+40	+45	+50
70	屋内矩形、槽形、管形导体和不计日照的屋外软导线		1.05	1.00	0.94	0.88	0.81	0.74	0.67
80	计及日照时屋外软导线	1 000 及以下	1.05	1.00	0.95	0.89	0.83	0.76	0.69
		2 000	1.01	0.96	0.91	0.85	0.79		
		3 000	0.97	0.92	0.87	0.81	0.75		
		4 000	0.93	0.89	0.84	0.77	0.71		
	计及日照时屋外管形导体	1 000 及以下	1.05	1.00	0.94	0.87	0.80	0.72	0.63
		2 000	1.00	0.94	0.88	0.81	0.74		
		3 000	0.95	0.90	0.84	0.76	0.69		
		4 000	0.91	0.86	0.80	0.72	0.65		

附表 4　常用三芯(铝)电力电缆长期允许载流量　（单位:A）

电缆芯线截面/mm^2	6 kV						10 kV				20~35 kV			
	黏性纸绝缘		聚氯乙烯绝缘		交联聚乙烯绝缘		黏性纸绝缘		交联聚乙烯绝缘		黏性纸绝缘		交联聚乙烯绝缘	
	直埋地下	置空气中	直埋地下	置空气中	直埋地下	置空气中	直埋地下	置空气中	直埋地下	置空气中	直埋地下	置空气中	直埋地下	置空气中
10	55	48	49	43	70	60				60				
16	70	60	63	56	95	85	65	60	90	80				
25	95	85	81	73	110	100	90	80	105	95	80	75	90	85
35	110	100	102	90	135	125	105	95	130	120	90	85	115	110
50	135	125	127	114	165	155	130	120	150	145	115	110	135	135
70	165	155	154	143	205	190	150	145	185	180	135	135	165	165
95	205	190	182	168	230	220	185	180	215	205	165	165	185	180
120	230	220	209	194	260	255	215	205	245	235	185	185	210	200
150	260	255	237	223	295	295	245	235	275	270	210	200	230	230
185	295	295	270	256	345	345	275	270	325	320	230	230	250	
240	345	345	313	301	395		325	320	375					

附表 5　充油纸绝缘电力电缆(无钢铠)长期允许载流量　　(单位:A)

钢芯截面/mm²	110 kV		220 kV		330 kV	
	直埋地下	置空气中	直埋地下	置空气中	直埋地下	置空气中
100	290	330				
240	400	515	390	490		
400	470	655	460	625	430	590
600	520	780	515	750	480	705
700	540	820	535	795	500	750
845			575	875		

注:1.充油电力电缆均为单芯铜线电缆。

2.直埋地下敷设条件:深埋 1 m,水平排列中心距 250 mm,缆芯最高工作温度 75 ℃,环境温度 25 ℃,土壤热阻系数 80 ℃ · cm/W,护层两端接地。

3.空气中敷设条件:水平靠紧排列,缆芯最高允许工作温度 75 ℃,环境温度 30 ℃,护层两端接地。

4.在上述条件下,若护层一端接地,载流量可大于表中数值。

附表 6　电缆芯线最高允许工作温度　　(单位:℃)

电缆种类	10 kV			
	6	10	20~35	110~330
黏性纸绝缘电缆	65	60	50	
聚氯乙烯绝缘电缆	65			
交联聚乙烯绝缘	90	90	80	
充油纸绝缘			75	75

附表 7　35 kV 及以下电压电缆在不同环境温度下长期允许电流的校正系数

电缆芯线最高允许工作温度/℃	空气中				土壤中			
	30	35	40	45	20	25	30	35
50	1.0	0.85	0.67	0.45	1.10	1.0	0.89	0.77
60	1.0	0.89	0.78	0.66	1.07	1.0	0.93	0.85
65	1.0	0.91	0.82	0.72	1.06	1.0	0.94	0.87
80	1.0	0.94	0.87	0.80	1.04	1.0	0.95	0.90
90	1.0	0.95	0.90	0.84	1.04	1.0	0.96	0.92

附表 8 电缆在空气中多根并列敷设时允许电流的校正系数

电缆中心距 \ 并列根数	1	2	3	4	5
$S=d$		0.90	0.85	0.82	0.80
$S=2d$	1.00	1.00	0.98	0.95	0.90
$S=3d$		1.00	1.00	0.98	0.96

注:S 为电缆中心间距离,d 为电缆外径。

附表 9 电缆在土壤中直埋多根并行敷设时允许电流的校正系数

并列根数		1	2	3	4	5
电缆之间净距/mm	100	1	0.88	0.84	0.80	0.75
	200	1	0.90	0.86	0.83	0.80
	300	1	0.92	0.89	0.87	0.85

附表 10 支柱绝缘子和穿墙套管技术数据

支柱绝缘子				穿墙套管				
型号	额定电压/kV	绝缘子高度/mm	机械破坏负荷/kN	型号	额定电压/kV	额定电流(母线型套管内径/mm)	套管长度/mm	机械破坏负荷/kN
ZL-10/4	10	160	4	CB-10	10	200、400、600、1 000、1 500	350	7.5
ZL-10/8	10	170	8	CC-10	10	1 000、1 500、2 000	449	12.5
ZL-10/16	10	185	16	CB-35	35	400、600、1 000、1 500	810	7.5
ZL-10/4G	10	210	4	CM-12-86	12	内径 86	480	20
ZS-10/4	10	210	4	CM-12-105	12	内径 105	484	23
ZS-10/5	10	220	5	CM-12-142	12	内径 142	487	30
ZS-15/4T	15	260	4	CM-12-160	12	内径 160	488	8
ZSN-15/4T	15	260	4	CM-12-130	12	内径 130	720	23
ZL-20/16	20	265	16	CM-12-330	12	内径 330	782	40
ZL-20/30	20	290	30	CWLB2-10	10	200、400、600、1 000、1 500	394	7.5
ZS-20/10	20	350	10	CWLC2-10	10	2 000、3 000	435	12.5
ZL-35/4Y	35	380	4	CWLC2-20	20	2 000、3 000	595	12.5

续表

支柱绝缘子				穿墙套管				
型　号	额定电压/kV	绝缘子高度/mm	机械破坏负荷/kN	型　号	额定电压/kV	额定电流（母线型套管内径/mm）	套管长度/mm	机械破坏负荷/kN
ZL-35/4	35	380	4	CWLB2-35	35	400、600、1 000、1 500	830	7.5
ZL-35/8	35	400	8	CMW-24-180	24	4 000 A、内径 180	805	20
ZLA-35GY	35	445	4	CMW-24-330	24	8 000 A、内径 330	805	40
ZLB-35GY	35	450	7.5	CMW-40.5-320	40.5	6 000 A、内径 320	942	40
ZS-35/4	35	400	4					
ZS-35/8	35	420	8					
ZS-35/16	35	500	16					
ZSX-35/4	35	420	4					

附表 11　10 kV 断路器技术参数

型　号	额定电压/kV	额定电流/A	额定开断电流/kA	额定关合电流（峰值/kA）	动稳定电流（峰值/kA）	热稳定电流/kA				固有分闸时间/s	合闸时间/s
						2 s	3 s	4 s	5 s		
ZN5-10Ⅱ	10	630、1 000、1 250	20 25	50 63	50 63			20 25		0.05 0.05	0.1 0.15
ZN9-10	10	1 250	20	50	50			20		0.05	0.15
ZN12-10	10	1 250、2 500 1 600、2 000、3 150	31.5 50	80 125	80 125		50	31.5		0.065 0.065	0.075 0.075
ZN18-10	10	630	25	63	63		25			0.03	0.045
ZN22-10	10	1 250、1 600、2 000 2 500、3 150	40	100	100			40		0.065	0.075
ZN32-10	10	1 600、2 500、3 150	40	100	100		40			0.05	0.08
ZN63-12	12	630、1 250、1 600 2 500、3 150	20 31.5 40	50 80 100	50 80 100			20 31.5 40		0.04	0.06
ZW14A-12	12	630	20	50	50			20		0.06	0.07

续表

型　号	额定电压/kV	额定电流/A	额定开断电流/kA	额定关合电流（峰值/kA）	动稳定电流（峰值/kA）	热稳定电流/kA				固有分闸时间/s	合闸时间/s
						2 s	3 s	4 s	5 s		
ZW2-10	10	400 630 250	6.3 16 31.5	16 31.5 80	16 31.5 80			6.3 16 31.5		0.03	0.1
LN-10	10	2 000	40		110		43.5			0.06	0.06
LN2-10Ⅱ	10	1 250、1 600	31.5	80	80	31.5				0.06	0.15
LW3-12	12	400、630	6.3 12.5 20	16 31.5 50	16 31.5 50			16 31.5 50		0.04	0.06
LW3-10Ⅲ	10	400 600	6.3 12.5	16 31.5	16 31.5			6.3 12.5		0.04	0.06
HB10	10	1 250、1 600、2 000	40	100	100		43.5			0.06	0.06

附表 12　35 kV 断路器技术参数

型　号	额定电压/kV	额定电流/A	额定开断电流/kA	额定关合电流（峰值/kA）	动稳定电流（峰值/kA）	热稳定电流/kA				固有分闸时间/s	合闸时间/s
						2 s	3 s	4 s	5 s		
ZN-35	35	630 1 250	8 16	20 40	20 40			8 16		0.06	0.20
ZN12-35	35	1 250、1 600、2 000、2 500	25、31.5	63、80	63、80			31.5			
ZN72-40.5	40.5	1 600	31.5	80	80			31.5		0.07	0.09
ZW30-40.5	40.5	1 250、1 600、2 000	31.5	80	80			31.5		0.065	0.1
LN2-35Ⅲ	35	1 250、1 600	25	63	63			25		0.06	0.2
LW8-40.5	40.5	1 600、2 000	25、31.5	63、80	63、80			25		0.06	0.1
LW19-40.5	40.5	630、1 250	16、25	40、63	40、63		16、25			0.055	0.095
HB35	35	1 250、1 600、2 000	25	63	63		25			0.06	0.06

附表 13　110 kV 断路器技术参数

型　号	额定电压/kV	额定电流/A	额定开断电流/kA	额定关合电流(峰值/kA)	动稳定电流(峰值/kA)	热稳定电流/kA				固有分闸时间/s	合闸时间/s
						2 s	3 s	4 s	5 s		
ELFSL2-1	110	2 500 3 150	40	100						0.026	
OFPI-110 [OFPT(B)-110]	110	1 250 1 600 2 000 3 150 4 000	31.5 40 50	80 100 125	80 100 125		31.5 40 50			0.03	0.12
SFM-110 (SFMT-110)	110	2 000 2 500 3 150 4 000	31.5 40 50	80 100 125	80 100 125		31.5 40 50			0.025	
LW6B-126	126	3 150	40	100	100		40				
LW35-126	126	3 150	31.5	100	100		40				

附表 14　220 kV 断路器技术参数

型　号	额定电压/kV	额定电流/A	额定开断电流/kA	额定关合电流(峰值/kA)	动稳定电流(峰值/kA)	热稳定电流/kA				固有分闸时间/s	合闸时间/s
						2 s	3 s	4 s	5 s		
LW6B-252	252	3 150	40 50	125	1 215		50				
LW10B-252	252	3 150	40 50	100 125	100 125		40 50			0.025	0.1
LW-220Ⅰ	220	1 600	40		100		40			0.04	0.15
LW2-220	220	2 500	31.5 40 50	80 100 125	80 100 125		31.5 40 50			0.03	0.15
LW6-220	220	2 500 3 150	40 50	100 125						0.03	0.09

续表

型号	额定电压/kV	额定电流/A	额定开断电流/kA	额定关合电流（峰值/kA）	动稳定电流（峰值/kA）	热稳定电流/kA				固有分闸时间/s	合闸时间/s
						2 s	3 s	4 s	5 s		
ELFSL4-1	220	2 500 3 150 4 000	40	100	100		40			0.02	
ELFSL4-2		4 000	50	125	125		50			0.021	
OFPI-220 ［OFPT(B)-220］	220	1 250 （1 600 2 000 3 150 4 000）	40 50 63	100 125 160	100 125 160		40 50 63			0.03 （0.02）	0.12
SFM-220 （SFMT-220）	220	2 000 （2 500 3 150 4 000）	40 50 63	100 125 160	100 125 160		40 50 63			0.025 （0.03）	0.1

附表 15　500 kV 断路器技术参数

型号	额定电压/kV	额定电流/A	额定开断电流/kA	额定关合电流（峰值/kA）	动稳定电流（峰值/kA）	热稳定电流/kA				固有分闸时间/s	合闸时间/s
						2 s	3 s	4 s	5 s		
LW6-500(H)	500	3 150	50	125	125		50			0.028	0.09
			40	100	100		40				
LW10B-550	550	3 150	50	125	125		50				
LW12-500	500	2 500	50	125	125		50			0.02	0.13
		4 000	63	160	160		63				
LW13-500	500	2 000	40	100	100		40			0.025	0.10
		2 500	50	125	125		50				
		3 150	63	160	160		63				
500-SFM	500	2 000							0.02		
		2 500	40	100	100		40				
		3 150	50	125	125		50				

附表 16　隔离开关技术参数

<table>
<tr><th>型　号</th><th>额定电压
/kV</th><th>额定电流
/A</th><th>动稳定电流
/kA</th><th>热稳定电流
/kA</th></tr>
<tr><td>GN5-6(GN5-10)</td><td rowspan="3">6(10)</td><td>200</td><td>25.2</td><td>10(5 s)</td></tr>
<tr><td>GN6-6T(GN6-10T)</td><td>400</td><td>52</td><td>14(5 s)</td></tr>
<tr><td>GN8-6T(GN8-10T)</td><td>600</td><td>52</td><td>20(5 s)</td></tr>
<tr><td>GN19-10、GN19-10C</td><td rowspan="4">10</td><td>400</td><td>31.5</td><td>12.5(4 s)</td></tr>
<tr><td>GN19-10XT</td><td>630</td><td>50</td><td>20(4 s)</td></tr>
<tr><td>GN19-10XQ、GN24-10D</td><td>1 000</td><td>80</td><td>31.5(4 s)</td></tr>
<tr><td>GN30-10(D)</td><td>1 250</td><td>100</td><td>40(4 s)</td></tr>
<tr><td>GN2-10</td><td>10</td><td>1 000</td><td>80</td><td>40(5 s)</td></tr>
<tr><td rowspan="4">GN22-10(D)</td><td rowspan="2"></td><td>2 000</td><td>85</td><td>51(5 s)</td></tr>
<tr><td>3 000</td><td>100</td><td>70(5 s)</td></tr>
<tr><td rowspan="2">10</td><td>2 000</td><td>100</td><td>40(2 s)</td></tr>
<tr><td>3 150</td><td>125</td><td>50(2 s)</td></tr>
<tr><td rowspan="2">GN3-10</td><td rowspan="2">10</td><td>3 000</td><td rowspan="2">200</td><td rowspan="2">120(5 s)</td></tr>
<tr><td>4 000</td></tr>
<tr><td rowspan="4">GN10-10T</td><td rowspan="4">10</td><td>3 000</td><td>160</td><td>75(5 s)</td></tr>
<tr><td>4 000</td><td>160</td><td>80(5 s)</td></tr>
<tr><td>5 000</td><td>200</td><td>100(5 s)</td></tr>
<tr><td>6 000</td><td>200</td><td>105(5 s)</td></tr>
<tr><td>GN2-20</td><td>20</td><td>400</td><td>50</td><td>10(10 s)</td></tr>
<tr><td rowspan="3">GN23-20</td><td rowspan="3">20</td><td>2 500</td><td>150</td><td>63(3 s)</td></tr>
<tr><td>5 000</td><td>250</td><td>100(3 s)</td></tr>
<tr><td>8 000</td><td>300</td><td>120(3 s)</td></tr>
<tr><td rowspan="3">GN10-20</td><td rowspan="3">20</td><td>6 000</td><td rowspan="3">224</td><td rowspan="3">74(10 s)</td></tr>
<tr><td>8 000</td></tr>
<tr><td>9 100</td></tr>
<tr><td rowspan="2">GN21-20</td><td rowspan="2">20</td><td>10 000</td><td>400</td><td>149(2 s)</td></tr>
<tr><td>12 500</td><td>250</td><td>105(5 s)</td></tr>
<tr><td>GN6-35T</td><td>35</td><td>1 000</td><td>75</td><td>30(5 s)</td></tr>
</table>

续表

型　号	额定电压/kV	额定电流/A	动稳定电流/kA	热稳定电流/kA
GN2-35T、GN13-35	35	400	52	14(5 s)
		600	64	25(5 s)
GN16-35	35	1 250	63	25(4 s)
		2 000	64	25(4 s)
GW4-35(D)	35	630	50(100)	20(4 s)
GW5-35Ⅱ(D)		1 000	80(100)	25(31.5)(4 s)
		1 250	80(100)	31.5(4 s)
		1 600	100	31.5(4 s)
		2 000	100	40(31.5)(4 s)
GW13-35、GW13-110	35、110	630	55	16(4 s)
GW4-110(D)	110	630	50(100)	20(4 s)
GW5-110Ⅱ(D)		1 000	80(100)	25(31.5)(4 s)
		1 250	80(100)	31.5(4 s)
		1 600	100	31.5(4 s)
		2 000	100	40(31.5)(4 s)
GW16-220(D)	220	2 500	125	30(3s)
GW4-220(D)	220	630	50	20(4 s)
		1 000	80	31.5(4 s)
		1 250	100	40(4 s)
GW11-220(D)	220	1 600	125	50(4 s)
GW17-220(D)		2 500	125	50(4 s)
GW6-220(D)		2 500	100	40(3 s)

附表 17　电流互感器技术数据

型　号	额定电流比	级次组合	准确度级	二次负荷 0.2	0.5	1	3	B、D	5P	10P	10%倍数 二次负荷/Ω	倍数	1 s 热稳定 电流/kA	倍数	动稳定 电流/kA	倍数
				/Ω					/VA							
LA-10	5~200/5	0.5/3			0.4									90		160
	300~400/5		0.5			0.4						10		75		135
	500/5		1				0.6					10		60		110
	600~1 000/5		3									10		50		90
LAJ-10 LRJ-10	20~200/5				0.6	1.0		0.6				15		120		215
	400/5	0.5/D			0.8	1.0		0.8				10(15)		75		135
	600~800/5	1/D			1.0	1.0		0.8				10(15)		50		90
	1 000~1 500/5	D/D			1.2	1.6		1.0				10(15)		50		90
	2 000~6 000/5				2.4	2.0		2.0				10(15)		50		90
LFZ1-10	5~300/5	0.5/B			0.4	0.4		0.6				(12)		90		160
	400/5	1/B、B/B			0.4	0.4		0.6				(12)		80		140
LFZD2-10	75~200/5	0.5/D	0.5		0.8									120		210
	300~400/5	D/D	D					1.2				15		80		160
LFZJB6-10	150/5	0.5/B	0.5		0.4								22.5		44	
	200~300/5		B					0.6				15	24.5		44	
LDZJ1-10	600~1 500/5	0.5/3、1/3			1.2	1.6								50		90
		0.5/D、D/D				1.2	1.2	1.6				(15)				
LDZB6-10	400~500/5	0.5/B			0.8			1.2				15	31.5(2s)		80	

续表

型号	额定电流比	级次组合	准确度级	二次负荷							10%倍数		1 s 热稳定		动稳定	
				0.2	0.5	1	3	B、D	5P	10P	二次负荷/Ω	倍数	电流/kA	倍数	电流/kA	倍数
				/Ω					/VA							
LQJC-10	5~100/5	0.5/D	0.5 1		0.4							6 6		90		225
	150~400/5	1/D	D					0.6				15		75		160
LZZJB6-10	150/5	0.5B	0.5 B		0.4			0.6				15	22.5		44	
	200~400/5												24.5		44	
	500~800/5												33		59	
	1 000~1 500/5												41		74	
LDZJ1-10	2 000~3 000/5	0.5/D D/D	0.5 D		2.4	2.4		4.0				15				
LQZ-35	15~600/5	0.5/D	0.5 D		2.0	4.0 1.2	3.0				0.8	35		65		100
L-35	75~200/5	0.5/B	0.5 B		2.0						2.0	20		65		167~170
	300/5													55		140
	400/5													41.5		105
LB-35	75~200/5	0.5/B1/B2	0.5		2.0									65		167~170
	300/5	0.5/0.5/B2	B1								2.0	15		55		140
	400/5	B1/B1/B2	B2								2.0	20		41.5		109
LCW-35	15~1 000/5	0.5/3	0.5 3		2	4	2				2 2	28 5		65		100

L-110	50~200/5	0.5/B	0.5		1.6									75		178~179
	300/5	B/B	B								1.6	15		70		178
	400/5													52.5		134
LB-110	2×50~2×200/5	0.5/B	0.5		2.0									73~75		178~187
LB1-110	2×300/5	B/B	B								2.0	15		70		183
	2×400/5													52.5		138
LCWB4-110	2×50~2×200/5	0.5/B1	0.5		2									75		135
		B2/B3	B1								2.4	30				
			B2								2.4	20				
			B3								2.0	20				
LB9-220	4×300/5	B/B/B	0.2	1.2							2.4	15		42		78
		B/0.5/0.2	0.5		2.0						2.4	15				
			B								2.4	15				
LCW-220	4×300/5	0.5/D	0.5		2	4					2	20		60		
		D/D	D		1.2						1.2	30				
LCWB2-220W	2×200~2×600/5	0.2/0.5	0.2	50VA												
		P/P	0.5		2								31.5			
		P/P	P							60	20	15			80	

附表 18　电压互感器技术数据

型　号	额定电压/kV			二次绕组额定容量/(V·A)				辅助(剩余)绕组额定容量/(V·A)	分压电容量/μF	最大容量/(V·A)
	一次绕组	二次绕组	辅助绕组	0.2	0.5	1	3(3P)			
JDJ-10	10	0.1			80	150	320			640
JDF-10	10	0.1		25	50					
JDZ12-10	10	0.1		40	100	150				800
JDZF-10	10	0.1		30						
JDZJ1-10、JDZB-10	$10/\sqrt{3}$	$0.1/\sqrt{3}$	0.1/3		50	80	200			400
JDZX11-10B	$10/\sqrt{3}$	$0.1/\sqrt{3}$	0.1/3	40	100	200		100(6P)		600
JDX-10	$10/\sqrt{3}$	$0.1/\sqrt{3}$	0.1/3	100	100			100		1 000
UNE10-S	$10/\sqrt{3}$	$0.1/\sqrt{3}$	0.1/3	30	40			50(6P)		500
UNZS10	10	0.1	0.1	30	30					500
JSJV-10	10	0.1			140	200	500			1 100
JSJB-10	10	0.1			120	200	480			960
JSJW-10	10	0.1	0.1/3		120	200	480			960
JSJW3-10	10	0.1	0.1/3		150	240	600			1 000
JSZG-10	10	0.1	0.1/3		150			$120\sqrt{3}$(6P)		400
JD7-35	35	0.1		80	150	250	500			1 000
JDJ2-35	35	0.1			150	250	500			1 000
JDZ8-35	35	0.1		60	180	360	1 000			1 800
JDX7-35	$35\sqrt{3}$	$0.1/\sqrt{3}$	0.1/3	80	150	250	500	100		1 000
JDJJ2-35	$35\sqrt{3}$	$0.1/\sqrt{3}$	0.1/3		150	250	500			1 000
JDZX8-35	$35\sqrt{3}$	$0.1/\sqrt{3}$	0.1/3	30	90	180	500	100(6P)		600
JCC6-110(W2、GYW1)	$110\sqrt{3}$	$0.1/\sqrt{3}$	0.1	150	300	500	500	300(3P)		2 000
JCC3-110B(BW2)	$110\sqrt{3}$	$0.1/\sqrt{3}$	0.1		300	500	500	300(3P)		2 000
JDC6-110	$110\sqrt{3}$	$0.1/\sqrt{3}$	0.1		300	1 000	500			2 000
TYD110$\sqrt{3}$-0.015	$110\sqrt{3}$	$0.1/\sqrt{3}$	0.1	100	200	400			0.015	

续表

型　号	额定电压/kV			二次绕组额定容量/(V·A)				辅助(剩余)绕组额定容量/(V·A)	分压电容量/μF	最大容量/(V·A)
	一次绕组	二次绕组	辅助绕组	0.2	0.5	1	3(3P)			
JCC5-220(W1、GYW1)	$220\sqrt{3}$	$0.1/\sqrt{3}$	0.1		300	500	300			2 000
JDC-220	$220\sqrt{3}$	$0.1/\sqrt{3}$	0.1	150	300	500	500			2 000
JDC9-220(GYW)	$220\sqrt{3}$	$0.1/\sqrt{3}$	0.1			500	1 000			2 000
TYD$220\sqrt{3}$-0.0075	$220\sqrt{3}$	$0.1/\sqrt{3}$	0.1	100	200	400			0.007 5	
TYD$_3$$500\sqrt{3}$	$500\sqrt{3}$	$0.1/\sqrt{3}$	0.1	150	300				0.005	

附表 19　限流电抗器的基本技术参数

型　号	额定电压/kV	额定电流/A	电抗/%	额定线圈电感/mH	三相通过容量/(kV·A)	单相无功容量/kvar	单相损耗/(75℃、W)	动稳定电流/kA	热稳定/(kA·s)
NKL-6-500-4	6	500	4				2 860	31.9	27(1 s)
NKL-10-400-4	10	400	4					25.5	22.5(1 s)
NKSL-6-400-5	6	400	5	1.379	3×1 386	69.3	3 153	20.4	22.26
NKSL-10-400-4	10	400	4	1.838	3×2 309	92.4	3 196	25.5	27.56
NKSL-6-600-4	6	600	4	0.735	3×2 078	83	2 347	38.25	49.33
NKSL-10-600-6	6	600	6	1.838	3×3 464	207.8	5 775	25.5	33

参考文献

[1] 熊信银.发电厂电气部分[M].4 版.北京:中国电力出版社,2009.
[2] 于长顺,郭琳.发电厂电气设备[M].2 版.北京:中国电力出版社,2008.
[3] 牟道槐,林莉.发电厂变电站电气部分[M].4 版.重庆:重庆大学出版社,2017.
[4] 刘宝贵.发电厂变电所电气设备[M].北京:中国电力出版社,2008.
[5] 刘增良.电气设备及运行维护[M].北京:中国电力出版社,2004
[6] 余建华.发电厂电气设备及运行[M].北京:中国电力出版社,2009.
[7] 郭琳.发电厂电气部分课程设计[M].北京:中国电力出版社,2009.
[8] 姚春球.发电厂电气部分[M].2 版.北京:中国电力出版社,2013.
[9] 王士政,冯金光.发电厂电气部分[M].3 版.北京:中国水利水电出版社,2002.
[10] 李建基.新型中压开关设备选型手册[M].北京:中国水利水电出版社,2007.
[11] 郭贤珊.高压开关设备生产运行实用技术[M]. 北京:中国电力出版社,2006.
[12] 李建基. 高压开关设备实用技术[M]. 北京:中国电力出版社,2005.
[13] 陈家斌.电缆图表手册[M]. 北京:中国水利水电出版社,2004.
[14]《电气工程师手册》第二版编辑委员会.电气工程师手册[M].2 版.北京:机械工业出版社,2000.
[15] 中国电器工业协会《输配电设备手册》编辑委员会.输配电设备手册:上[M].北京:机械工业出版社,2000.
[16] 傅知兰.电力系统电气设备选择与实用计算[M].北京:中国电力出版社,2004.
[17] 李军,王斌.电气工程与自动化专业英语[M].北京:人民邮电出版社,2015.
[18] Alexander C. K, Sadiku M.N.O.电路基础:英文版[M].5 版.北京:机械工业出版社,2013.
[19] Sadhu P. K, Das S. Elements of Power Systems[M]. Boca Roton: CRC Press, 2015.
[20] Johnson D. Fundamentals of Electrical Engineering Ⅰ[M]. Houston: Rice University, 2009.
[21] Dipippo R. Geothermal Power Plants [M]. 4th ed. Oxford: Butterworth-Heinemann, 2015.